Python 青少年趣味编程100例

微课视频版

爱编程的魏校长 / 编著

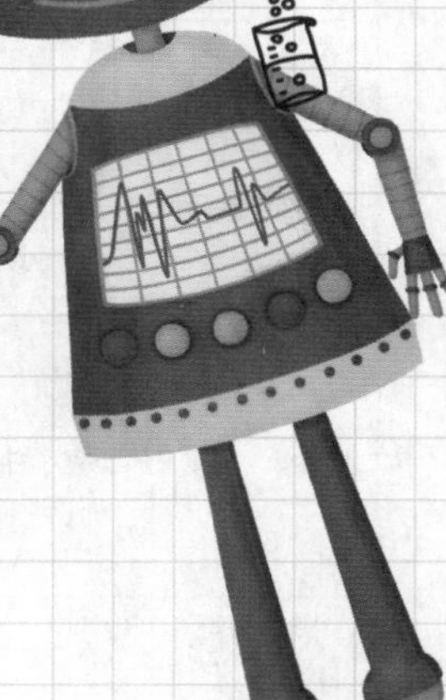

中国水利水电出版社
www.waterpub.com.cn
· 北京 ·

内 容 提 要

《Python 青少年趣味编程 100 例（微课视频版）》基于 Python 3 详细讲解了 100 多个趣味实例的开发过程。这些实例由浅入深地介绍了 Python 语言各个语法的使用方式，并展现了程序设计的基本思维和方法。

《Python 青少年趣味编程 100 例（微课视频版）》共 18 章，全书通过实例应用的方式详细介绍了 Python 的基础知识，基本数据类型，Python 中的运算处理，选择语句和循环语句的使用方法，字符串、列表、元组和字典的使用方法，内置函数和自定义函数的应用，类与对象的使用方法，文件的使用方法，时间与日期数据的处理方式，在程序开发中实现随机性的方法，数学计算和统计的常见应用，图形图像的应用，以及游戏开发中的相关技术。

《Python 青少年趣味编程 100 例（微课视频版）》内容通俗易懂，具备较高的趣味性和交互性。书中实例适合中小学生学习，以领悟 Python 语言的魅力所在，培养编程兴趣。所以，本书不仅适合青少年阅读，也适合家长借鉴，增加一种培养孩子的方式。另外，本书还适合作为相关培训机构的培训教材使用。

图书在版编目（CIP）数据

Python 青少年趣味编程 100 例：微课视频版 / 爱编程的魏校长编著 . -- 北京：中国水利水电出版社，2022.9（2024.12重印）.

ISBN 978-7-5226-0845-7

Ⅰ . ① P… Ⅱ . ①爱… Ⅲ . ①软件工具－程序设计－青少年读物 Ⅳ . ① TP311.561-49

中国版本图书馆 CIP 数据核字 (2022) 第 134107 号

书　　名	Python 青少年趣味编程 100 例（微课视频版） Python QING-SHAONIAN QUWEI BIANCHENG 100 LI
作　　者	爱编程的魏校长　编著
出版发行	中国水利水电出版社 （北京市海淀区玉渊潭南路 1 号 D 座　100038） 网址：www.waterpub.com.cn E-mail：zhiboshangshu@163.com 电话：（010）62572966-2205/2266/2201（营销中心）
经　　售	北京科水图书销售有限公司 电话：（010）68545874、63202643 全国各地新华书店和相关出版物销售网点
排　　版	北京智博尚书文化传媒有限公司
印　　刷	北京富博印刷有限公司
规　　格	190mm×235mm　16 开本　19.5 印张　384 千字
版　　次	2022 年 9 月第 1 版　　2024 年12月第 4 次印刷
印　　数	11001—14000册
定　　价	89.80 元

前　言

Python 语言是 20 世纪 90 年代初诞生的一种通用编程语言。由于 Python 能够轻松地将其他语言制作的模块连接在一起，因此，Python 语言也被称为“胶水语言”。从 2004 年以后，Python 的使用率呈线性增长。目前，Python 已经成为最受欢迎的程序设计语言之一。

笔者结合自己多年的 Python 语言开发经验和心得体会，花费了一年多的时间写作本书。希望各位小读者能在本书的引领下跨入 Python 语言开发的大门，培养编程兴趣。本书最大的特色是以游戏的形式、由简单到复杂地讲解 Python 语言的使用方法。

本书特色

1. 实例众多

学习和掌握一项技能的最简单方式就是多看、多练。本书包含 100 多个趣味实例，这些实例涉及各个方面，不仅可以用来巩固练习，还可以用来开拓思维，引导小读者编写自己感兴趣的各种程序。

2. 内容有趣

为了提高小读者的阅读兴趣，本书实例基于生活化的场景，讲述各种有趣的事情，尽量避免各种枯燥的数学求解问题。例如，讲解出租车如何计费，以及如何为文艺表演评分等。

3. 内容全面

本书涵盖了 Python 的常用知识点，并且针对每个知识点都配置了一个相应的实例。通过本书，小读者可以学习每个知识点的使用，同时掌握知识点的组合使用。

4. 由浅入深

考虑到小读者的逻辑思维能力相对较弱，所以本书的内容由浅入深，逐步讲解。首先讲解最为直观和简单的内容，如输入、输出、变量和常量；然后，逐步过渡到运算、逻辑、数据集合等复杂的内容；最后讲解抽象和枯燥的内容，如文件、时间和日期等。

本书内容

第 1 章　Python 基础知识。本章包含 4 个实例，带领小读者认识数据的输入和输出、变量和常量。

第 2 章　基本数据类型。本章包含 4 个实例，详细讲解了常见数据的表示方式，如整数、字符串、浮点和布尔值。

第 3 章　运算。本章包含 13 个实例，详细讲解了各种常见的运算方式，如算术运算、幂运算、赋值运算、逻辑运算、比较运算等。

第 4 章　选择语句。本章包含 9 个实例，详细讲解了选择语句的使用方法，如 if 语句、if-else 语句、if-elif-else 语句及其嵌套使用。

第 5 章　循环语句。本章包含 11 个实例，详细讲解了各种循环语句的使用方法，如 for 语句、for in 语句、while 语句、continue 语句、break 语句及其综合应用。

第 6 章　字符串。本章包含 10 个实例，详细讲解了字符串的使用方法，如拼接、复制、切片、格式化输出、大小写转换等。

第 7 章　列表。本章包含 10 个实例，详细讲解了列表的使用方法，如添加元素、移除元素、获取最小 / 最大值、排序、切片等。

第 8 章　元组。本章包含 4 个实例，详细讲解了元祖的使用方法，如创建元组、访问元素、查询位置和遍历元组。

第 9 章　字典。本章包含 6 个实例，详细讲解了字典的使用方法，如查询键的值、获取所有值、添加元素、合并字典等。

第 10 章　内置函数。本章包含 5 个实例，详细讲解了几个典型的内置函数，如类型函数 type( )、范围函数 range( )、取整函数 round( ) 等。

第 11 章　自定义函数。本章包含 5 个实例，详细讲解了如何使用自定义函数，如定义函数、传递参数、获取返回值、递归调用等。

第 12 章　类与对象。本章包含 4 个实例，详细讲解了如何进行面向对象编程，如定义类、实例化对象、继承类、重写类。

第 13 章　文件。本章包含 4 个实例，详细讲解了文件的使用方法，如写入文件、读取文件、追加内容等。

第 14 章　时间与日期。本章包含 3 个实例，详细讲解了时间 / 日期数据的处理方式，如获取时间、获取日期、显示日历等。

第 15 章　随机性。本章包含 2 个实例，详细讲解了程序开发中如何实现随机性，如随机提取。

第 16 章　计算与统计应用。本章包含 3 个实例，详细讲解了数学计算相关模块的使用，如 math 模块。

第 17 章　图形图像应用。本章包含 4 个实例，详细讲解了如何绘制图形和图像处理，如绘制界面、色彩转换等。

第 18 章　游戏应用。本章包含 3 个实例，详细讲解了游戏中常用的技术，如绑定事件、加载图片、播放音频。

作者介绍

爱编程的魏校长，新浪微博著名教育博主，先后供职于电脑报和 BNI 世界商讯两大传媒集团，担任过光盘开发和主编等职务；现创办一家在线技术培训学校，目前正积极开发少儿编程和算法类产品。

本书读者对象

- 8～18 岁的儿童和青少年。
- 青少年编程指导教师。
- 7～10 岁儿童及其家长。
- 对 Python 编程感兴趣的初学者。

本书资源下载

本书提供教学 PPT 课件、实例视频和源码文件，读者使用手机微信扫一扫下面的二维码，或者在微信公众号中搜索“人人都是程序猿”，关注后输入 PY0845 至公众号后台，获取本书的资源下载链接。将该链接复制到计算机浏览器的地址栏中，根据提示进行下载。

读者可加入 Python 读者交流群 797965584，与其他读者在线学习交流。

人人都是程序猿

致谢

本书能够顺利出版，是作者、编辑和所有审校人员共同努力的结果，在此深表谢意。

编 者

目　录

第 1 章　Python 基础知识 ………… 1

视频讲解：19 分钟

1.1　小小闹钟：print( ) ……………… 2
1.2　鹦鹉学舌：input( ) ……………… 3
1.3　中秋月饼的面积：常量 ………… 4
1.4　天气预报：变量 ………………… 5

第 2 章　基本数据类型 ……………… 11

视频讲解：18 分钟

2.1　我的压岁钱：整数 ……………… 12
2.2　葫芦娃七兄弟：字符串 ………… 14
2.3　三个和尚量身高：浮点数 ……… 18
2.4　真假美猴王：布尔值 …………… 20

第 3 章　运算 ……………………… 23

视频讲解：98 分钟

3.1　检查数学计算题：算术运算 …… 24
3.2　求完全数：求余运算 …………… 27
3.3　求自守数：平方运算 …………… 29
3.4　6 个小朋友分糖果：整除运算 … 31
3.5　判断水仙花数：三次幂运算 …… 36
3.6　求阿姆斯特朗数：高次幂运算 … 37
3.7　存钱罐里的钱数：赋值运算 …… 40
3.8　水果换位置：变量赋值 ………… 43
3.9　猜车牌号：运算优先级 ………… 45
3.10　谁在说谎：逻辑运算 ………… 48
3.11　数字比大小：比较运算 ……… 50
3.12　金字塔的奥妙：and 运算 …… 52
3.13　幸运抽奖摇摇乐：or 运算 …… 53

第 4 章　选择语句 ………………… 56

视频讲解：51 分钟

4.1　统计借书方案：if 语句 ………… 57
4.2　成绩评估：if 语句的连用 ……… 60
4.3　微信转账：if 语句的嵌套 ……… 61
4.4　判断闰年：if-else 语句 ………… 63
4.5　出租车计费：if-else 语句的嵌套 …………………………… 64
4.6　智能胖瘦分析：if-elif-else 语句 …………………………… 66
4.7　一起来玩石头剪刀布：if-elif-else 嵌套 …………………………… 69
4.8　和妈妈一起揭晓答案：if 和 if-else …………………………… 73
4.9　求学成长之路：if-else 和 if-elif-else ……………………… 75

第 5 章　循环语句 ………………… 79

视频讲解：68 分钟

5.1　猴子卖桃：for in 语句 ………… 80
5.2　三个臭皮匠，顶个诸葛亮：for in 语句的嵌套 ……………………… 81
5.3　糊涂的国王陛下：while 语句 … 84
5.4　制作九九乘法表：while 嵌套 … 86
5.5　求质数：for in 语句的 else 处理 …………………………… 88

5.6 统计成绩平均分：continue 语句 …… 90
5.7 求回文数：break 语句 …… 92
5.8 小兔子乖乖，把门儿开开：for 中嵌套 if-elif-else …… 95
5.9 老狼老狼几点了？：while 中嵌套 if …… 98
5.10 判断密码是否正确：在 while 中使用 if-else …… 100
5.11 幼儿园活动时间表：条件和循环的嵌套使用 …… 102

第 6 章 字符串 …… 107

视频讲解：58 分钟

6.1 诗句填空：字符串拼接 …… 108
6.2 生日快乐歌：字符串的复制 …… 110
6.3 谁是南郭先生：访问字符 …… 112
6.4 白雪公主分苹果：字符串的切片 …… 115
6.5 文言文纠正：字符替换 …… 118
6.6 小了白了兔：字符串中插入字符 …… 121
6.7 自我介绍：字符串格式化输出 …… 123
6.8 我的最终使用密码：字符串大小写转换 …… 126
6.9 成语接龙：字符串的开头字符判断 …… 128
6.10 日记字数我来数：统计字符个数 …… 130

第 7 章 列表 …… 133

视频讲解：69 分钟

7.1 百钱买百鸡：添加元素到列表中 …… 134
7.2 国王的继承人：移除列表元素 …… 136
7.3 文艺表演评分：列表最小 / 最大元素 …… 138
7.4 选择美食套餐：列表索引 …… 141
7.5 谁可以参加宴会：列表元素判断 …… 145
7.6 整理学生成绩：列表排序 …… 147
7.7 男生女生排排站：列表的切片 …… 149
7.8 学习小组成员名单：列表组合 …… 152
7.9 A、B、AB、O 血型的统计：列表元素统计 …… 153
7.10 奥特曼放新取旧：列表元素的修改 …… 156

第 8 章 元组 …… 160

视频讲解：16 分钟

8.1 最爱妈妈菜：元组的创建 …… 161
8.2 我的综合成绩：访问元组元素 …… 164
8.3 查询跳绳成绩：元组元素位置查询 …… 165
8.4 十二生肖：遍历元组 …… 167

第 9 章 字典 …… 169

视频讲解：35 分钟

9.1 四大名著作者查询：获取指定键对应的值 …… 170
9.2 爱心捐款：获取字典的所有值 …… 171
9.3 我的卡路里：获取字典所有键 …… 173
9.4 大小写 1 到 10：获取字典所有“键值对” …… 176
9.5 水果单词：添加字典元素 …… 177
9.6 神秘的宝藏之谜：字典的合并 …… 180

第 10 章 内置函数 …… 184

视频讲解：30 分钟

10.1 三照白骨精：type( ) …… 185
10.2 1+2+3+…+100：range( ) …… 188

10.3 温度转换器：eval( ) ………… 189
10.4 结账程序：round( ) ………… 191
10.5 校车收费系统：sum( ) ……… 194

第 11 章 自定义函数 ………… 198

视频讲解：25 分钟

11.1 声母与韵母：函数的定义与调用 ………… 199
11.2 计算梯形面积：参数的传递 … 202
11.3 计算 n!（n 的阶乘）：函数的返回值 ………… 203
11.4 100 以内的偶数之和：变量的作用域 ………… 204
11.5 好玩的汉诺塔：递归 ………… 205

第 12 章 类与对象 ………… 209

视频讲解：24 分钟

12.1 万能的土豆：定义类 ………… 210
12.2 神奇的冰淇淋：实例化对象 … 211
12.3 人类的共同行为：类的继承 … 213
12.4 男女有别：类的重写 ………… 215

第 13 章 文件 ………… 219

视频讲解：20 分钟

13.1 我的暑假计划：文件的写入 … 220
13.2 查看默写的《三字经》：文件的读取 ………… 223
13.3 学生档案：文件内容追加 …… 224
13.4 计算机系统信息查询程序：获取系统信息 ………… 228

第 14 章 时间与日期 ………… 230

视频讲解：21 分钟

14.1 年龄计算器：时间的获取与转换 ………… 231
14.2 日期计算器：日期的获取 …… 234
14.3 母亲节 / 父亲节查询器：日历显示 ………… 235

第 15 章 随机性 ………… 240

视频讲解：19 分钟

15.1 猜数字游戏：获取随机整数 … 241
15.2 成语填填乐：随机提取 ……… 243

第 16 章 计算与统计应用 ……… 248

视频讲解：26 分钟

16.1 一元硬币的周长和面积：获取数学常量 ………… 249
16.2 时钟指针针头距离：计算平方根 ………… 251
16.3 零花钱管理程序：数据的保存 ………… 254

第 17 章 图形图像应用 ………… 266

视频讲解：23 分钟

17.1 简易计算器：创建图形界面 … 267
17.2 啦啦队队长哆啦 A 梦：图形绘制 ………… 271
17.3 唐僧师徒录：获取按钮事件文本信息 ………… 284
17.4 变色龙变色：图片色彩转换 … 287

第 18 章 游戏应用 ………… 292

视频讲解：13 分钟

18.1 弹球游戏：事件绑定 ………… 293
18.2 运动的彩色气泡：加载图片 … 298
18.3 励志——相信自己：音频播放 ………… 302

第1章

Python 基础知识

万丈高楼平地起，做任何事情都要从基础做起。习武要从扎马步做起，学习 Python 编程语言也不例外，也要从基础学起。下面让我们通过生活中有趣的事情一起体会 Python 语言的基础知识吧！

扫一扫，看视频

1.1 小小闹钟：print( )

闹钟会按照预定的时间发出声响，是我们生活计时必不可少的一种工具。例如，可以通过闹钟提醒我们要早起，如图 1.1 所示。

图 1.1 闹钟

“小小闹钟”实例是让计算机连续 5 次输出铃声，铃声内容为“懒虫，懒虫，起床啦！太阳晒到屁股啦！”。该实例使用 Python 提供的 print( ) 语句来实现。其步骤如下：

（1）第 1 次提醒，使用 print( ) 语句进行输出。

（2）第 2 次提醒，使用 print( ) 语句进行输出。

（3）第 3 次提醒，使用 print( ) 语句进行输出。

（4）第 4 次提醒，使用 print( ) 语句进行输出。

（5）第 5 次提醒，使用 print( ) 语句进行输出。

根据实现步骤绘制流程图，如图 1.2 所示。

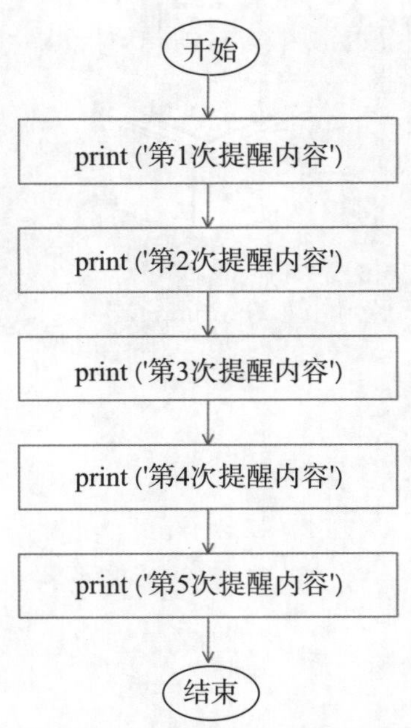

图 1.2 输出懒虫起床铃声流程图

根据流程图完成懒虫起床铃声的输出，编写代码如下：

```
print('懒虫，懒虫，起床啦！太阳晒到屁股啦！')
print('懒虫，懒虫，起床啦！太阳晒到屁股啦！')
print('懒虫，懒虫，起床啦！太阳晒到屁股啦！')
print('懒虫，懒虫，起床啦！太阳晒到屁股啦！')
print('懒虫，懒虫，起床啦！太阳晒到屁股啦！')
```

代码执行后，连续进行 5 次提醒，结果如下：

```
懒虫，懒虫，起床啦！太阳晒到屁股啦！
懒虫，懒虫，起床啦！太阳晒到屁股啦！
懒虫，懒虫，起床啦！太阳晒到屁股啦！
懒虫，懒虫，起床啦！太阳晒到屁股啦！
懒虫，懒虫，起床啦！太阳晒到屁股啦！
```

代码解析

在 print('懒虫，懒虫，起床啦！太阳晒到屁股啦！') 代码中，print( ) 是一个输出语句，括号里面的内容就是要输出的内容，这里为提醒懒虫起床的铃声内容。

1.2 鹦鹉学舌：input( )

扫一扫，看视频

鹦鹉学舌的意思是鹦鹉学人说话。比喻人家怎么说，他也跟着怎么说。如图 1.3 所示，打电话的小妹妹说了一句“好的”，鹦鹉听到后也跟着说了一句“好的”。

图 1.3 学说话的鹦鹉

“鹦鹉学舌”实例是使计算机学玩家说话。玩家输入自己要说的话，计算机显示出同样的话。实现“鹦鹉学舌”需要借助 Python 提供的 input( ) 语句来实现。其步骤如下：

（1）玩家说话时，通过 input( ) 语句接收玩家要说的话，赋值给变量 H。

（2）计算机学说这些话，使用 print( ) 语句输出学到的话 H。

根据实现步骤绘制流程图，如图 1.4 所示。

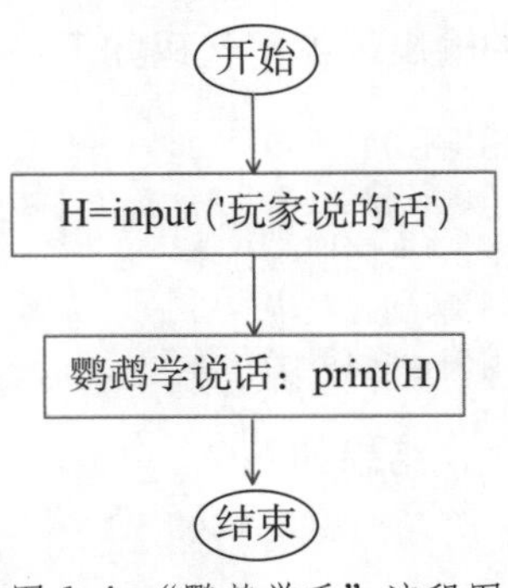

图 1.4 “鹦鹉学舌”流程图

根据流程图完成“鹦鹉学舌”，编写代码如下：

```
H=input('输入您说的话：')
print('鹦鹉说：',H)
```

代码执行后，需要玩家输入自己说的话。执行过程如下：

```
输入您说的话：好的                                    # 手动输入了说的话“好的”
鹦鹉说：好的
```

玩家手动输入了说的话为“好的”，按 Enter 键，计算机输出“鹦鹉说：好的”。

代码解析

（1）在 H=input('输入您说的话：') 代码中，input( ) 是一个输入语句，用来接收用户输入的内容，括号里的 '输入您说的话：'，属于提示性文字，主要用来提醒用户输入。

（2）在 print('鹦鹉说：',H) 代码中，'鹦鹉说：' 是 print( ) 语句要输出的一部分内容，H 也是要输出的一部分内容，是一个变量，表示玩家说的话。这里使用 print( ) 语句同时输出两部分内容，中间使用了逗号进行分隔。

扫一扫，看视频

1.3 中秋月饼的面积：常量

月饼象征着团圆，是中秋佳节的时节食品，人们用它祭月、赠送亲友，如图 1.5 所示。

图 1.5 月饼

昨天学习了圆面积的计算公式，今天又是中秋佳节，妈妈递给了我一块月饼，该月饼的半径为 2.5 厘米，让我计算这块月饼的面积？我稍作思考：计算月饼的面积可以使用 Python 语言编写代码，其中需要用到常量。其步骤如下：

（1）圆周率使用常量 PI 来表示。

（2）月饼半径是一个不变的值，使用常量 r 来表示。

（3）计算月饼面积 s=PI*r*r。

根据实现步骤绘制流程图，如图 1.6 所示。

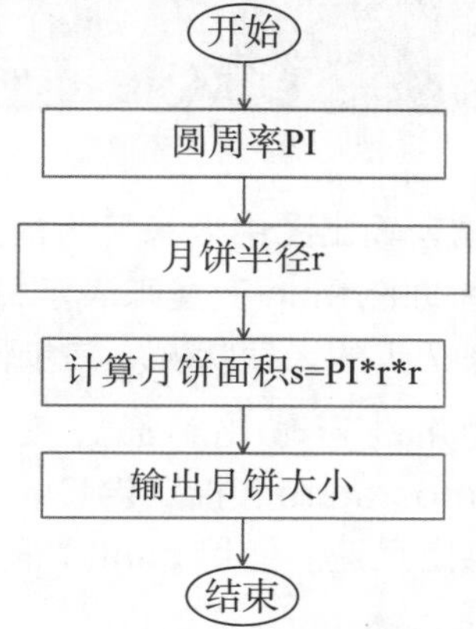

图 1.6 计算中秋月饼的面积流程图

根据流程图计算这块月饼的面积，编写代码如下：

```
PI=3.14
r=2.5
s=PI*r*r
print('这块月饼的面积是：',s,'平方厘米')
```

代码执行后，输出了月饼的面积。结果如下：

```
这块月饼的面积是：19.625 平方厘米
```

输出结果表示妈妈递给我的月饼的面积为 19.625 平方厘米。

代码解析

（1）在 PI=3.14 代码中，3.14 是圆周率的近似值，在程序中保持不变，所以是一个常量，使用 PI 进行表示。

（2）s=PI*r*r 为圆面积的计算公式。其中，r 表示月饼半径。月饼的半径也是不变的，为 2.5 厘米。所以 r 也是一个常量。

1.4 天气预报：变量

扫一扫，看视频

天气预报是使用现代科学技术对未来某一地点天气状况的一种预测。图 1.7 显示了未来 7 天的天气状况，包括天气、温度、风向、风速。

图 1.7　天气预报

“天气预报”实例使用 Python 语言输出图中未来 7 天的天气状况。由于每天的天气、温度、风向、风速是变化的，因此，可以借助 Python 变量来表示每天的天气、温度、风向、风速。然后输出变量的值，从而实现显示未来 7 天的天气状况。其步骤如下：

（1）设置明天的天气状况，并进行输出。通过变量 D（Date）指定日期，变量 W（Weather）指定天气，变量 T（Temperature）指定温度，变量 W_D（Wind_Direction）指定风向，变量 W_S（Wind_Speed）指定风速。使用 print( ) 语句输出。

（2）设置周一的天气状况，并进行输出。

（3）设置周二的天气状况，并进行输出。

（4）设置周三的天气状况，并进行输出。

（5）设置周四的天气状况，并进行输出。

（6）设置周五的天气状况，并进行输出。

（7）设置周六的天气状况，并进行输出。

根据实现步骤绘制流程图，如图 1.8 所示。

根据流程图显示未来 7 天的天气状况，编写代码如下：

```
D='明天'                                    #日期变量（未来第 1 天，明天）
W='阴转多云'                                #天气变量
T='-14/-6 摄氏度'                           #温度变量
W_D='西北风'                                #风向变量
W_S='3～5 级'                               #风速变量
print('------',D,'天气状况 ------\n')
print('天气：',W)
print('温度：',T)
print('风向：',W_D)
print('风速：',W_S,'\n')
D='周一'                                    #日期变量（未来第 2 天，周一）
W='晴'                                      #天气变量
T='-13/-2 摄氏度'                           #温度变量
W_D='西南风'                                #风向变量
```

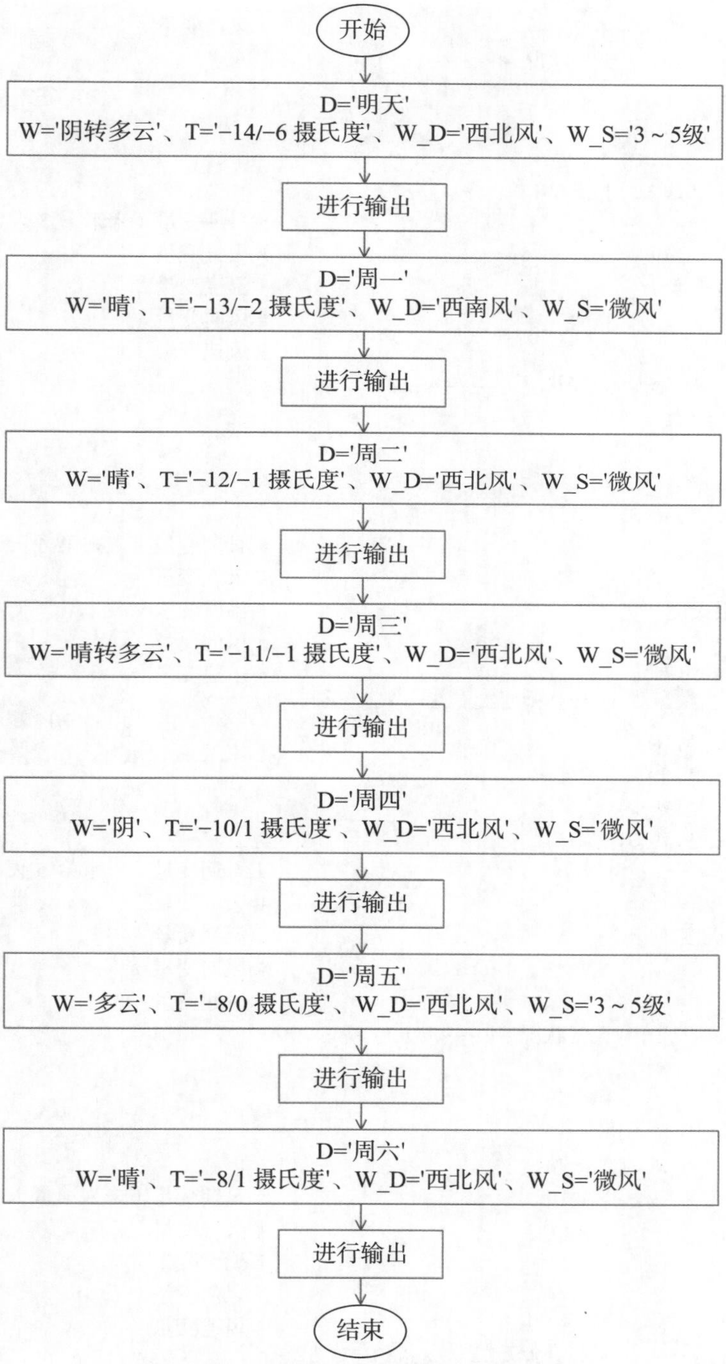

开始

D='明天'
W='阴转多云'、T='−14/−6 摄氏度'、W_D='西北风'、W_S='3 ~ 5级'

进行输出

D='周一'
W='晴'、T='−13/−2 摄氏度'、W_D='西南风'、W_S='微风'

进行输出

D='周二'
W='晴'、T='−12/−1 摄氏度'、W_D='西北风'、W_S='微风'

进行输出

D='周三'
W='晴转多云'、T='−11/−1 摄氏度'、W_D='西北风'、W_S='微风'

进行输出

D='周四'
W='阴'、T='−10/1 摄氏度'、W_D='西北风'、W_S='微风'

进行输出

D='周五'
W='多云'、T='−8/0 摄氏度'、W_D='西北风'、W_S='3 ~ 5级'

进行输出

D='周六'
W='晴'、T='−8/1 摄氏度'、W_D='西北风'、W_S='微风'

进行输出

结束

图 1.8 输出未来 7 天天气预报流程图

```
W_S='微风'                                      #风速变量
print('------',D,'天气状况------\n')
print('天气：',W)
print('温度：',T)
print('风向：',W_D)
print('风速：',W_S,'\n')
D='周二'                                        #日期变量（未来第 3 天，周二）
W='晴'                                          #天气变量
T='-12/-1 摄氏度'                               #温度变量
W_D='西北风'                                    #风向变量
W_S='微风'                                      #风速变量
print('------',D,'天气状况------\n')
print('天气：',W)
print('温度：',T)
print('风向：',W_D)
print('风速：',W_S,'\n')
D='周三'                                        #日期变量（未来第 4 天，周三）
W='晴转多云'                                    #天气变量
T='-11/-1 摄氏度'                               #温度变量
W_D='西北风'                                    #风向变量
W_S='微风'                                      #风速变量
print('------',D,'天气状况------\n')
print('天气：',W)
print('温度：',T)
print('风向：',W_D)
print('风速：',W_S,'\n')
D='周四'                                        #日期变量（未来第 5 天，周四）
W='阴'                                          #天气变量
T='-10/1 摄氏度'                                #温度变量
W_D='西北风'                                    #风向变量
W_S='微风'                                      #风速变量
print('------',D,'天气状况------\n')
print('天气：',W)
print('温度：',T)
print('风向：',W_D)
print('风速：',W_S,'\n')
D='周五'                                        #日期变量（未来第 6 天，周五）
W='多云'                                        #天气变量
T='-8/0 摄氏度'                                 #温度变量
W_D='西北风'                                    #风向变量
W_S='3～5 级'                                   #风速变量
print('------',D,'天气状况------\n')
```

```
print('天气：',W)
print('温度：',T)
print('风向：',W_D)
print('风速：',W_S,'\n')
D='周六'                                    # 日期变量（未来第 7 天，周六）
W='晴'                                      # 天气变量
T='-8/1 摄氏度'                              # 温度变量
W_D='西北风'                                 # 风向变量
W_S='微风'                                   # 风速变量
print('------',D,'天气状况------\n')
print('天气：',W)
print('温度：',T)
print('风向：',W_D)
print('风速：',W_S)
```

代码执行后，输出未来 7 天的天气状况（明天、周一到周六）。结果如下：

```
------ 明天天气状况 ------

天气： 阴转多云
温度： -14/-6 摄氏度
风向： 西北风
风速： 3～5 级

------ 周一天气状况 ------

天气： 晴
温度： -13/-2 摄氏度
风向： 西南风
风速： 微风

------ 周二天气状况 ------

天气： 晴
温度： -12/-1 摄氏度
风向： 西北风
风速： 微风

------ 周三天气状况 ------

天气： 晴转多云
温度： -11/-1 摄氏度
风向： 西北风
```

```
风速： 微风

------ 周四天气状况 ------

天气： 阴
温度： -10/1 摄氏度
风向： 西北风
风速： 微风

------ 周五天气状况 ------

天气： 多云
温度： -8/0 摄氏度
风向： 西北风
风速： 3～5 级

------ 周六天气状况 ------

天气： 晴
温度： -8/1 摄氏度
风向： 西北风
风速： 微风
```

代码解析

（1）在 D=' 明天 ' 代码中，D 是一个变量，用来表示日期，此处表示的是“明天”。代码中多次使用了该变量，并且每次表示的日期有所变化。

（2）在 W=' 阴转多云 ' 代码中，W 也是一个变量，用来表示天气，此处表示的天气为“阴转多云”。代码中多次使用了该变量，并且每次表示的天气有所变化。

（3）在 T='–14/–6 摄氏度 ' 代码中，T 也是一个变量，用来表示温度，此处表示温度为“–14/–6 摄氏度”。代码中多次使用了该变量，并且每次表示的温度有所变化。

（4）在 W_D=' 西南风 ' 代码中，W_D 也是一个变量，用来表示风向，此处表示风向为“西南风”。代码中多次使用了该变量，并且每次表示的风向有所变化。

（5）在 W_S='3～5 级 ' 代码中，W_S 也是一个变量，用来表示风速，此处表示风速为“3～5 级”。代码中多次使用了该变量，并且每次表示的风速有所变化。

第 2 章

基本数据类型

人与人是通过语言进行交流的，而计算机是通过数据来传达信息的。在计算机中，不同的数据拥有不同的类型。下面让我们一起感受不同类型数据的用法吧！

扫一扫，看视频

2.1 我的压岁钱：整数

压岁钱又名压祟钱。除夕夜吃完年夜饭，由长辈将事先准备好的钱分给晚辈，是过年习俗之一，如图 2.1 所示。

图 2.1 给压岁钱

“我的压岁钱”实例是通过 Python 代码输出我过年收到的压岁钱，如妈妈的 600 元、爸爸的 800 元、奶奶的 800 元、爷爷的 1000 元、姥姥的 666 元、姥爷的 888 元、舅舅的 500 元、姑姑的 500 元。该实例需要用到整数来表示收到压岁钱的多少。其步骤如下：

（1）妈妈的压岁钱。使用变量 Mother 进行指定，并输出。

（2）爸爸的压岁钱。使用变量 Father 进行指定，并输出。

（3）奶奶的压岁钱。使用变量 Paternal_Grandmother 进行指定，并输出。

（4）爷爷的压岁钱。使用变量 Paternal_Grandfather 进行指定，并输出。

（5）姥姥的压岁钱。使用变量 Maternal_Grandmother 进行指定，并输出。

（6）姥爷的压岁钱。使用变量 Maternal_Grandfather 进行指定，并输出。

（7）舅舅的压岁钱。使用变量 Uncle 进行指定，并输出。

（8）姑姑的压岁钱。使用变量 Aunt 进行指定，并输出。

根据实现步骤绘制流程图，如图 2.2 所示。

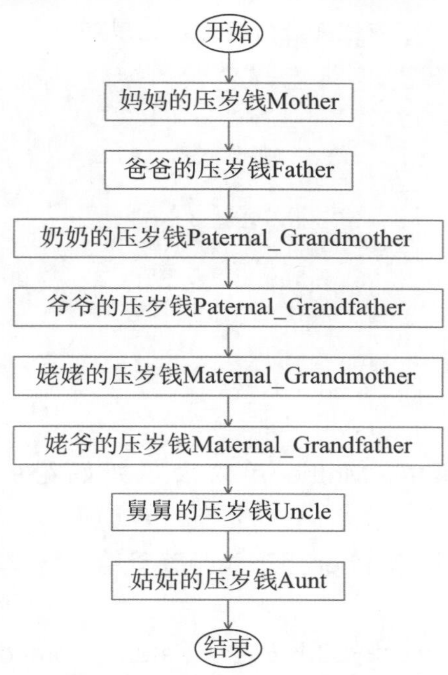

图 2.2 我的压岁钱流程图

根据流程图输出我过年收到的压岁钱，编写代码如下：

```
Mother=600                                                  # 妈妈的压岁钱
print('妈妈给的压岁钱：',Mother,'元')
Father=800                                                  # 爸爸的压岁钱
print('爸爸给的压岁钱：',Father,'元')
Paternal_Grandmother=800                                    # 奶奶的压岁钱
print('奶奶给的压岁钱：',Paternal_Grandmother,'元')
Paternal_Grandfather=1000                                   # 爷爷的压岁钱
print('爷爷给的压岁钱：',Paternal_Grandfather,'元')
Maternal_Grandmother=666                                    # 姥姥的压岁钱
print('姥姥给的压岁钱：',Maternal_Grandmother,'元')
Maternal_Grandfather=888                                    # 姥爷的压岁钱
print('姥爷给的压岁钱：',Maternal_Grandfather,'元')
Uncle=500                                                   # 舅舅的压岁钱
print('舅舅给的压岁钱：',Uncle,'元')
Aunt=500                                                    # 姑姑的压岁钱
print('姑姑给的压岁钱：',Aunt,'元')
Money=Mother+Father+Paternal_Grandmother+Paternal_Grandfather+Maternal_
Grandmother+Maternal_Grandfather+Uncle+Aunt                 # 统计我的压岁钱
print('我的压岁钱共计：',Money,'元')
```

代码执行后，输出我收到的压岁钱并进行统计。结果如下：

```
妈妈给的压岁钱：  600 元
爸爸给的压岁钱：  800 元
奶奶给的压岁钱：  800 元
爷爷给的压岁钱：  1000 元
姥姥给的压岁钱：  666 元
姥爷给的压岁钱：  888 元
舅舅给的压岁钱：  500 元
姑姑给的压岁钱：  500 元
我的压岁钱共计：5754 元
```

代码解析

（1）在 Mother=600 代码中，Mother 用来表示妈妈给的压岁钱，600 是一个整数，Mother 为整数类型的变量。

（2）在 Father=800 代码中，Father 用来表示爸爸给的压岁钱，800 是一个整数，Father 为整数类型的变量。

（3）在 Paternal_Grandmother=800 代码中，Paternal_Grandmother 用来表示奶奶给的压岁钱，800 是一个整数，Paternal_Grandmother 为整数类型的变量。

（4）在 Paternal_Grandfather=1000 代码中，Paternal_Grandfather 用来表示爷爷给的压岁钱，1000 是一个整数，Paternal_Grandfather 为整数类型的变量。

（5）在 Maternal_Grandmother=666 代码中，Maternal_Grandmother 用来表示姥姥给的压岁钱，666 是一个整数，Maternal_Grandmother 为整数类型的变量。

（6）在 Maternal_Grandfather=888 代码中，Maternal_Grandfather 用来表示姥爷给的压岁钱，888 是一个整数，Maternal_Grandfather 为整数类型的变量。

（7）在 Uncle=500 代码中，Uncle 用来表示舅舅给的压岁钱，500 是一个整数，Uncle 为整数类型的变量。

（8）在 Aunt=500 代码中，Aunt 用来表示姑姑给的压岁钱，500 是一个整数，Aunt 为整数类型的变量。

扫一扫，看视频

2.2 葫芦娃七兄弟：字符串

“葫芦娃，葫芦娃，一根藤上七朵花，风吹雨打都不怕，啦啦啦啦。叮当当咚咚当当，葫芦娃，叮当当咚咚当当，本领大……”，这是《葫芦娃》动画片的主题歌曲，该动画片讲述了葫芦娃七兄弟各个本领超群，为救人前赴后继地与妖精们战斗的故事。葫芦娃七兄弟如图 2.3 所示。

图 2.3 葫芦娃七兄弟

“葫芦娃七兄弟”实例是通过 Python 代码介绍葫芦娃七兄弟，如他们的排行、衣服的颜色和看家本领。该实例需要借助字符串进行表示并输出。其实现步骤如下：

（1）葫芦娃七兄弟的排行，使用变量 Top1～Top7 分别表示排行。

（2）葫芦娃七兄弟的衣服颜色，使用变量 Color1～Color7 分别表示。

（3）葫芦娃七兄弟的看家本领，使用变量 Skill1～Skill7 分别表示。

（4）依次介绍每位葫芦兄弟。

根据实现步骤绘制流程图，如图 2.4 所示。

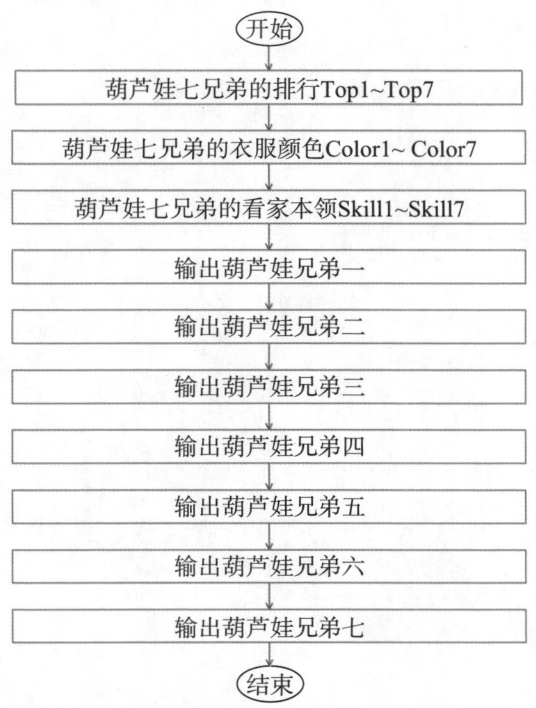

图 2.4 葫芦娃七兄弟流程图

根据流程图实现介绍葫芦娃七兄弟，编写代码如下：

```
Top1='老大'
Top2='老二'
Top3='老三'
Top4='老四'
Top5='老五'
Top6='老六'
Top7='老七'
Color1='红色'
Color2='橙色'
Color3='黄色'
Color4='绿色'
Color5='青色'
Color6='蓝色'
Color7='紫色'
Skill1='力大无穷，巨大化'
Skill2='千里眼，顺风耳，灵活聪明，机敏过人'
Skill3='铜头铁臂、钢筋铁骨、刀枪不入'
Skill4='喷火、吸火、霹雳'
Skill5='吸水、吐水'
Skill6='隐身术，来无影去无踪'
Skill7='宝葫芦'
print('----------赤娃----------')
print('排    行：',Top1)
print('衣服颜色：',Color1)
print('看家本领：',Skill1)
print('\n----------橙娃----------')
print('排    行：',Top2)
print('衣服颜色：',Color2)
print('看家本领：',Skill2)
print('\n----------黄娃----------')
print('排    行：',Top3)
print('衣服颜色：',Color3)
print('看家本领：',Skill3)
print('\n----------绿娃----------')
print('排    行：',Top4)
print('衣服颜色：',Color4)
print('看家本领：',Skill4)
print('\n----------青娃----------')
print('排    行：',Top5)
print('衣服颜色：',Color5)
print('看家本领：',Skill5)
print('\n----------蓝娃----------')
```

```
print('排　　行：',Top6)
print('衣服颜色：',Color6)
print('看家本领：',Skill6)
print('\n----------紫娃----------')
print('排　　行：',Top7)
print('衣服颜色：',Color7)
print('看家本领：',Skill7)
```

代码执行后，依次输出葫芦娃七兄弟的介绍信息。结果如下：

```
----------赤娃----------
排　　行：老大
衣服颜色：红色
看家本领：力大无穷，巨大化

----------橙娃----------
排　　行：老二
衣服颜色：橙色
看家本领：千里眼，顺风耳，灵活聪明，机敏过人

----------黄娃----------
排　　行：老三
衣服颜色：黄色
看家本领：铜头铁臂、钢筋铁骨、刀枪不入

----------绿娃----------
排　　行：老四
衣服颜色：绿色
看家本领：喷火、吸火、霹雳

----------青娃----------
排　　行：老五
衣服颜色：青色
看家本领：吸水、吐水

----------蓝娃----------
排　　行：老六
衣服颜色：蓝色
看家本领：隐身术，来无影去无踪

----------紫娃----------
排　　行：老七
衣服颜色：紫色
看家本领：宝葫芦
```

代码解析

（1）在代码中，Top1～Top7 均为变量，变量值为字符串，用来表示葫芦娃七兄弟的排行。

（2）在代码中，Color1～Color7 均为变量，变量值为字符串，用来表示葫芦娃七兄弟的衣服颜色。

（3）在代码中，Skill1～Skill7 均为变量，变量值为字符串，用来表示葫芦娃七兄弟的看家本领。

扫一扫，看视频

2.3 三个和尚量身高：浮点数

从前有座山，山上有座庙，庙里住着三个和尚，如图 2.5 所示。这三个和尚齐心协力地挑完水后无事可做，他们决定互相量身高。小和尚为胖和尚量身高，胖和尚为瘦和尚量身高，瘦和尚为小和尚量身高。

图 2.5 三个和尚

“三个和尚量身高”实例是通过 Python 代码输出他们之间为对方测量的身高，身高单位为米。假设小和尚、胖和尚、瘦和尚的身高依次为 1.5 米、1.65 米、2.1 米。该实例需要用到浮点数来表示和尚的身高。其实现步骤如下：

（1）小和尚的身高，使用变量 Small_Bonze 表示。

（2）胖和尚的身高，使用变量 Fat_Bonze 表示。

（3）瘦和尚的身高，使用变量 Thin_Bonze 表示。

（4）输出他们互相为对方测量的身高。

根据实现步骤绘制流程图，如图 2.6 所示。

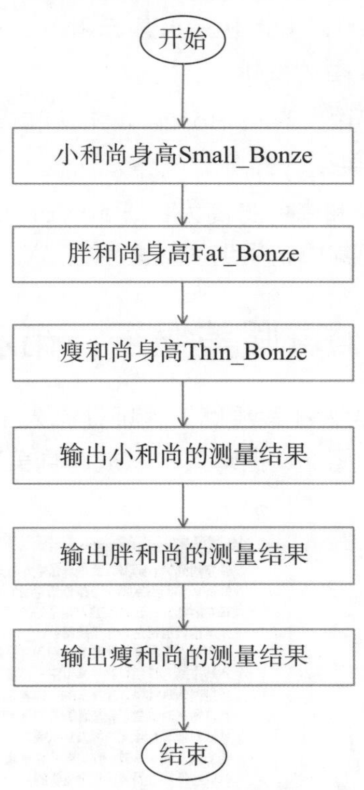

图 2.6 三个和尚量身高流程图

根据流程图实现三个和尚量身高，编写代码如下：

```
Small_Bonze=1.5
Fat_Bonze=1.65
Thin_Bonze=2.1
print('小和尚说：\'胖和尚的身高为：',Fat_Bonze,'米\'')
print('胖和尚说：\'瘦和尚的身高为：',Thin_Bonze,'米\'')
print('瘦和尚说：\'小和尚的身高为：',Small_Bonze,'米\'')
```

代码执行后，输出 3 个和尚的测量结果。结果如下：

```
小和尚说：'胖和尚的身高为： 1.65 米'
胖和尚说：'瘦和尚的身高为： 2.1 米'
瘦和尚说：'小和尚的身高为： 1.5 米'
```

代码解析

（1）在 Small_Bonze=1.5 代码中，Small_Bonze 表示小和尚的身高。由于它的值 1.5 是一个浮点数，所以 Small_Bonze 为浮点数类型的变量。

（2）在 Fat_Bonze=1.65 代码中，Fat_Bonze 表示胖和尚的身高，它的值 1.65 是一个浮点数，所以 Fat_Bonze 也为浮点数类型的变量。

（3）在 Thin_Bonze=2.1 代码中，Thin_Bonze 表示瘦和尚的身高，它的值 2.1 是一个浮点数，所以 Thin_Bonze 也为浮点数类型的变量。

（4）在 print(' 小和尚说：\' 胖和尚的身高为：',Fat_Bonze,' 米 \'') 代码中，print( ) 用来输出小和尚为胖和尚测量身高的结果。其中，用到了转义字符“\'”，表示在字符串中使用单引号。

扫一扫，看视频

2.4 真假美猴王：布尔值

真假美猴王讲述了唐僧师徒四人在取经路上，师徒二人生二心，从而引发一段真假孙悟空的故事。如图 2.7 为真假美猴王，图 2.8 是师父、八戒、真美猴王（悟空）、假美猴王（六耳猕猴）之间的辨别对话。

图 2.7　真假美猴王

师父：你们哪个是真悟空啊？
悟空对师父：师父，我是真悟空，我没打你，是他打你。他是假的，我是真的，他是冒充的。
师父：你们到底哪一个是真悟空啊？
悟空对师父：我是真的，他是假的。
六耳猕猴对悟空：你是妖精。
悟空对六耳猕猴：我是真的，你才是假的，你是真妖精。
六耳猕猴对悟空：我是真悟空，你是假的，你是假的。
悟空对六耳猕猴：我是真的，你冒充我。
六耳猕猴对悟空：我是真的，你是假的。
八戒对师父：师父，我去认认啊！
悟空对八戒：八戒，你记得，当年我三打白骨精是你上花果山把俺请回来的。
八戒对师父：师父，这个是真的。
师父对悟空：你是真悟空。
六耳猕猴对八戒：八戒，过来过来。你怎么忘了，当年在高老庄我收服你的时候，我变成了高小姐。
八戒对师父：师父，这个是真的。
师父对六耳猕猴：你是真的。
师父对八戒：八戒，到底哪一个是真悟空啊？
八戒对师父：全是真的。
悟空对师父：我是真的，师父，他是假的，他冒充我。
六耳猕猴对悟空：你冒充我，我是真的。
八戒对师父：全是妖怪啊！
悟空对八戒：呆子，你连我都不认得了。我是真的，我是真的。
八戒对悟空：你是真的。
六耳猕猴对八戒：你瞧瞧我，我是真的。
八戒对六耳猕猴：你是真的。
八戒：谁让你们长得都一样啊！就是你亲爹娘也认不清啊。
八戒对师父：师父快念咒啊。
师父：待我念咒，谁的头疼谁就是真的。
悟空对师父：师父，别念，别念。既然师父分不出真假，我们就去别处问问。
六耳猕猴对师父：对，我们就去别处问问。

图 2.8　辨别对话

“真假美猴王”实例是通过 Python 代码编写他们之间的辨别对话。由于需要辨别哪个是真美猴王，哪个是假美猴王，因此，实现该辨别对话要用到布尔值。其具体步骤如下：

（1）定义真与假，使用 T 表示真（True），使用 F 表示假（False）。

（2）编写辨别对话，使用 print( ) 输出。

根据实现步骤绘制流程图，如图 2.9 所示。

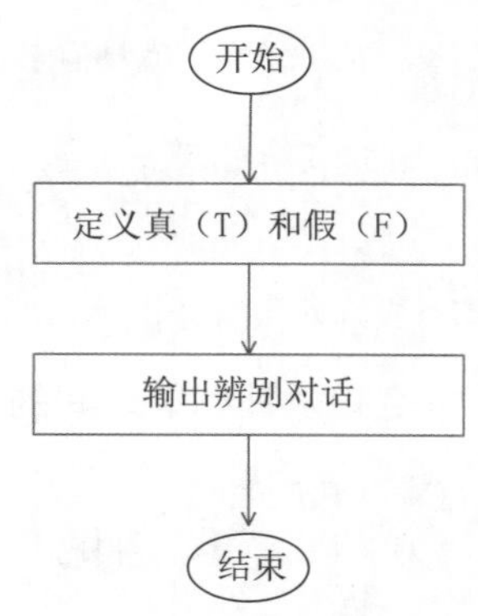

图 2.9 实现真假美猴王的辨别对话流程图

根据流程图实现真假美猴王的辨别对话，编写代码如下：

```
T=True
F=False
print('师父          : 你们哪个是',T,'(真)悟空啊?')
print('悟空对师父    : 师父，我是',T,'(真)悟空，我没打你，是他打你。他是',F,'(假)
的，我是',T,'(真)的，他是冒充的。')
print('师父          : 你们到底哪一个是',T,'(真)悟空啊?')
print('悟空对师父    : 我是',T,'(真)的，他是',F,'(假)的。')
print('六耳猕猴对悟空: 你是妖精。')
print('悟空对六耳猕猴: 我是',T,'(真)的，你才是',F,'(假)的，你是',T,'(真)妖精。')
print('六耳猕猴对悟空: 我是',T,'(真)悟空，你是',F,'(假)的，你是',F,'(假)的。')
print('悟空对六耳猕猴: 我是',T,'(真)的，你冒充我。')
print('六耳猕猴对悟空: 我是',T,'(真)的，你是',F,'(假)的。')
print('八戒对师父    : 师父，我去认认啊!')
print('悟空对八戒    : 八戒，你记得，当年我三打白骨精是你上花果山把俺请回来的。')
print('八戒对师父    : 师父，这个是',T,'(真)的。')
print('师父对悟空    : 你是',T,'(真)悟空。')
print('六耳猕猴对八戒: 八戒，过来过来。你怎么忘了，当年在高老庄我收服你的时候，我变成了高
小姐。')
print('八戒对师父    : 师父，这个是',T,'(真)的。')
print('师父对六耳猕猴: 你是',T,'(真)的。')
print('师父对八戒    : 八戒，到底哪一个是',T,'(真)悟空啊?')
print('八戒对师父    : 全是',T,'(真)的。')
print('悟空对师父    : 我是',T,'(真)的，师父，他是',F,'(假)的，他冒充我。')
print('六耳猕猴对悟空: 你冒充我，我是',T,'(真)真的。')
print('八戒对师父    : 全是妖怪啊!')
print('悟空对八戒    : 呆子，你连我都不认得了。我是',T,'(真)的，我是',T,'(真)的。')
print('八戒对悟空    : 你是',T,'(真)的。')
print('六耳猕猴对八戒: 你瞧瞧我，我是',T,'真的。')
print('八戒对六耳猕猴: 你是',T,'真的。')
```

```
print('八戒            ：谁让你们长得都一样啊！就是你亲爹娘也认不清啊。')
print('八戒对师父      ：师父快念咒啊。')
print('师父            ：待我念咒，谁的头疼谁就是',T,'（真）的。')
print('悟空对师父      ：师父，别念，别念。既然师父分不出',T,'（真）',F,'（假），我们就去
别处问问。')
print('六耳猕猴对师父：对，我们就去别处问问。')
```

代码执行后，输出师父、八戒、悟空和六耳猕猴之间的对话，结果如下：

```
师父            ：你们哪个是 True（真）悟空啊？
悟空对师父      ：师父，我是 True（真）悟空，我没打你，是他打你。他是 False （假）的，我是
True （真）的，他是冒充的。
师父            ：你们到底哪一个是 True （真）悟空啊？
悟空对师父      ：我是 True（真）的，他是 False （假）的。
六耳猕猴对悟空：你是妖精。
悟空对六耳猕猴：我是 True（真）的，你才是 False（假）的，你是 True（真）妖精。
六耳猕猴对悟空：我是 True（真）悟空，你是 False（假）的，你是 False（假）的。
悟空对六耳猕猴：我是 True（真）的，你冒充我。
六耳猕猴对悟空：我是 True（真）的，你是 False（假）的。
八戒对师父      ：师父，我去认认啊！
悟空对八戒      ：八戒，你记得，当年我三打白骨精是你上花果山把俺请回来的。
八戒对师父      ：师父，这个是 True（真）的。
师父对悟空      ：你是 True（真）悟空。
六耳猕猴对八戒：八戒，过来过来。你怎么忘了，当年在高老庄我收服你的时候，我变成了高小姐。
八戒对师父      ：师父，这个是 True（真）的。
师父对六耳猕猴：你是 True（真）的。
师父对八戒      ：八戒，到底哪一个是 True（真）悟空啊？
八戒对师父      ：全是 True（真）的。
悟空对师父      ：我是 True（真）的，师父，他是 False（假）的，他冒充我。
六耳猕猴对悟空：你冒充我，我是 True（真）真。
八戒对师父      ：全是妖怪啊！
悟空对八戒      ：呆子，你连我都不认得了。我是 True（真）的，我是 True（真）的。
八戒对悟空      ：你是 True（真）的。
六耳猕猴对八戒：你瞧瞧我，我是 True 真的。
八戒对六耳猕猴：你是 True 真的。
八戒            ：谁让你们长得都一样啊！就你亲爹娘也认不清啊。
八戒对师父      ：师父快念咒啊。
师父            ：待我念咒，谁的头疼谁就是 True（真）的。
悟空对师父      ：师父，别念，别念。既然师父分不出 True（真）False（假），我们就去别处问问。
六耳猕猴对师父：对，我们就去别处问问。
```

代码解析

（1）在 T=True 代码中，T 用来表示真，是一个布尔值。

（2）在 F=False 代码中，F 用来表示假，是一个布尔值。

第3章

运 算

计算机可以说是最强大脑，它可以以最短的时间计算出非常复杂的运算。下面让我们通过 Python 语言实现各种复杂的运算吧！

扫一扫，看视频

3.1 检查数学计算题：算术运算

今天老师在黑板上出了 10 道数学计算题叫我做，我很快就做完了，如图 3.1 所示。谁能帮我检查一下做得对不对？

想一想，算一算

50 − 7 = 43	12 + 17 = 29
16 × 7 = 112	15 ÷ 2 = 7.5
23 + 37 = 60	45 − 16 = 29
33 − 14 = 19	18 × 3 = 54
18 ÷ 5 = 3.6	22 − 13 = 9

图 3.1　数学计算题

“检查数学计算题”实例是通过 Python 代码检查图 3.1 中的这些计算题解答是否正确。检查需要借助 Python 的算术运算功能来实现。由用户输入数学题中的数字和运算符，然后进行算术运算，并对给出的计算结果进行检查。其实现步骤如下：

（1）提供要使用到的算术运算符，并使用 print() 语句进行输出显示。

（2）设置可检查的题目数量。使用变量指定最少检查的题数 x=0，使用变量 count 指定最多检查的题数，然后在 while 语句条件中设置检查的算术题数量 x<count。

（3）准备阶段，用户输入数学题中用到的数字，使用变量 Num1 指定题中的第 1 个数，使用变量 Num2 指定题中的第 2 个数，并且使用变量 Operators 指定要使用的算术运算符。

（4）检查阶段，根据用户使用的算术运算符，进行相应的算术运算并与提供的计算结果进行对比。因为不同的算术运算符计算结果不同，这里使用 if-elif-else 语句依次进行判断。

根据实现步骤绘制流程图，如图 3.2 所示。

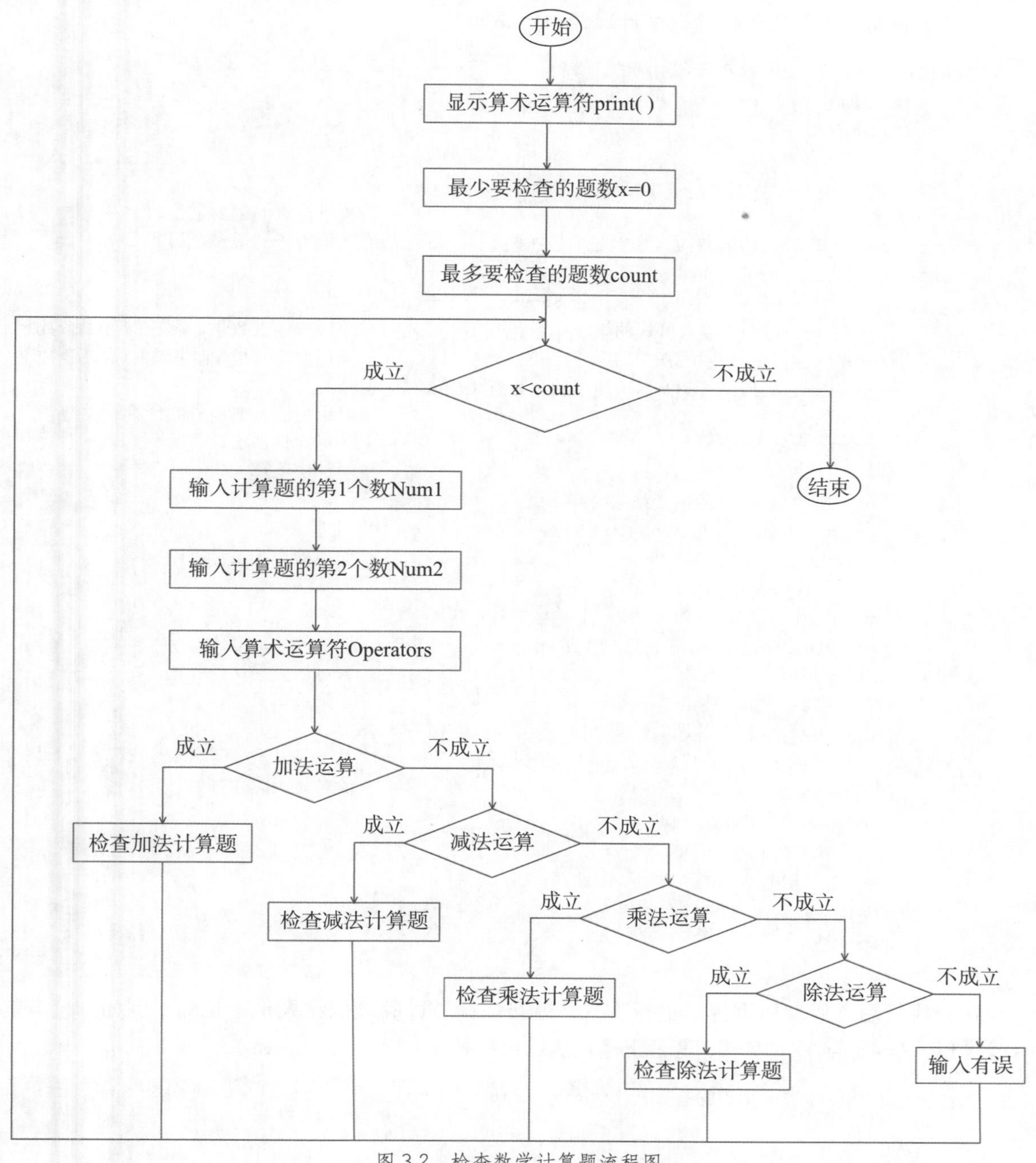

图 3.2 检查数学计算题流程图

根据流程图，编写代码检查数学计算题，代码如下：

```
print('********** 本次算术用到的运算符 **********\n'
      '1. 加号（+）\n'
      '2. 减号（-）\n'
      '3. 乘号（*）\n'
      '4. 除号（/）\n')
x=0                                               # 可检查的最少题目数
count=int(input("输入要检查算术题个数："))          # 可检查的最多题目数
while x<count:
    print('————————第',x+1,'道题————————\n')
    Num1=int(input('输入算式的第 1 个数：'))          # 用户输入数学计算题的第 1 个数字
    Num2=int(input('输入算式的第 2 个数：'))          # 用户输入数学计算题的第 2 个数字
    Operators=int(input('本次使用的运算符（输入对应编号）：'))
                                                  # 用户输入要检查的计算题类型
    if Operators==1:                              # 可检查加法计算题
        Result= Num1+Num2                         # 加法运算
        print('\n检查的题及结果')
        print(Num1,'+',Num2,'=',Result)
    elif Operators==2:                            # 可检查减法计算题
        Result= Num1-Num2                         # 减法运算
        print('\n检查的题及结果')
        print(Num1,'-',Num2,'=',Result)
    elif Operators==3:                            # 可检查乘法计算题
        Result= Num1*Num2                         # 乘法运算
        print('\n检查的题及结果')
        print(Num1,'×',Num2,'=',Result)
    elif Operators==4:                            # 可检查除法计算题
        Result= Num1/Num2                         # 除法运算
        print('\n检查的题及结果')
        print(Num1,'÷',Num2,'=',Result)
    else:
        print('输入有误')
    x+=1
```

代码执行后，用户根据提示进行输入，就可以检查计算题的结果是否正确。例如，检查前两道题 50-7=43 与 12+17=29 是否正确，执行过程如下：

```
********** 本次算术用到的运算符 **********
1. 加号（+）
2. 减号（-）
3. 乘号（*）
4. 除号（/）
```

```
输入要检查算术题个数：2                              # 一共要检查 2 道题
————————第 1 道题————————

输入算式的第 1 个数：50
输入算式的第 2 个数：7
本次使用的运算符（输入对应编号）：2                  # 第 1 道题为减法，选择对应编号 2

检查的题及结果
50 - 7 = 43                                          # 第 1 道题及计算结果
————————第 2 道题————————

输入算式的第 1 个数：12
输入算式的第 2 个数：17
本次使用的运算符（输入对应编号）：1                  # 第 2 道题为加法，选择对应编号 1

检查的题及结果
12 + 17 = 29                                         # 第 2 道题及计算结果
```

代码成功对前两道题进行了检查，第 1 道题 50−7=43、第 2 道题 12+17=29 与我做的结果一致，都正确。

代码解析

（1）代码 while x<count: 是一个 while 循环语句，用来决定本次可检查计算题的数量。

（2）代码 if Operators==1: 是 if−elif−else 语句的 if 条件，用来判断用户要检查的计算题是否为加法计算题。

（2）代码 elif Operators==2: 是 if−elif−else 语句的 elif 条件，用来判断用户要检查的计算题是否为减法计算题。

（3）代码 elif Operators==3: 是 if−elif−else 语句的 elif 条件，用来判断用户要检查的计算题是否为乘法计算题。

（4）代码 elif Operators==4: 是 if−elif−else 语句的 elif 条件，用来判断用户要检查的计算题是否为除法计算题。

（5）代码 print(' 输入有误 ') 是 if−elif−else 语句中 else 对应的语句。对用户输入的错误运算符进行提示。

3.2 求完全数：求余运算

扫一扫，看视频

数字 15 除以 3，等于 5。3 和 5 被称为 15 的真因子。完全数是一个特殊的自然数。如果一个数的所有真因子之和恰好等于它本身，则这个数被称为“完全数”。28 的真因子分别为 1、2、4、7、14，因子之和 1+2+4+7+14=28，所以 28 是一个完全数。

“求完全数”实例可以求指定范围内包含了哪些完全数。该实例需要借助 Python 的求余运算功能来实现。用户输入范围，然后从该范围中依次选择每一个整数，判断这个整数是否是完全数。其实现步骤如下：

（1）用户输入范围，使用变量 lower 指定范围最小值，使用变量 upper 指定范围最大值。

（2）从数 lower~upper 范围内依次提取每一个整数。通过 for 循环语句进行提取，使用变量 i 表示提取的整数。

（3）判断整数 i 有哪些真因子。通过 if 语句指定条件进行判断，条件需要使用求余运算 i % j == 0，满足该条件，整数 j 为真因子。

（4）将所有真因子相加 s += j，相加之和为变量 s。

（5）判断整数 i 是否为完全数。使用 if 语句判断整数 i 是否与变量 s 相同，若相同，则输出该数为完全数。

根据实现步骤绘制流程图，如图 3.3 所示。

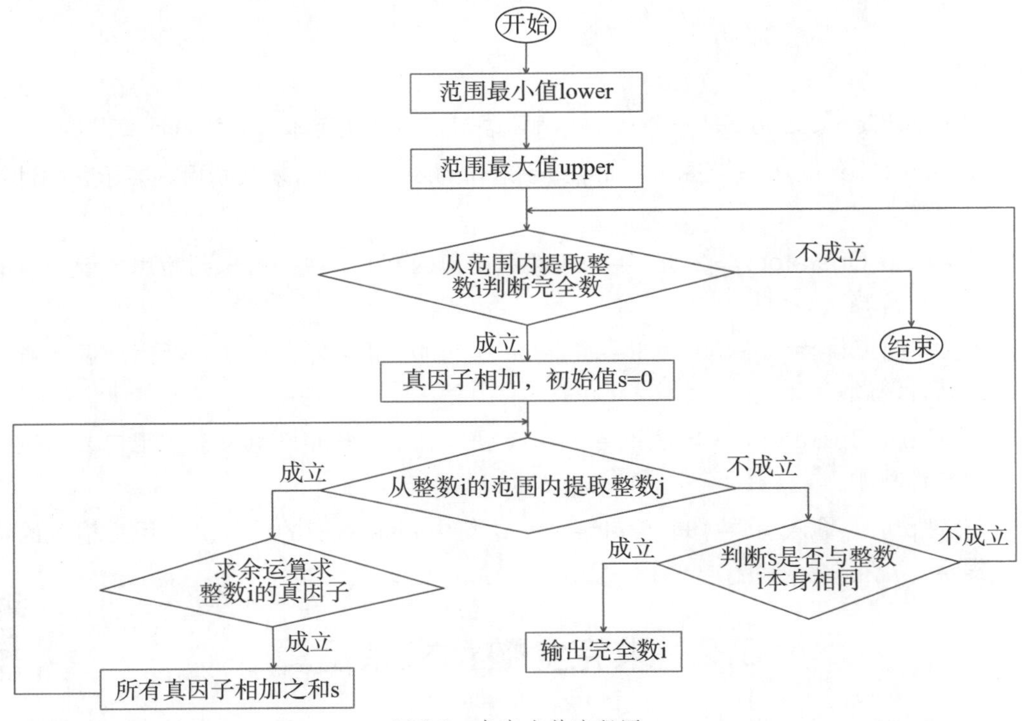

图 3.3　求完全数流程图

根据流程图实现求完全数功能，编写代码如下：

```
lower = int(input(" 请输入范围最小值：")) 
upper = int(input(" 请输入范围最大值：")) 
print(str(lower)+" 到 "+str(upper)+" 范围内的完全数如下：") 
for i in range(lower, upper+ 1):                    # 从指定范围内取出一个数 i
      s = 0
      for j in range(1, i):
          if i % j == 0:                             # 求余运算，求整数 i 的真因子
               s += j                                # 将真因子进行相加
      if s == i:                                     # 判断相加之和是否与整数 i 相同
          print(i)                                   # 相同，表示为完全数
```

代码执行后需要用户输入一个范围，输入完成后，显示该范围内包含的完全数。例如，求 1 到 1000 范围内的完全数，执行过程如下：

```
请输入范围最小值：1
请输入范围最大值：1000
1 到 1000 范围内的完全数如下：
6
28
496
```

代码解析

（1）代码 for i in range(lower, upper+ 1): 是一个 for 循环语句，这里作为外循环，其目的是从用户输入的范围内依次提取每一个整数，赋值给 i，并判断其是否为完全数。

（2）代码 for j in range(1, i): 也是一个 for 循环语句，这里作为内循环，它属于外循环的语句。当外循环提取到一个整数 i 后，通过内循环提取该整数 i 范围内的每一个整数 j。其目的是判断哪些整数 j 是整数 i 的真因子。

（3）在 s += j 代码中，通过迭代的方式将整数 i 中包含的所有真因子相加，并赋值给变量 s。

3.3 求自守数：平方运算

扫一扫，看视频

如果某个 n 位数与它的平方数的后 n 位相同，那么就称这个数为自守数。例如，6 是一个一位数，它的平方（6×6）值为 36，末尾一位数正好为该数的本身 6；再如，25 是一个两位数，它的平方（25×25）值为 625，625 末尾两位数（25）正好为该数的本身 25。

“求自守数”实例是求指定范围内包含了哪些自守数。该实例借助 Python 的平方运算功能来实现。用户输入范围，从该范围中依次选择每一个整数，判断这个整数是否为自守数。其实

现步骤如下：

（1）用户输入范围，使用变量 lower 指定范围最小值，使用变量 upper 指定范围最大值。

（2）从范围内依次提取每一个整数，判断其是否为自守数，通过 for 循环语句进行提取，使用变量 i 表示提取的整数。

（3）计算要判断的数是几位数，位数用 l 表示。

（4）计算该数的平方值，并提取平方值的对应位数的末尾数。

（5）使用 if 语句判断末尾数是否与该数本身相同，如果相同，输出是自守数。根据实现步骤，绘制流程图如图 3.4 所示。

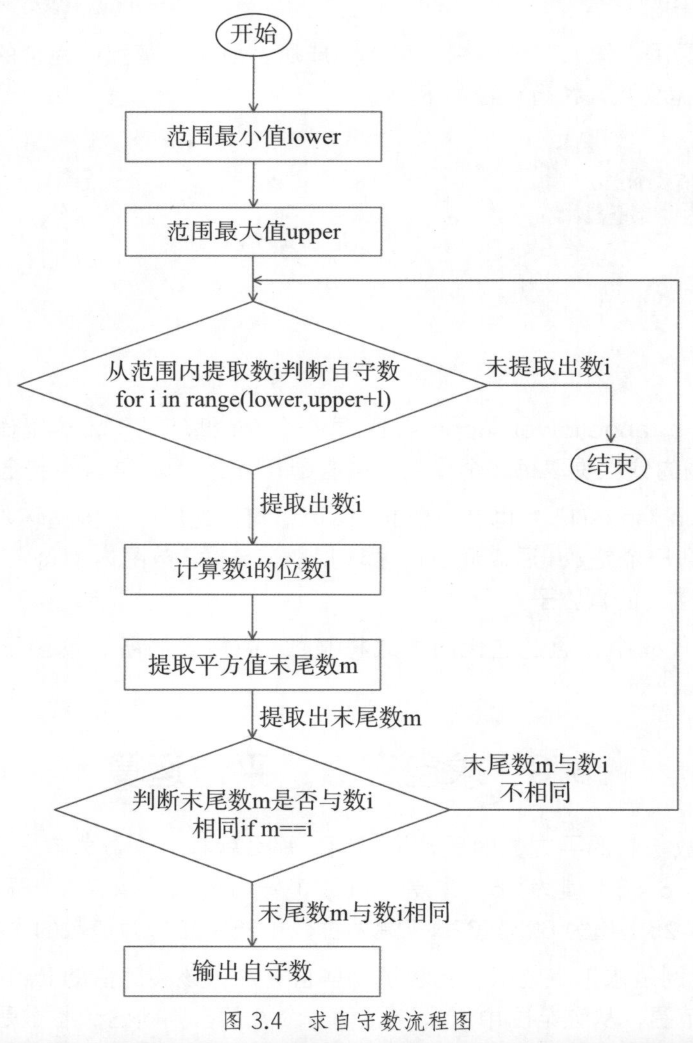

图 3.4　求自守数流程图

根据流程图实现求自守数，编写代码如下：

```
lower=int(input('请输入最小范围：'))
upper=int(input('请输入最大范围：'))
print(str(lower)+"到"+str(upper)+"范围内的自守数如下：")
for i in range(lower,upper+1):
        l=len(str(i))                                    #计算数字位数
        m=(i*i) % (10**l)                                #计算数字平方值，并提取末尾数
        if m==i:                                         #如果末尾数等于该数字，则输出
             print(i)
```

代码执行后，输入一个范围，并显示该范围内包含的自守数。例如，求 1 到 10000 范围内的自守数，执行过程如下：

```
请输入最小范围：1
请输入最大范围：10000
1到10000范围内的自守数如下：
1
5
6
25
76
376
625
9376
```

代码解析

（1）在 l=len(str(i)) 代码中，str(i) 将提取到的整数 i 转换为字符串类型，len( ) 用来计算该字符串的长度，一个数字字符的长度为 1，也就是原有数的位数。

（2）在 m=(i*i) % (10**l) 代码中，(i*i) 用来计算提取到的整数 i 的平方值，与 (10**l) 进行求余运算，用来求得平方值末尾 l 位的数。

3.4　6 个小朋友分糖果：整除运算

扫一扫，看视频

6 个小朋友按顺序围成一个圈玩分糖果游戏。第 1 个小朋友手里有 8 块糖果，第 2 个小朋友手里有 5 块糖果，第 3 个小朋友手里有 7 块糖果，第 4 个小朋友手里有 10 块糖果，第 5 个小朋友手里有 6 块糖果，第 6 个小朋友手里有 3 块糖果。从第 1 个小朋友开始分糖果，将自己的糖果平均分为 3 份（如果有多余的糖果，则立即吃掉），自己留一份，其余两份分给相邻的小朋友。第 2 个、第 3 个、第 4 个、第 5 个、第 6 个小朋友依次这样做。请问每次分糖果后，

6 个小朋友手里各有多少块糖果？实现该实例需要用到 Python 的整除运算功能，将糖果平均分为 3 份并分给相邻的小朋友。其实现步骤如下：

（1）分糖果前，使用变量 a、b、c、d、e、f 分别表示 6 个小朋友手里的糖果数量。

（2）第 1 个小朋友分糖果，计算此时 6 个小朋友手里的糖果数量。

（3）第 2 个小朋友分糖果，计算此时 6 个小朋友手里的糖果数量。

（4）第 3 个小朋友分糖果，计算此时 6 个小朋友手里的糖果数量。

（5）第 4 个小朋友分糖果，计算此时 6 个小朋友手里的糖果数量。

（6）第 5 个小朋友分糖果，计算此时 6 个小朋友手里的糖果数量。

（7）第 6 个小朋友分糖果，计算此时 6 个小朋友手里的糖果数量。

根据实现步骤绘制流程图，如图 3.5 所示。

图 3.5　6 个小朋友分糖果流程图

根据流程图实现 6 个小朋友分糖果，编写代码如下：

```
a=8                                                    # 第 1 个小朋友手里糖果的初始数量
b=5                                                    # 第 2 个小朋友手里糖果的初始数量
c=7                                                    # 第 3 个小朋友手里糖果的初始数量
d=10                                                   # 第 4 个小朋友手里糖果的初始数量
e=6                                                    # 第 5 个小朋友手里糖果的初始数量
f=3                                                    # 第 6 个小朋友手里糖果的初始数量
print('————————第 1 个小朋友分糖果————————')
a=a//3
b=b+a
f=f+a
print('第 1 个小朋友手里有：',a,'块')
print('第 2 个小朋友手里有：',b,'块')
print('第 3 个小朋友手里有：',c,'块')
print('第 4 个小朋友手里有：',d,'块')
print('第 5 个小朋友手里有：',e,'块')
print('第 6 个小朋友手里有：',f,'块')
print('————————第 2 个小朋友分糖果————————')
b=b//3
a=a+b
c=c+b
print('第 1 个小朋友手里有：',a,'块')
print('第 2 个小朋友手里有：',b,'块')
print('第 3 个小朋友手里有：',c,'块')
print('第 4 个小朋友手里有：',d,'块')
print('第 5 个小朋友手里有：',e,'块')
print('第 6 个小朋友手里有：',f,'块')
print('————————第 3 个小朋友分糖果————————')
c=c//3
b=b+c
d=d+c
print('第 1 个小朋友手里有：',a,'块')
print('第 2 个小朋友手里有：',b,'块')
print('第 3 个小朋友手里有：',c,'块')
print('第 4 个小朋友手里有：',d,'块')
print('第 5 个小朋友手里有：',e,'块')
print('第 6 个小朋友手里有：',f,'块')
print('————————第 4 个小朋友分糖果————————')
d=d//3
c=c+d
e=e+d
print('第 1 个小朋友手里有：',a,'块')
```

```
print('第 2 个小朋友手里有：',b,'块')
print('第 3 个小朋友手里有：',c,'块')
print('第 4 个小朋友手里有：',d,'块')
print('第 5 个小朋友手里有：',e,'块')
print('第 6 个小朋友手里有：',f,'块')
print('————第 5 个小朋友分糖果————')
e=e//3
d=d+e
f=f+e
print('第 1 个小朋友手里有：',a,'块')
print('第 2 个小朋友手里有：',b,'块')
print('第 3 个小朋友手里有：',c,'块')
print('第 4 个小朋友手里有：',d,'块')
print('第 5 个小朋友手里有：',e,'块')
print('第 6 个小朋友手里有：',f,'块')
print('————第 6 个小朋友分糖果————')
f=f//3
a=a+f
e=e+f
print('第 1 个小朋友手里有：',a,'块')
print('第 2 个小朋友手里有：',b,'块')
print('第 3 个小朋友手里有：',c,'块')
print('第 4 个小朋友手里有：',d,'块')
print('第 5 个小朋友手里有：',e,'块')
print('第 6 个小朋友手里有：',f,'块')
```

代码执行后，输出每一次分糖果后，6 个小朋友手里各有多少块糖果，结果如下：

```
————第 1 个小朋友分糖果————
第 1 个小朋友手里有：  2 块
第 2 个小朋友手里有：  7 块
第 3 个小朋友手里有：  7 块
第 4 个小朋友手里有：  10 块
第 5 个小朋友手里有：  6 块
第 6 个小朋友手里有：  5 块
————第 2 个小朋友分糖果————
第 1 个小朋友手里有：  4 块
第 2 个小朋友手里有：  2 块
第 3 个小朋友手里有：  9 块
第 4 个小朋友手里有：  10 块
第 5 个小朋友手里有：  6 块
第 6 个小朋友手里有：  5 块
```

```
————————第 3 个小朋友分糖果————————
第 1 个小朋友手里有：  4 块
第 2 个小朋友手里有：  5 块
第 3 个小朋友手里有：  3 块
第 4 个小朋友手里有：  13 块
第 5 个小朋友手里有：  6 块
第 6 个小朋友手里有：  5 块
————————第 4 个小朋友分糖果————————
第 1 个小朋友手里有：  4 块
第 2 个小朋友手里有：  5 块
第 3 个小朋友手里有：  7 块
第 4 个小朋友手里有：  4 块
第 5 个小朋友手里有：  10 块
第 6 个小朋友手里有：  5 块
————————第 5 个小朋友分糖果————————
第 1 个小朋友手里有：  4 块
第 2 个小朋友手里有：  5 块
第 3 个小朋友手里有：  7 块
第 4 个小朋友手里有：  7 块
第 5 个小朋友手里有：  3 块
第 6 个小朋友手里有：  8 块
————————第 6 个小朋友分糖果————————
第 1 个小朋友手里有：  6 块
第 2 个小朋友手里有：  5 块
第 3 个小朋友手里有：  7 块
第 4 个小朋友手里有：  7 块
第 5 个小朋友手里有：  5 块
第 6 个小朋友手里有：  2 块
```

代码解析

（1）在 a=a//3 代码中，通过整除运算，将第 1 个小朋友手里的糖果平均分为 3 份。

（2）在 b=b+a 代码中，b 表示第 2 个小朋友得到了第 1 个小朋友分给的 1 份糖果。因为第 2 个小朋友与第 1 个小朋友相邻。

（3）在 f=f+a 代码中，f 表示第 6 个小朋友得到了第 1 个小朋友分给的 1 份糖果。因为第 6 个小朋友与第 1 个小朋友相邻。

（4）在 b=b//3 代码中，通过整除运算，将第 2 个小朋友手里的糖果平均分为 3 份。

（5）在 c=c//3 代码中，通过整除运算，将第 3 个小朋友手里的糖果平均分为 3 份。

（6）在 d=d//3 代码中，通过整除运算，将第 4 个小朋友手里的糖果平均分为 3 份。

（7）在 e=e//3 代码中，通过整除运算，将第 5 个小朋友手里的糖果平均分为 3 份。

（8）在 f=f//3 代码中，通过整除运算，将第 6 个小朋友手里的糖果平均分为 3 份。

扫一扫，看视频

3.5 判断水仙花数：三次幂运算

水仙花数是一个 3 位数，它的每一位数字的三次幂之和等于它本身，如 $153=1^3+5^3+3^3$。判断水仙花数是指用户输入任意 3 位数的正整数，判断该正整数是不是水仙花数。其实现步骤如下：

（1）用户输入任意 3 位数的正整数，使用 input( ) 接收用户的输入，并赋值给变量 num。

（2）提取这个 3 位数的每一位上的数，即个位、十位、百位，分别赋值给变量 ge、shi、bai。

（3）判断是否为水仙花数。计算个位上的数、十位上的数、百位上的数的三次幂之和，看其是否等于这个数本身。如果等于，则该数为水仙花数；反之，则不是水仙花数。需要使用 if-else 语句进行判断。

根据实现步骤绘制流程图，如图 3.6 所示。

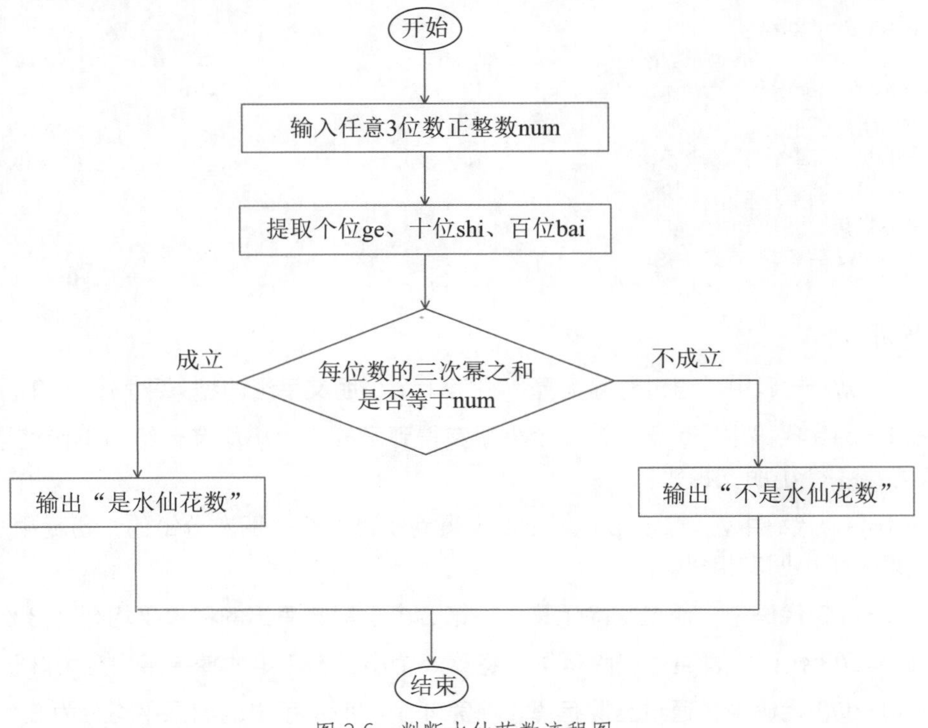

图 3.6 判断水仙花数流程图

根据流程图实现判断水仙花数，编写代码如下：

```
num=int(input('请输入任意 3 位数的正整数：'))
ge=num%10                              # 提取个位上的数
shi=num//10%10                         # 提取十位上的数
bai=num//100                           # 提取百位上的数
if num==ge**3+shi**3+bai**3:           # 对每位数的三次幂求和，判断该数是否为水仙花数
    print(num,'是水仙花数')
else:
    print(num,'不是水仙花数')
```

代码执行后，首先需要用户输入一个任意3位数的正整数，输入后可以判断该数是否为水仙花数了。例如，判断407和568，执行过程如下：

```
请输入任意 3 位数的正整数：407
407 是水仙花数
请输入任意 3 位数的正整数：568
568 不是水仙花数
```

代码解析

（1）在ge=num%10代码中，num%10表示使用求余运算提取个位上的数。因为3位数正整数除以10，余数正好是个位上对应的数。

（2）代码shi=num//10%10用来提取十位上的数。先使用整除运算num//10，得到一个由百位和十位组成的两位数；再进行求余运算%10，余数正好是十位上对应的数。

（3）在bai=num//100代码中，num//100表示使用整除运算提取百位上的数。因为3位数正整数除以100，商正好是百位上对应的数。

3.6 求阿姆斯特朗数：高次幂运算

扫一扫，看视频

如果一个n位正整数等于其各位数字的n次幂之和，则称该数为阿姆斯特朗数。例如，1634是一个4位数，$1^4=1$、$6^4=1296$、$3^4=81$、$4^4=256$，值1、1296、81、256的和正好为这个数本身1634（1+1296+81+256=1634）。所以，1634是阿姆斯特朗数。

“求阿姆斯特朗数”实例是求指定范围内包含了哪些阿姆斯特朗数。该实例需要借助Python的高次幂运算功能来实现。用户输入范围，从该范围中依次选择每一个整数，判断这个整数是否为阿姆斯特朗数。其实现步骤如下：

（1）用户输入范围，使用变量lower指定范围最小值，使用变量upper指定范围最大值。

（2）从范围内依次提取每一个整数，判断该数是否为阿姆斯特朗数。可以通过for循环语句提取，使用变量number表示提取的数。

（3）判断提取的数 number 是几位数，求每一位数次幂之和。使用变量 result 表示和，然后通过 if-elif-else 语句进行判断。

根据实现步骤绘制流程图，如图 3.7 所示。

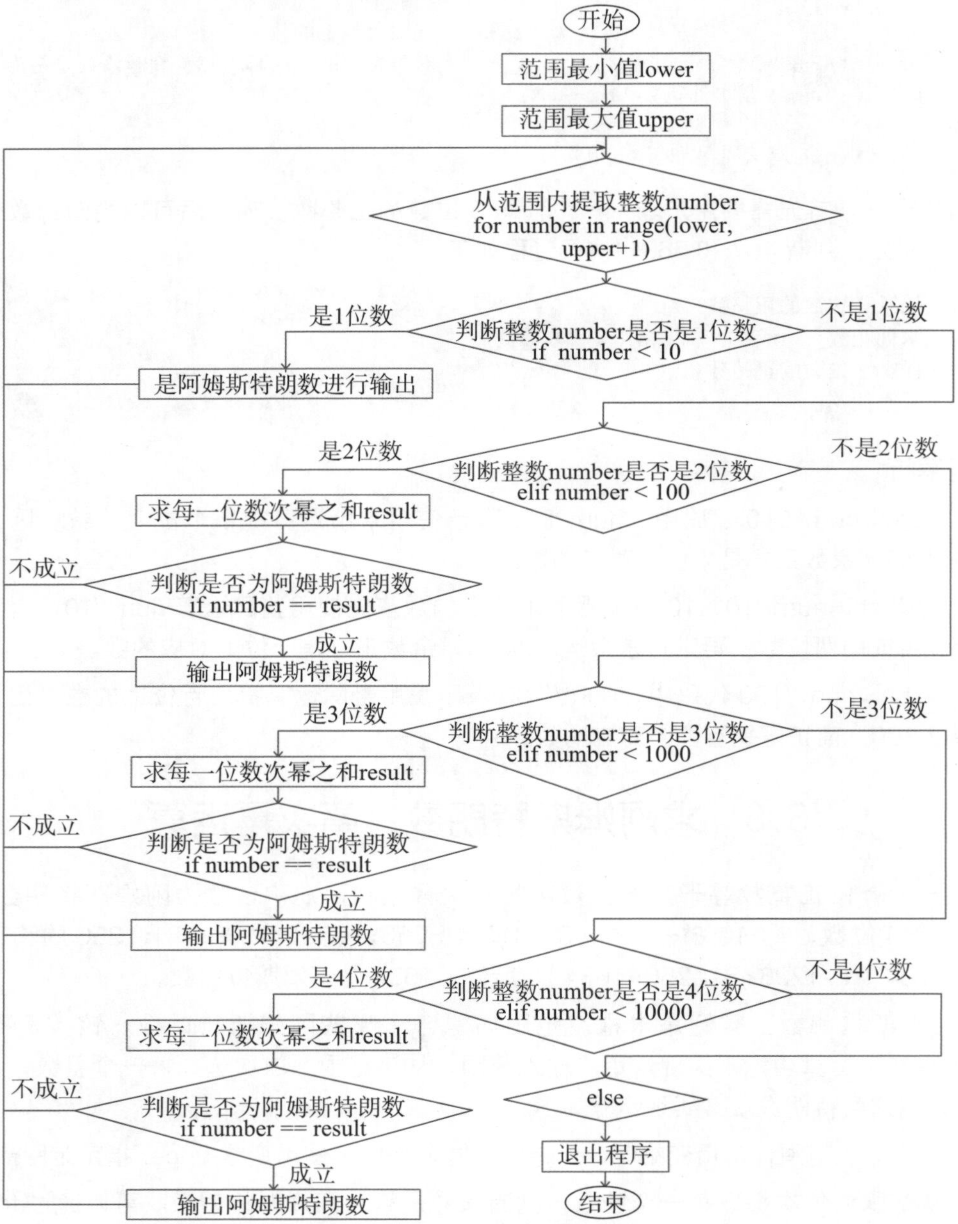

开始
范围最小值lower
范围最大值upper
从范围内提取整数number
for number in range(lower, upper+1)
判断整数number是否是1位数
if number < 10
是1位数
是阿姆斯特朗数进行输出
不是1位数
判断整数number是否是2位数
elif number < 100
是2位数
求每一位数次幂之和result
判断是否为阿姆斯特朗数
if number == result
不成立
成立
输出阿姆斯特朗数
不是2位数
判断整数number是否是3位数
elif number < 1000
是3位数
求每一位数次幂之和result
判断是否为阿姆斯特朗数
if number == result
不成立
成立
输出阿姆斯特朗数
不是3位数
判断整数number是否是4位数
elif number < 10000
是4位数
求每一位数次幂之和result
判断是否为阿姆斯特朗数
if number == result
不成立
成立
输出阿姆斯特朗数
不是4位数
else
退出程序
结束

图 3.7　求阿姆斯特朗数流程图

根据流程图求阿姆斯特朗数，编写代码如下：

```
print(" 请输入 4 位数（包含）以内的数字范围：")
lower = int(input(" 最小值 ： "))
upper = int(input(" 最大值 ： "))
print(" 下面显示 "+str(lower)+" 到 "+str(upper)+" 范围内的阿姆斯特朗数 ")
for number in range(lower, upper+1):
    if  number < 10:                                              # 判断是否是 1 位数
        print(number)
    elif number < 100:                                            # 判断是否是 2 位数
        units_digit = number % 10                                 # 求个位上的数
        tens_digit = number//10                                   # 求十位上的数
        result = units_digit **2 + tens_digit **2                 # 每位数进行次幂运算后相加
        if number == result:                                      # 判断是否为阿姆斯特朗数
            print(number)
    elif number < 1000:                                           # 判断是否是 3 位数
        units_digit = number % 10
        tens_digit = number//10 % 10
        hundreds_digit = number//100                              # 求百位上的数
        result = units_digit **3 + tens_digit **3 + hundreds_digit **3
                                                                  # 每位数进行次幂运算后相加
        if number == result:
            print(number)
    elif number < 10000:                                          # 判断是否是 4 位数
        units_digit = number % 10
        tens_digit = number//10 % 10
        hundreds_digit = number//100 % 10
        thousands_digit = number//1000                            # 求千位上的数
        result = units_digit **4 + tens_digit **4 + hundreds_digit **4 +
        thousands_digit **4                                       # 每位数进行次方运算后相加
        if number == result:
            print(number)
    else:
        break
```

代码执行后，输入一个范围，输入完成后，显示该范围内包含的阿姆斯特朗数。例如，求1 到 9999 范围内的阿姆斯特朗数，执行过程如下：

```
请输入 4 位数（包含）以内的数字范围：
最小值 ： 1
最大值 ： 9999
下面显示 1 到 9999 范围内的阿姆斯特朗数
1
```

```
2
3
4
5
6
7
8
9
153
370
371
407
1634
8208
9474
```

代码解析

（1）在 units_digit = number % 10 代码中，number % 10 表示通过求余运算，求出个位上的数。

（2）在 tens_digit = number//10 代码中，当判断的数为 2 位数时，通过整除运算 number//10，求出十位上的数。

（3）在 tens_digit = number//10 % 10 代码中，当判断的数为 2 位或 3 位数时，通过整除与求余运算 number//10 % 10，求出十位上的数。

（4）在 hundreds_digit = number//100 代码中，当判断的数为 3 位数时，通过整除运算 number//100，求出百位上的数。

（5）在 hundreds_digit = number//100 % 10 代码中，当判断的数为 4 位数时，通过整除与求余运算 number//100 % 10，求出百位上的数。

（6）在 thousands_digit = number//1000 代码中，当判断的数为 4 位数时，通过整除运算 number//1000，求出千位上的数。

扫一扫，看视频

3.7　存钱罐里的钱数：赋值运算

存钱罐对应的英文单词是 The piggy，译为贪心的小猪。存钱罐是用于存放钱币的罐子，大多数为猪的形状，这是因为猪食量大，体胖身圆，有招财纳福之意，如图 3.8 所示。

图 3.8 存钱罐

妈妈每天给我一些零花钱，我把用剩下的钱都存了起来，第 1 天存了 3 元，第 2 天存了 5 元，第 3 天存了 2 元，第 4 天存了 10 元，第 5 天存了 8 元，第 6 天存了 1 元，第 7 天存了 6 元。通过编写 Python 代码记录我这一周每天存钱罐里的钱数。实现该程序需要用到赋值运算。其实现步骤如下：

（1）记录第 1 天存的钱数，并显示目前为止存了多少钱。通过赋值运算进行存钱，通过 print( ) 语句显示总共存的钱数。

（2）记录第 2 天存的钱数，并显示目前为止存了多少钱。通过赋值运算进行存钱，通过 print( ) 语句显示总共存的钱数。

（3）记录第 3 天存的钱数，并显示目前为止存了多少钱。通过赋值运算进行存钱，通过 print( ) 语句显示总共存的钱数。

（4）记录第 4 天存的钱数，并显示目前为止存了多少钱。通过赋值运算进行存钱，通过 print( ) 语句显示总共存的钱数。

（5）记录第 5 天存的钱数，并显示目前为止存了多少钱。通过赋值运算进行存钱，通过 print( ) 语句显示总共存的钱数。

（6）记录第 6 天存的钱数，并显示目前为止存了多少钱。通过赋值运算进行存钱，通过 print( ) 语句显示总共存的钱数。

（7）记录第 7 天存的钱数，并显示目前为止存了多少钱。通过赋值运算进行存钱，通过 print( ) 语句显示总共存的钱数。

根据实现步骤绘制流程图，如图 3.9 所示。

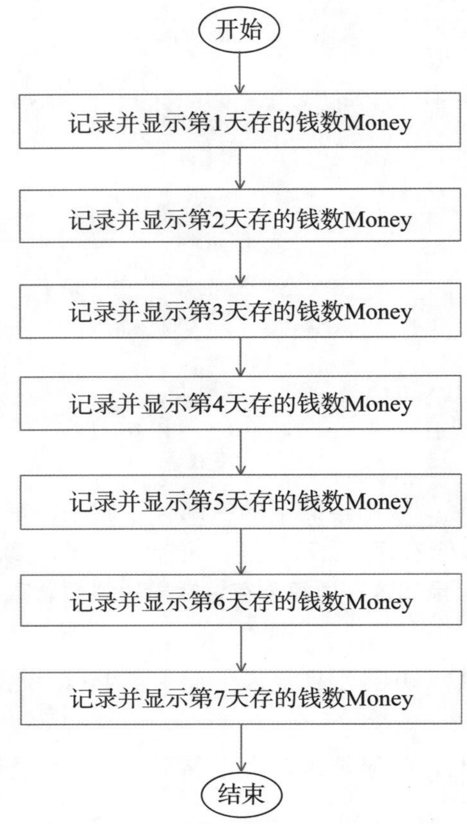

图 3.9　记录并显示存钱罐里的钱数流程图

根据流程图记录存钱罐里的钱数，编写代码如下：

```
Money=3                                          # 第 1 天存的钱数
print('1 天后存了 '+str(Money)+' 元 ')
Money=Money+5                                    # 第 2 天存的钱数
print('2 天后存了 '+str(Money)+' 元 ')
Money=Money+2                                    # 第 3 天存的钱数
print('3 天后存了 '+str(Money)+' 元 ')
Money=Money+10                                   # 第 4 天存的钱数
print('4 天后存了 '+str(Money)+' 元 ')
Money=Money+8                                    # 第 5 天存的钱数
print('5 天后存了 '+str(Money)+' 元 ')
Money=Money+1                                    # 第 6 天存的钱数
print('6 天后存了 '+str(Money)+' 元 ')
Money=Money+6                                    # 第 7 天存的钱数
print('7 天后存了 '+str(Money)+' 元 ')
```

代码执行后，输出每天存钱罐里的钱数，结果如下：

```
1 天后存了 3 元
2 天后存了 8 元
3 天后存了 10 元
4 天后存了 20 元
5 天后存了 28 元
6 天后存了 29 元
7 天后存了 35 元
```

输出信息成功显示了这一周里每天存钱罐里的钱数。

代码解释

（1）在 Money=3 代码中，通过赋值运算，将第 1 天存的钱数 3 赋值给了变量 Money。

（2）在 Money=Money+5 代码中，通过赋值运算，在第 1 天的基础上继续存了 5 元。

（3）在 Money=Money+2 代码中，通过赋值运算，在第 2 天的基础上继续存了 2 元。

（4）在 Money=Money+10 代码中，通过赋值运算，在第 3 天的基础上继续存了 10 元。

（5）在 Money=Money+8 代码中，通过赋值运算，在第 4 天的基础上继续存了 8 元。

（6）在 Money=Money+1 代码中，通过赋值运算，在第 5 天的基础上继续存了 1 元。

（7）在 Money=Money+6 代码中，通过赋值运算，在第 6 天的基础上继续存了 6 元。

3.8 水果换位置：变量赋值

扫一扫，看视频

上课了，老师出了一道题来考小朋友。有 3 个凳子，凳子 A 上放着香蕉、凳子 B 上放着草莓、凳子 C 上什么也没有放，如图 3.10 所示。老师向小朋友讲了规则：在移动水果时，一次只能移动一种水果，移动后的水果需要先放在凳子上，才能移动其他水果，并且一个凳子上不能同时存在两种水果。要把草莓和香蕉互换位置，至少需要几个步骤才可以完成呢?

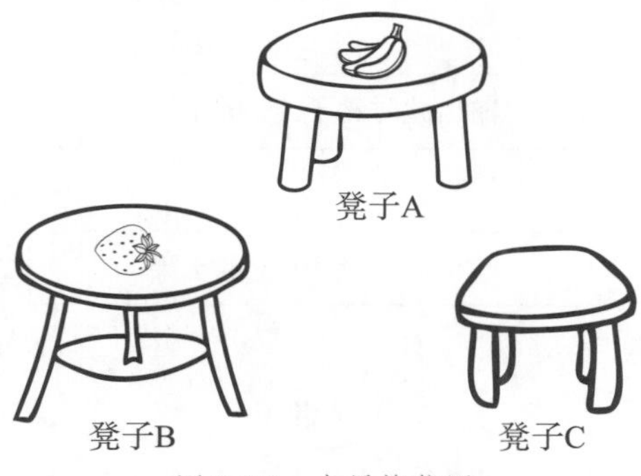

图 3.10 水果换位置

“水果换位置”实例是需要将凳子 A 上的香蕉最终放在凳子 B 上，凳子 B 上的草莓最终放在凳子 A 上。该实例可以通过 Python 代码来实现。这里，可以将每个凳子看作变量，通过变量赋值完成水果的互换。其实现步骤如下：

（1）换位置前，通过赋值运算指定凳子 A、凳子 B 上原始放的水果。使用变量 A 指定凳子 A 的水果，使用变量 B 指定凳子 B 上的水果。

（2）拿起凳子 A 上的香蕉放在凳子 C 上，A 的值赋值给 C。

（3）拿起凳子 B 上的草莓放在凳子 A 上，B 的值赋值给 A。

（4）拿起凳子 C 上的香蕉放在凳子 B 上，C 的值赋值给 B。

根据实现步骤绘制流程图，如图 3.11 所示。

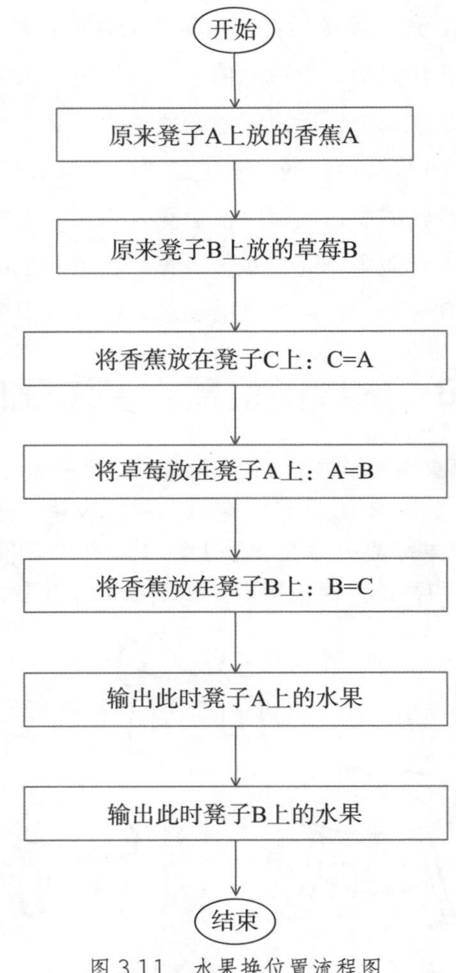

图 3.11　水果换位置流程图

根据流程图完成水果换位置，编写代码如下：

```
print('换位置前')
A='香蕉'
B='草莓'
print('凳子A上的水果：',A)
print('凳子B上的水果：',B)
C=A
A=B
B=C
print('换位置后')
print('凳子A上的水果：',A)
print('凳子B上的水果：',B)
```

代码执行后，输出换位置前和换位置后凳子 A 和凳子 B 上的水果，结果如下：

```
换位置前
凳子A上的水果：香蕉
凳子B上的水果：草莓
换位置后
凳子A上的水果：草莓
凳子B上的水果：香蕉
```

代码解析

（1）代码 A='香蕉'是一个赋值运算，用来表示初始凳子 A 上放着的水果为香蕉。

（2）代码 B='草莓'是一个赋值运算，用来表示初始凳子 B 上放着的水果为草莓。

（3）代码 C=A 是一个变量赋值运算，将变量 A 的值赋值给变量 C。这里指将凳子 A 上的香蕉放在凳子 C 上。

（4）代码 A=B 是一个变量赋值运算，将变量 B 的值赋值给变量 A。这里指将凳子 B 上的草莓放在凳子 A 上。

（5）代码 B=C 是一个变量赋值运算，将变量 C 的值赋值给变量 B。这里指将凳子 C 上的香蕉放在凳子 B 上。

3.9 猜车牌号：运算优先级

扫一扫，看视频

几个同学一起玩猜车牌号的游戏，由三个人根据答案分别说出这个车牌号的一个特征，然后其他人猜测这个车牌号。

- 甲说：车牌号的前两位数字是相同的。

- 乙说：车牌号的后两位数字是相同的，但与前两位不同。
- 丙说：4 位的车牌号刚好是一个整数的平方。

现在请根据以上线索猜出这个目标车牌号。

“猜车牌号”实例可以通过 Python 代码实现。首先，根据丙说的，计算车牌号的 4 位数是一个数的平方；然后，根据甲和乙说的，计算出每一位上的数，分别判断车牌号的前两位数字、后两位数字是否相同。同时在计算每一位上的数时，需要用到运算优先级。其实现步骤如下：

（1）车牌号需要为 4 位数，通过 for 语句遍历 4 位数作为车牌号，使用 n 表示。

（2）需要一个两位数，通过 for 语句遍历出这个两位数，使用 m 表示。

（3）找出符合丙说的情况。判断 m 的平方值是否与 n 相同，通过 if 语句完成判断。

（4）找出符合甲和乙说的情况。求出 4 位数 n 的每一位数并进行判断，通过 if 语句完成判断。

根据实现步骤绘制流程图，如图 3.12 所示。

根据流程图实现猜车牌号功能，编写代码如下：

```
for n in range(1000,10000):
    for m in range(32,100):
        if m*m==n:                              # 判断车牌号 n 是否与整数 m 的平方相等
            one=n//1000                         # 车牌号左边第 1 位
            two=(n-one*1000)//100               # 车牌号左边第 2 位
            three=(n-one*1000-two*100)//10      # 车牌号左边第 3 位
            four=n-one*1000-two*100-three*10    # 车牌号左边第 4 位
            if one==two and three==four and one!=three:
                                                # 判断车牌号的前两位是否相同，后两位
                                                  是否相同，4 位都不相同
                print('车牌号是：',n)
```

代码执行后，输出车牌号，结果如下：

```
车牌号是： 7744
```

代码解析

（1）在 for n in range(1000,10000): 代码中，通过 for in 语句提取 4 位数作为车牌号。由于 4 位数的最小值为 1000，最大值为 9999，因此，遍历范围是 range(1000,10000)。

（2）代码 for m in range(32,100): 用来提取两位数。由于两位数的平方要为一个 4 位数，那么这个两位数最小为 32，最大为 99，因此，遍历范围是 range(32,100)。

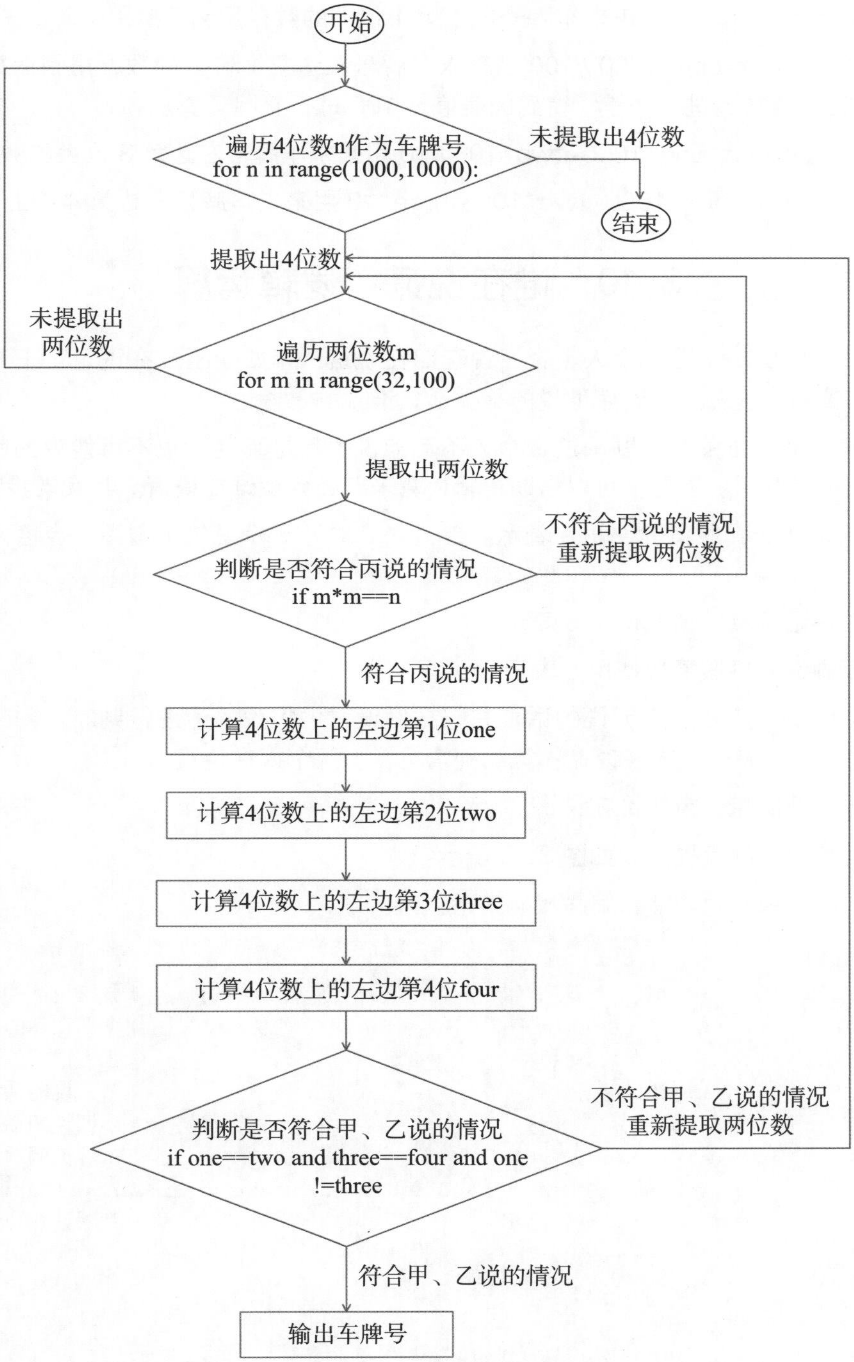

图 3.12 猜车牌号流程图

（3）代码 one=n//1000 用来求车牌号左边第 1 位上的数，用到了整除运算。

（4）代码 two=(n−one*1000)//100 用来求车牌号左边第 2 位上的数，用到运算优先级。先运算 one*1000，再与 n 进行作差，得到的差值与 100 进行整除运算。

（5）代码 three=(n−one*1000−two*100)//10 用来求车牌号左边第 3 位上的数。

（6）代码 four=n−one*1000−two*100−three*10 用来求车牌号左边第 4 位上的数。

扫一扫，看视频

3.10　谁在说谎：逻辑运算

现有张三、李四、王五 3 个人。张三说李四在说谎；李四说王五在说谎；王五说张三和李四都在说谎。请问，这三人中到底谁说的是真话，谁说的是假话？

该问题是一个逻辑推断问题，这 3 个人不可能说的都是真话，也不可能说的都是假话，但最少有一个人讲了假话。因此，可以借助逻辑运算来判断到底谁在说谎。其实现步骤如下：

（1）张三说话的真假情况使用 a 表示。当值为 0 时，表示说的是假话；当值为 1 时，表示说的是真话。

（2）李四说话的真假情况使用 b 表示。

（3）王五说话的真假情况使用 c 表示。

（4）依据张三、李四、王五说的话，并根据假设对他们说的话进行判断。判断时分为两种情况：第一种情况，有一个人在说谎；第二种情况，有两个人在说谎。

（5）根据判断结果，分辨谁在说谎。

根据实现步骤绘制流程图，如图 3.13 所示。

根据流程图实现判断功能，编写代码如下：

```
ls = [0,1]
for a in ls:                                                    # 张三说话的真假情况
    for b in ls:                                                # 李四说话的真假情况
        for c in ls:                                            # 王五说话的真假情况
            zhang=(b==0)                                        # 张三说的话
            li=(c==0)                                           # 李四说的话
            wang=(a+b==0)                                       # 王五说的话
            if(zhang+li+wang==2 and a+b+c==2)or(zhang+li+wang==1 and a+b+c==1):
                                                                # 判断谁在说谎
                if a==1:
                    zhang='真话'
                else:
                    zhang='假话'
```

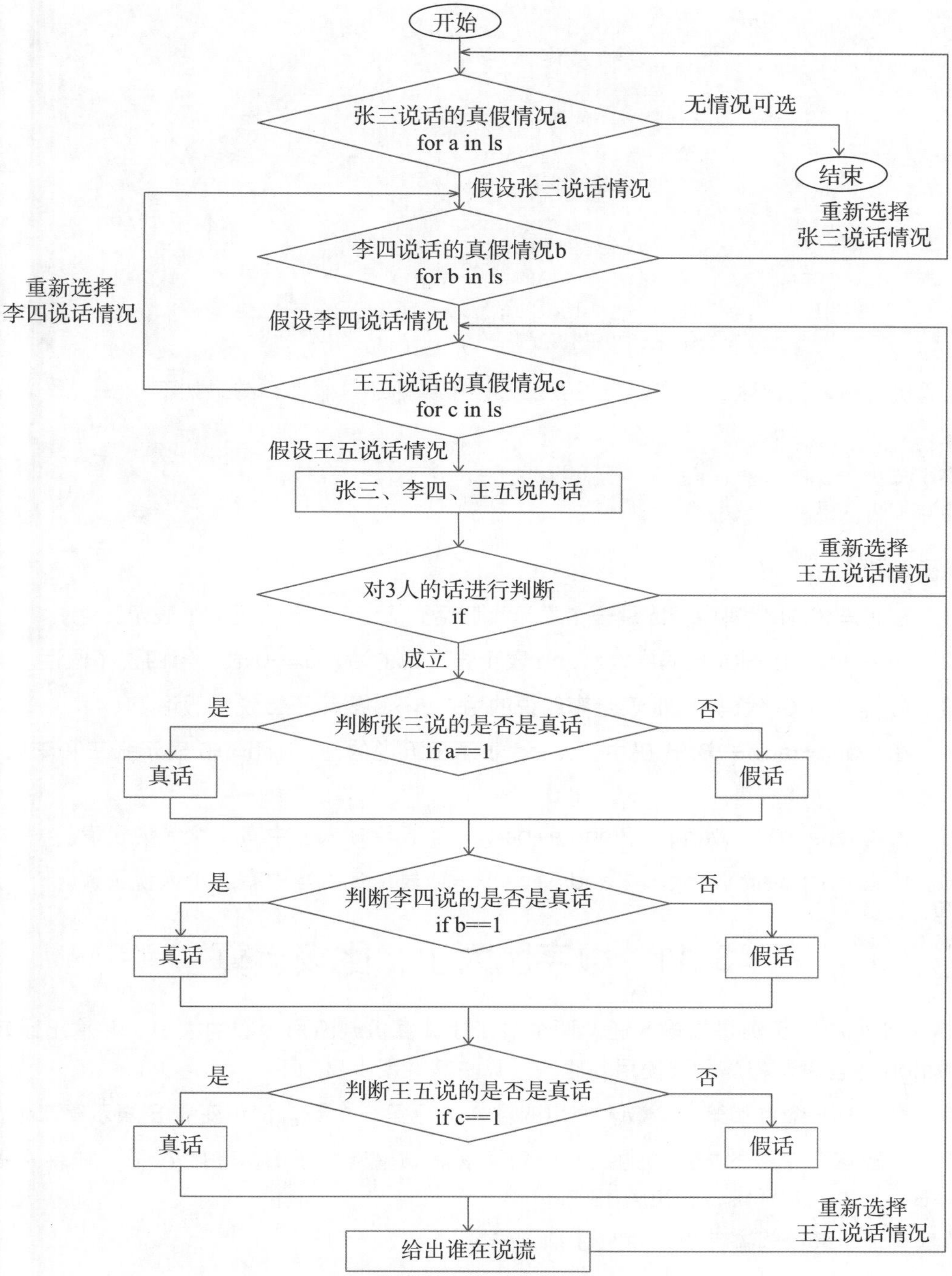

开始

张三说话的真假情况a
for a in ls

无情况可选

结束

假设张三说话情况

李四说话的真假情况b
for b in ls

重新选择
张三说话情况

重新选择
李四说话情况

假设李四说话情况

王五说话的真假情况c
for c in ls

假设王五说话情况

张三、李四、王五说的话

重新选择
王五说话情况

对3人的话进行判断
if

成立

是

判断张三说的是否是真话
if a==1

否

真话

假话

是

判断李四说的是否是真话
if b==1

否

真话

假话

是

判断王五说的是否是真话
if c==1

否

真话

假话

重新选择
王五说话情况

给出谁在说谎

图 3.13 谁在说谎流程图

```
            if b==1:
                li='真话'
            else:
                li='假话'
            if c==1:
                wang='真话'
            else:
                wang='假话'
            print("张三说的:",zhang)
            print("李四说的:",li)
            print("王五说的:",wang)
```

代码执行后，输出张三、李四、王五三人说了真话还是假话，结果如下：

```
张三说的： 假话
李四说的： 真话
王五说的： 假话
```

代码解析

（1）在 ls = [0,1] 代码中，ls 是一个表示真假话列表。0 表示假话，1 表示真话。

（2）在 zhang=(b==0) 代码中，zhang 表示张三说的话，b==0 表示李四说了假话。

（3）在 li=(c==0) 代码中，li 表示李四说的话，c==0 表示王五说了假话。

（4）在 wang=(a+b==0) 代码中，wang 表示王五说的话，a+b==0 表示张三和李四都说了假话。

（5）代码 (zhang+li+wang==2 and a+b+c==2) 表示 3 人当中有 1 个人说了谎。

（6）代码 (zhang+li+wang==1 and a+b+c==1) 表示 3 人当中有 2 个人说了谎。

扫一扫，看视频

3.11 数字比大小：比较运算

“数字比大小”实例是指输入任意两个数，让计算机判断两个数的大小，并输出比较结果。通过 Python 语言编写程序需要使用到比较运算。其实现步骤如下：

（1）输入第一个数和第二个数。使用变量 A 表示第一个数，使用变量 B 表示第二个数。

（2）比较这两个数的大小，通过 if 语句实现。如果 A 大于 B，输出 A>B；如果 A 等于 B，输出 A=B；如果 A 小于 B，输出 A<B。

根据实现步骤绘制流程图，如图 3.14 所示。

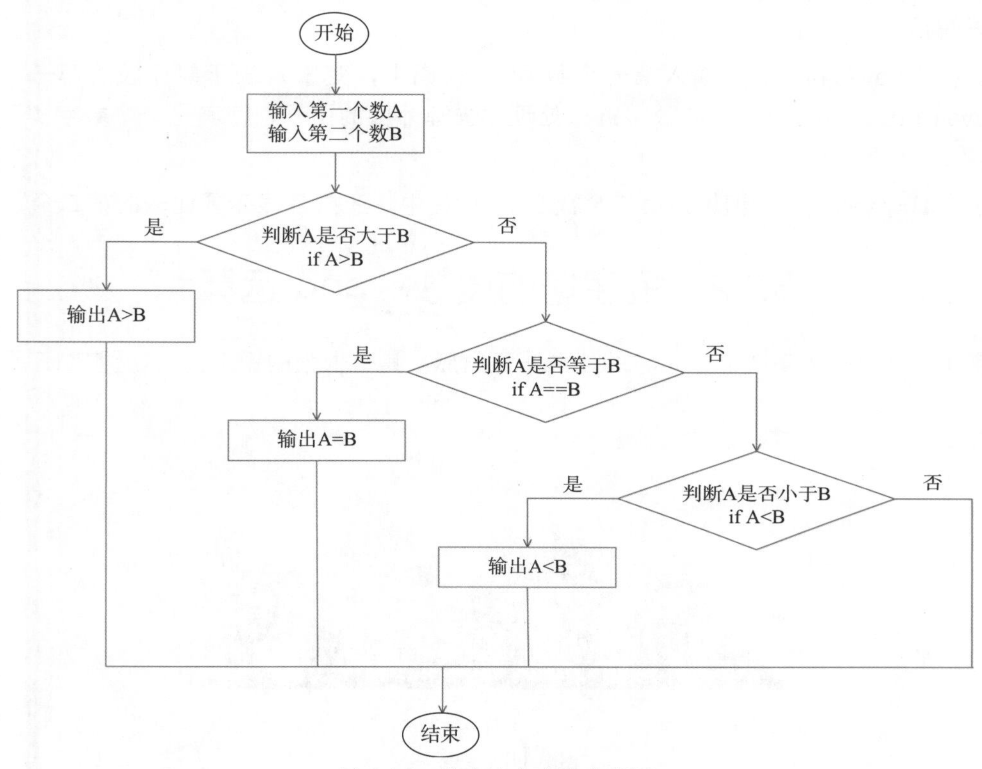

图 3.14 数字比大小的流程图

根据流程图实现数字比大小，编写代码如下：

```
A=eval(input('请输入第一个数A：'))
B=eval(input('请输入第二个数B：'))
if A>B:
    print('比较结果：A>B')
if A==B:
    print('比较结果：A=B')
if A<B:
    print('比较结果：A<B')
```

代码执行后，需要用户手动输入两个数，成功输入后，计算机会给出这两个数的比较结果。执行过程如下：

```
请输入第一个数A：5.6                              #输入数字5.6
请输入第二个数B：6.5                              #输入数字6.5
比较结果：A<B
```

输出信息表示数字 5.6 小于 6.5。

代码解析

（1）在 A=eval(input(' 请输入第一个数 A: ')) 代码中，变量 A 表示要比较的第一个数，这里使用 eval( ) 函数对用户输入的数字进行处理，去掉外层的引号，使其是一个数字类型，便于比较。

（2）在 B=eval(input(' 请输入第二个数 B: ')) 代码中，变量 B 表示要比较的第二个数。

扫一扫，看视频

3.12 金字塔的奥妙：and 运算

金字塔是世界七大奇迹之一，它的外形呈三角形，具有很强的稳定性，如图 3.15 所示。

图 3.15 金字塔

“金字塔的奥妙”实例是根据给出的任意三条边的长度，判断其能否构成一个三角形。三角形构成的条件是任意两条边的长度之和大于第三条边的长度。我们可以通过 Python 代码来判断。因为要同时满足多个条件，就需要用到 and 运算。其实现步骤如下：

（1）依次输入三条边的长度，并分别使用变量 a、b、c 表示。

（2）判断输入的三条边能否构成三角形，并给出结果。使用 if-else 语句进行判断，判断条件需要使用 and 运算，因为要同时满足任意两条边的长度之和大于第三条边的长度。

根据实现步骤绘制流程图，如图 3.16 所示。

根据流程图实现判断功能，编写代码如下：

```
a=float(input('请输入第一条边的长度：'))
b=float(input('请输入第二条边的长度：'))
c=float(input('请输入第三条边的长度：'))
if a+b>c and a+c>b and b+c>a:
    print('能构成三角形')
else:
    print('不能构成三角形')
```

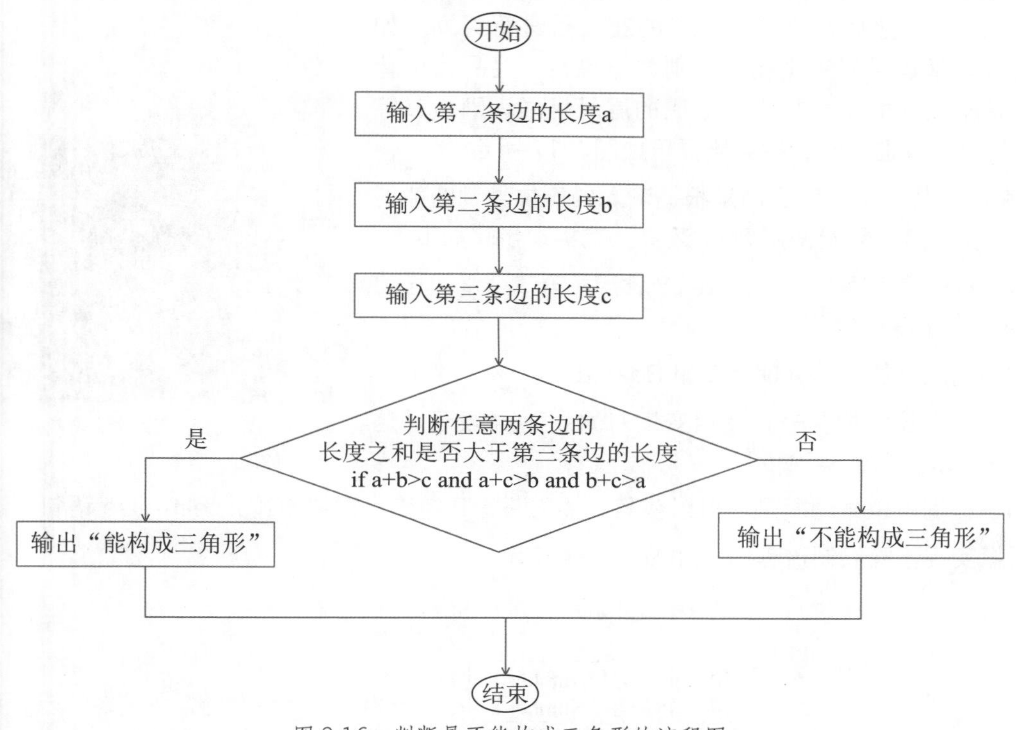

图 3.16 判断是否能构成三角形的流程图

代码执行后，需要用户依次输入三条边的长度，然后计算机判断这三条边是否能构成三角形，并给出结果。例如，判断边长分别为 56、23、35 时，是否能构成三角形，执行过程如下：

```
请输入第一条边的长度：56
请输入第二条边的长度：23
请输入第三条边的长度：35
能构成三角形
```

输出结果表示边长分别为 56、23、35 时，能构成三角形。

代码解析

在 if a+b>c and a+c>b and b+c>a: 代码中，if 是 if-else 语句中的 if 条件，该条件用来判断三条边是否能构成三角形。

3.13 幸运抽奖摇摇乐：or 运算

扫一扫，看视频

欢乐愉快的元旦结束了，某班级老师为了答谢组织元旦活动辛苦的同学们，准备给部分同学奖励。首先，老师使用摇摇乐产生两个幸运号码。幸运号码在座位区间（1～50）产生，幸运号为 15 和 26。然后，根据同学们的座位号进行奖励。如果座位号与幸运号码完全相同，则为一等奖，奖品为小背包；如果座位号的尾号与幸运号码的尾号相同，则为二等奖，奖品为文具盒。幸运抽奖摇摇乐如图 3.17 所示。

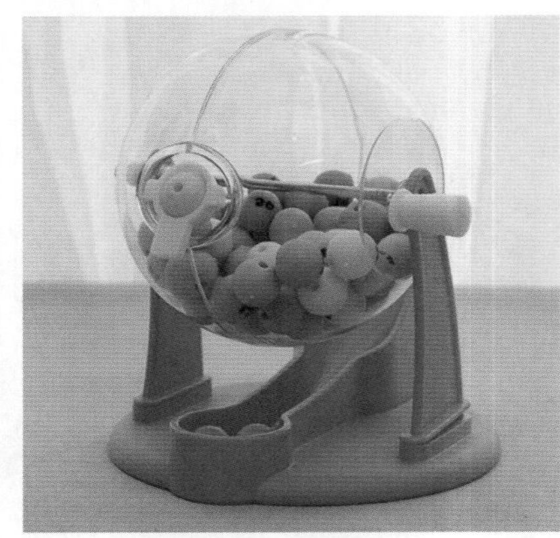

图 3.17　幸运抽奖摇摇乐

“幸运抽奖摇摇乐”实例是根据输入的座位号判断能得几等奖。实现过程需要使用到 or 运算。其实现步骤如下：

（1）第一个幸运号用 Number1 表示，第二个幸运号用 Number2 表示。

（2）输入座位号，并使用变量 Seat 表示。

（3）求座位号的尾号，使用变量 Units_Digit 表示。这里需要通过求余运算实现。

（4）根据座位号判断是否可以获奖，并判断是几等奖，需要通过 if-elif-else 语句实现。

根据实现步骤绘制流程图，如图 3.18 所示。

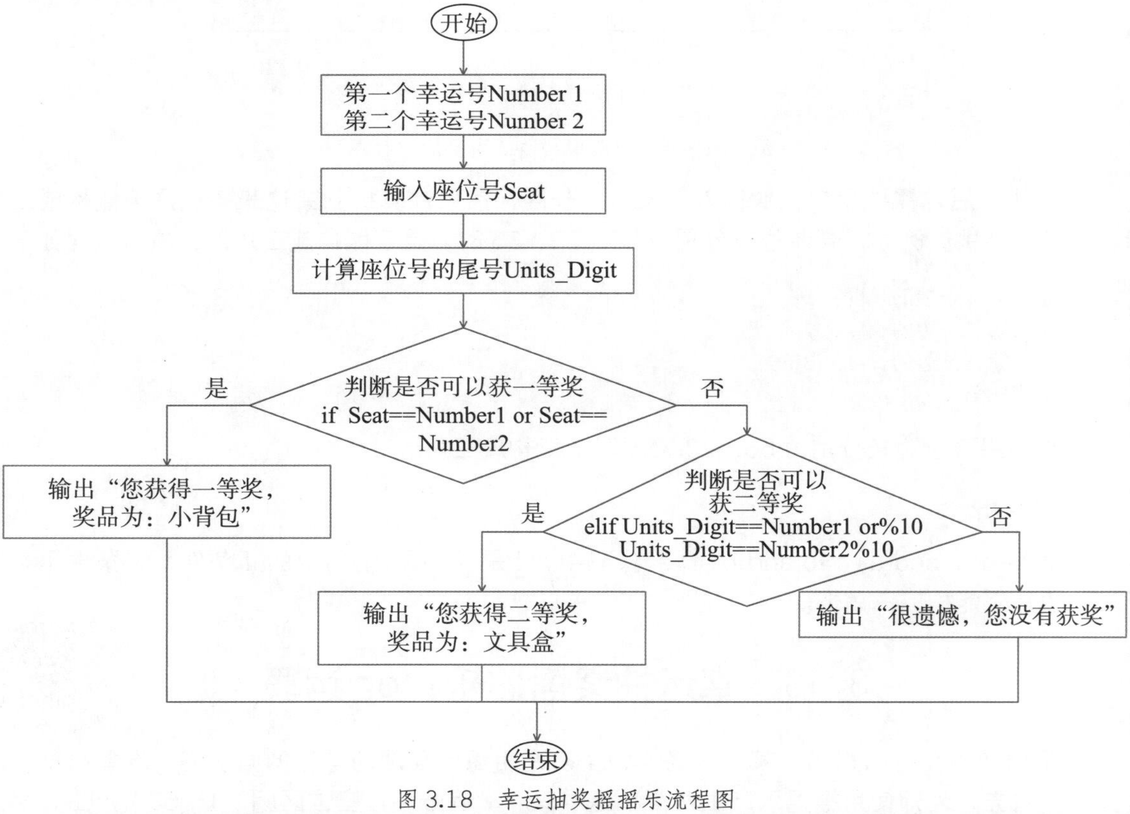

开始
第一个幸运号Number 1
第二个幸运号Number 2
输入座位号Seat
计算座位号的尾号Units_Digit
判断是否可以获一等奖
if Seat==Number1 or Seat==Number2
是
输出“您获得一等奖，奖品为：小背包”
否
判断是否可以获二等奖
elif Units_Digit==Number1 or%10
Units_Digit==Number2%10
是
输出“您获得二等奖，奖品为：文具盒”
否
输出“很遗憾，您没有获奖”
结束

图 3.18　幸运抽奖摇摇乐流程图

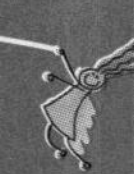

根据流程图实现抽奖功能，编写代码如下：

```
Number1=15                                                # 第一个幸运号
Number2=26                                                # 第二个幸运号
Seat=int(input('请输入您的座位号：'))
Units_Digit=Seat%10
if Seat==Number1 or Seat==Number2:                        # 判断是否获得一等奖
    print('您获得一等奖，奖品为：小背包')
elif Units_Digit==Number1%10or Units_Digit==Number2%10:  # 判断是否获得二等奖
    print('您获得二等奖，奖品为：文具盒')
else:
    print('很遗憾，您没有获奖')
```

代码执行后，需要输入座位号，成功输入后，计算机根据座位号判断该学生中了几等奖并给出结果。例如，判断座位号为 36 的同学中奖情况，执行过程如下：

```
请输入您的座位号：36
您获得二等奖，奖品为：文具盒
```

输出信息表示座位号为 36 的同学可以获得二等奖。

代码解析

（1）在 Seat=int(input('请输入您的座位号：')) 代码中，Seat 表示座位号，使用 int( ) 函数将输入的数据转换为整数类型。

（2）在 if Seat==Number1 or Seat==Number2: 代码中，if 是 if-elif-else 语句中的 if 条件，Seat==Number1 判断座位号是否和第一个幸运号相同，Seat==Number2 判断座位号是否和第二个幸运号相同。它们之间进行了 or 运算，表示只要满足一个条件即可。

（3）在 elif Units_Digit==Number1%10 or Units_Digit==Number2%10: 代码中，elif 是 if-elif-else 语句中的 elif- 条件。其中，Units_Digit==Number1 %10 判断座位号的尾号是否和第一个幸运号的尾号相同；Units_Digit==Number2%10 判断座位号的尾号是否和第二个幸运号的尾号相同。它们之间也进行了 or 运算，同样表示只要满足一个条件即可。

第4章

选择语句

生活中处处面临选择，经常需要根据不同的情况作出不同的选择。例如，出门时会根据天气是否下雨而决定是否带上雨伞。在 Python 语言中，需要根据不同的条件选择执行不同的语句。下面让我们一起感受 Python 语言中的选择功能吧！

4.1 统计借书方案：if 语句

扫一扫，看视频

小明有 5 本新书，要借给 A、B、C 三位小朋友。若每人每次只能借一本，则可以有多少种不同的借法？这个问题可以通过 Python 代码来求解。由于每位小朋友不能同时借同一本书，所以，在计算借书方案时可以使用 if 选择语句来指定条件，限制每位小朋友借到相同的书。其实现步骤如下：

（1）为了区分 5 本书，需要为 5 本书编号，存放在列表 list 中。

（2）小朋友 A、B、C 分别借书，使用 for 语句从 5 本书中借一本。

（3）借书时，每个小朋友不能借到相同的书，需要使用 if 语句进行判断。

（4）输出借书方案。

根据实现步骤绘制流程图，如图 4.1 所示。

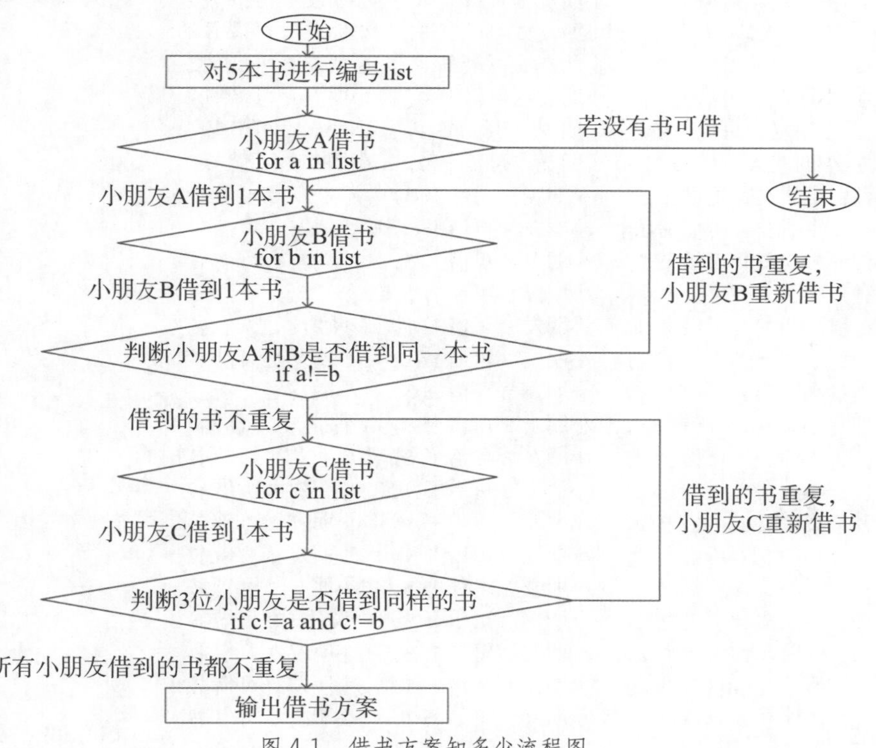

图 4.1 借书方案知多少流程图

根据流程图编写代码计算可能的解决方案，代码如下：

```
count=0
print( "为 5 本书依次编号 , 分别为 1,2,3,4,5. 借书方案如下：")
list=[1,2,3,4,5]
for a in list:                              # 小朋友 A 借书
    for b in list:                          # 小朋友 B 借书
        if a!=b:                            # 判断小朋友 A 与小朋友 B 借到的书是否相同
            for c in list:                  # 小朋友 C 借书
                if c!=a and c!=b:           # 判断 3 位小朋友借到的书是否相同
                    count+=1
                    print( "第 %d 种：小朋友 A 可借书 %d,   小朋友 B 可借书 %d,
小朋友 C 可借书 %d"%(count,a,b,c))
```

代码执行后，输出所有的借书方案，结果如下：

```
为 5 本书依次编号 , 分别为 1,2,3,4,5. 借书方案如下：
第 1 种：小朋友 A 可借书 1,   小朋友 B 可借书 2,   小朋友 C 可借书 3
第 2 种：小朋友 A 可借书 1,   小朋友 B 可借书 2,   小朋友 C 可借书 4
第 3 种：小朋友 A 可借书 1,   小朋友 B 可借书 2,   小朋友 C 可借书 5
第 4 种：小朋友 A 可借书 1,   小朋友 B 可借书 3,   小朋友 C 可借书 2
第 5 种：小朋友 A 可借书 1,   小朋友 B 可借书 3,   小朋友 C 可借书 4
第 6 种：小朋友 A 可借书 1,   小朋友 B 可借书 3,   小朋友 C 可借书 5
第 7 种：小朋友 A 可借书 1,   小朋友 B 可借书 4,   小朋友 C 可借书 2
第 8 种：小朋友 A 可借书 1,   小朋友 B 可借书 4,   小朋友 C 可借书 3
第 9 种：小朋友 A 可借书 1,   小朋友 B 可借书 4,   小朋友 C 可借书 5
第 10 种：小朋友 A 可借书 1,   小朋友 B 可借书 5,   小朋友 C 可借书 2
第 11 种：小朋友 A 可借书 1,   小朋友 B 可借书 5,   小朋友 C 可借书 3
第 12 种：小朋友 A 可借书 1,   小朋友 B 可借书 5,   小朋友 C 可借书 4
第 13 种：小朋友 A 可借书 2,   小朋友 B 可借书 1,   小朋友 C 可借书 3
第 14 种：小朋友 A 可借书 2,   小朋友 B 可借书 1,   小朋友 C 可借书 4
第 15 种：小朋友 A 可借书 2,   小朋友 B 可借书 1,   小朋友 C 可借书 5
第 16 种：小朋友 A 可借书 2,   小朋友 B 可借书 3,   小朋友 C 可借书 1
第 17 种：小朋友 A 可借书 2,   小朋友 B 可借书 3,   小朋友 C 可借书 4
第 18 种：小朋友 A 可借书 2,   小朋友 B 可借书 3,   小朋友 C 可借书 5
第 19 种：小朋友 A 可借书 2,   小朋友 B 可借书 4,   小朋友 C 可借书 1
第 20 种：小朋友 A 可借书 2,   小朋友 B 可借书 4,   小朋友 C 可借书 3
第 21 种：小朋友 A 可借书 2,   小朋友 B 可借书 4,   小朋友 C 可借书 5
第 22 种：小朋友 A 可借书 2,   小朋友 B 可借书 5,   小朋友 C 可借书 1
第 23 种：小朋友 A 可借书 2,   小朋友 B 可借书 5,   小朋友 C 可借书 3
第 24 种：小朋友 A 可借书 2,   小朋友 B 可借书 5,   小朋友 C 可借书 4
第 25 种：小朋友 A 可借书 3,   小朋友 B 可借书 1,   小朋友 C 可借书 2
第 26 种：小朋友 A 可借书 3,   小朋友 B 可借书 1,   小朋友 C 可借书 4
```

```
第 27 种: 小朋友 A 可借书 3,   小朋友 B 可借书 1,   小朋友 C 可借书 5
第 28 种: 小朋友 A 可借书 3,   小朋友 B 可借书 2,   小朋友 C 可借书 1
第 29 种: 小朋友 A 可借书 3,   小朋友 B 可借书 2,   小朋友 C 可借书 4
第 30 种: 小朋友 A 可借书 3,   小朋友 B 可借书 2,   小朋友 C 可借书 5
第 31 种: 小朋友 A 可借书 3,   小朋友 B 可借书 4,   小朋友 C 可借书 1
第 32 种: 小朋友 A 可借书 3,   小朋友 B 可借书 4,   小朋友 C 可借书 2
第 33 种: 小朋友 A 可借书 3,   小朋友 B 可借书 4,   小朋友 C 可借书 5
第 34 种: 小朋友 A 可借书 3,   小朋友 B 可借书 5,   小朋友 C 可借书 1
第 35 种: 小朋友 A 可借书 3,   小朋友 B 可借书 5,   小朋友 C 可借书 2
第 36 种: 小朋友 A 可借书 3,   小朋友 B 可借书 5,   小朋友 C 可借书 4
第 37 种: 小朋友 A 可借书 4,   小朋友 B 可借书 1,   小朋友 C 可借书 2
第 38 种: 小朋友 A 可借书 4,   小朋友 B 可借书 1,   小朋友 C 可借书 3
第 39 种: 小朋友 A 可借书 4,   小朋友 B 可借书 1,   小朋友 C 可借书 5
第 40 种: 小朋友 A 可借书 4,   小朋友 B 可借书 2,   小朋友 C 可借书 1
第 41 种: 小朋友 A 可借书 4,   小朋友 B 可借书 2,   小朋友 C 可借书 3
第 42 种: 小朋友 A 可借书 4,   小朋友 B 可借书 2,   小朋友 C 可借书 5
第 43 种: 小朋友 A 可借书 4,   小朋友 B 可借书 3,   小朋友 C 可借书 1
第 44 种: 小朋友 A 可借书 4,   小朋友 B 可借书 3,   小朋友 C 可借书 2
第 45 种: 小朋友 A 可借书 4,   小朋友 B 可借书 3,   小朋友 C 可借书 5
第 46 种: 小朋友 A 可借书 4,   小朋友 B 可借书 5,   小朋友 C 可借书 1
第 47 种: 小朋友 A 可借书 4,   小朋友 B 可借书 5,   小朋友 C 可借书 2
第 48 种: 小朋友 A 可借书 4,   小朋友 B 可借书 5,   小朋友 C 可借书 3
第 49 种: 小朋友 A 可借书 5,   小朋友 B 可借书 1,   小朋友 C 可借书 2
第 50 种: 小朋友 A 可借书 5,   小朋友 B 可借书 1,   小朋友 C 可借书 3
第 51 种: 小朋友 A 可借书 5,   小朋友 B 可借书 1,   小朋友 C 可借书 4
第 52 种: 小朋友 A 可借书 5,   小朋友 B 可借书 2,   小朋友 C 可借书 1
第 53 种: 小朋友 A 可借书 5,   小朋友 B 可借书 2,   小朋友 C 可借书 3
第 54 种: 小朋友 A 可借书 5,   小朋友 B 可借书 2,   小朋友 C 可借书 4
第 55 种: 小朋友 A 可借书 5,   小朋友 B 可借书 3,   小朋友 C 可借书 1
第 56 种: 小朋友 A 可借书 5,   小朋友 B 可借书 3,   小朋友 C 可借书 2
第 57 种: 小朋友 A 可借书 5,   小朋友 B 可借书 3,   小朋友 C 可借书 4
第 58 种: 小朋友 A 可借书 5,   小朋友 B 可借书 4,   小朋友 C 可借书 1
第 59 种: 小朋友 A 可借书 5,   小朋友 B 可借书 4,   小朋友 C 可借书 2
第 60 种: 小朋友 A 可借书 5,   小朋友 B 可借书 4,   小朋友 C 可借书 3
```

输出信息显示了借书方案一共有 60 种。

代码解析

（1）count=0 是借书方案的初始值。

（2）count+=1：是通过迭代增加借书方案次数。

扫一扫，看视频

4.2 成绩评估：if 语句的连用

期末考试结束了，老师打算对小朋友的成绩进行评估，评估标准见表 4.1。

表 4.1　成绩评估标准

成绩	分数 < 60	60 ≤ 分数 < 80	80 ≤ 分数 < 90	90 ≤ 分数 ≤ 100
等级	不及格	一般	良好	优秀

成绩评估是基于用户输入的成绩进行判断，从而得到评估结果。实现该实例需要连续使用多个 if 语句对输入的成绩进行判断。其实现步骤如下：

（1）使用 input( ) 函数接收用户输入的成绩，使用变量 score 表示成绩。

（2）对成绩进行评估，并给出结果。

根据实现步骤绘制流程图，如图 4.2 所示。

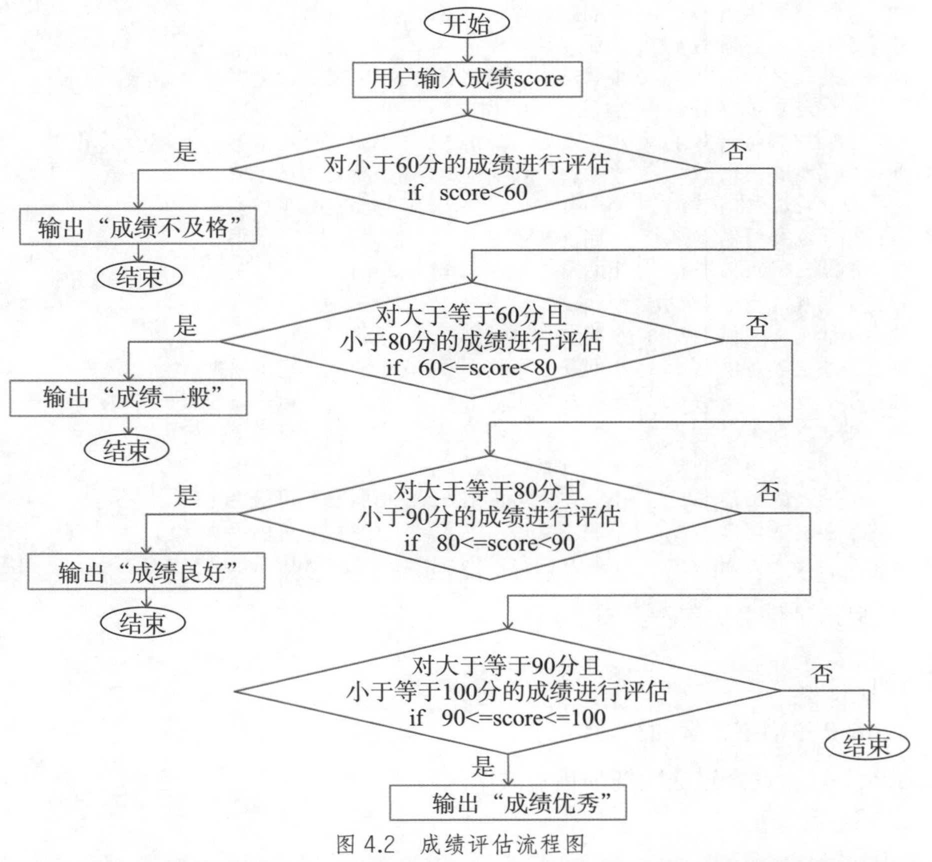

图 4.2　成绩评估流程图

根据流程图编写代码输出成绩评估结果，代码如下：

```
score=int(input("请输入一个成绩分数：  "))                # 将输入的成绩赋值给变量 score
if score<60:
    print("成绩不及格")
if 60<=score<80:
    print("成绩一般")
if 80<=score<90:
    print("成绩良好")
if 90<=score<=100:
    print("成绩优秀")
```

代码执行后，需要用户输入一个成绩，然后根据输入的成绩给出评估结果。例如，对成绩 86 分进行评估，执行过程如下：

```
请输入一个成绩分数： 86                          # 手动输入 86
成绩良好
```

输出结果表示 86 分的成绩属于良好成绩。

代码解析

在 score=int(input(" 请输入一个成绩分数： ")) 代码中，score 为成绩变量，使用 input( ) 函数接收用户输入的成绩后，通过 int( ) 函数将其转换为整数类型。

4.3 微信转账：if 语句的嵌套

扫一扫，看视频

根据微信规定：没有添加银行卡的用户，每日单笔最大支付额度为 200 元。

小丽的手机上装有微信，但没有绑定银行卡。编写一个模拟微信转账的程序，当用户输入要转账的金额时，如果金额不大于 200 元，输出“成功转账”及转账金额；如果金额大于 200 元，输出“转账金额不能超过 200 元”。要完成该程序，需要通过 if 语句的嵌套方式实现。实现步骤如下：

（1）接收用户输入的要转账金额，使用变量 money 表示转账金额。

（2）要转账的金额必须大于 0，因此使用 if 语句对金额进行判断。

（3）对转账金额继续进行判断，确认是否超过 200 元，并输出结果。通过 if 语句进行判断。该 if 语句需要作为步骤（2）中的 if 语句中的语句来使用。因为只有满足金额大于 0 的情况，才可以对转账金额进行判断。

根据实现步骤绘制流程图，如图 4.3 所示。

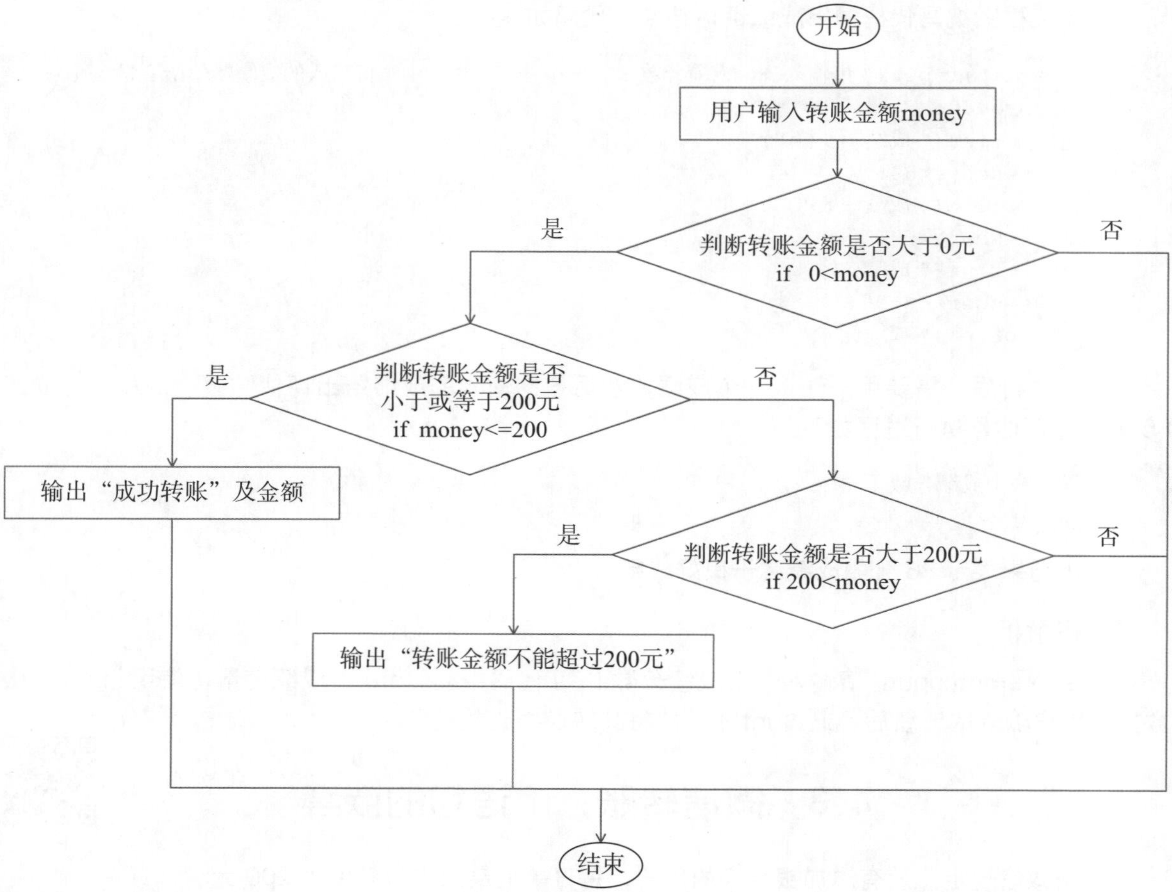

开始

用户输入转账金额money

判断转账金额是否大于0元
if 0<money

是

否

判断转账金额是否
小于或等于200元
if money<=200

是

否

输出“成功转账”及金额

判断转账金额是否大于200元
if 200<money

是

否

输出“转账金额不能超过200元”

结束

图 4.3　微信转账流程图

根据流程图编写代码，对微信转账的金额进行判断。代码如下：

```
money=int(input("请输入转账金额: "))
if 0<money:
    if money<=200:
        print("成功转账”,money,"元")
    if 200<money:
        print("转账金额不能超过200元")
```

代码执行后，需要用户输入要转账的金额，成功输入后根据金额判断能否进行转账，执行过程如下：

```
请输入转账金额:  180                          # 输入转账金额 180 元
成功转账 180 元
```

代码解析

（1）if 0<money: 是一个 if 语句，用来判断要转账的金额是否大于 0 元。这属于最基本的判断。在该语句中嵌套了两个 if 语句，主要用来判断转账的金额是否满足微信的规定。

（2）if money<=200: 也是一个 if 语句，嵌套在步骤（1）的 if 语句中，用来判断可用于转账的金额。

（3）if 200<money: 也是一个 if 语句，嵌套在步骤（1）的 if 语句中，用来判断不能转账的金额。

4.4 判断闰年：if-else 语句

扫一扫，看视频

闰年是历法中的名词，分为普通闰年和世纪闰年。公历年份是 4 的倍数且不是 100 的倍数，为普通闰年。公历年份是整百数的，必须是 400 的倍数才是世纪闰年。

判断闰年时，需要用户输入任意一个年份，然后由计算机判断该年份是不是闰年。实现该实例可以使用 if-else 语句。其实现步骤如下：

（1）用户输入年份，使用变量 year 表示输入的年份。

（2）判断该年份是不是闰年。使用 if-else 语句中的 if 指定闰年的判断条件，如果条件成立，输出“是闰年”；如果条件不成立，则输出“不是闰年”。

根据实现步骤绘制流程图，如图 4.4 所示。

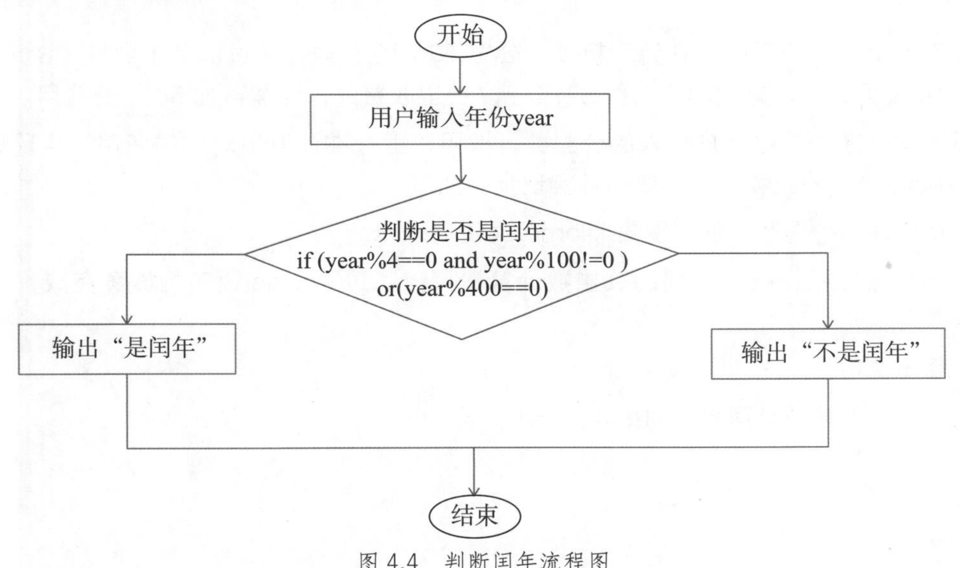

图 4.4 判断闰年流程图

根据流程图编写代码，对用户输入的年份进行判断，确认是否为闰年。代码如下：

```
year=int(input('请输入年份：'))
if (year%4==0 and year%100!=0)or(year%400==0):
    print('是闰年')
else:
    print('不是闰年')
```

代码执行后需要用户输入一个年份，然后由计算机判断是否为闰年，并输出结果。例如，判断 2020 年是否是闰年，执行过程如下：

```
请输入年份：2020
是闰年
```

代码解析

（1）year=int(input('请输入年份：')) 是使用 int( ) 函数将输入的年份转换为整数类型，便于在判断时进行运算。

（2）if (year%4==0 and year%100!=0)or(year%400==0) 是 if-else 语句的 if 判断条件，其中，(year%4==0 and year%100!=0) 表示判断是否是普通闰年，(year%400==0) 表示判断是否是世纪闰年。

扫一扫，看视频

4.5　出租车计费：if-else 语句的嵌套

某城市出租车 3 公里以内 6 元；超过 3 公里不足 10 公里，超过的公里数按 1.8 元 / 公里收费；超过 10 公里之后，超过的公里数按 1.8 元 / 公里收费外，还需再加 50% 的费用。

下面编写程序，根据用户输入的公里数，按照以上标准计算出对应的费用。实现该程序需要使用 if-else 语句的嵌套方式完成。其实现步骤如下：

（1）用户输入公里数，使用变量 kilometer 进行表示。

（2）判断公里数，根据不同的公里数计算费用。通过 if-else 语句的嵌套完成，使用变量 cost 表示费用。

（3）输出费用。

根据实现步骤绘制流程图，如图 4.5 所示。

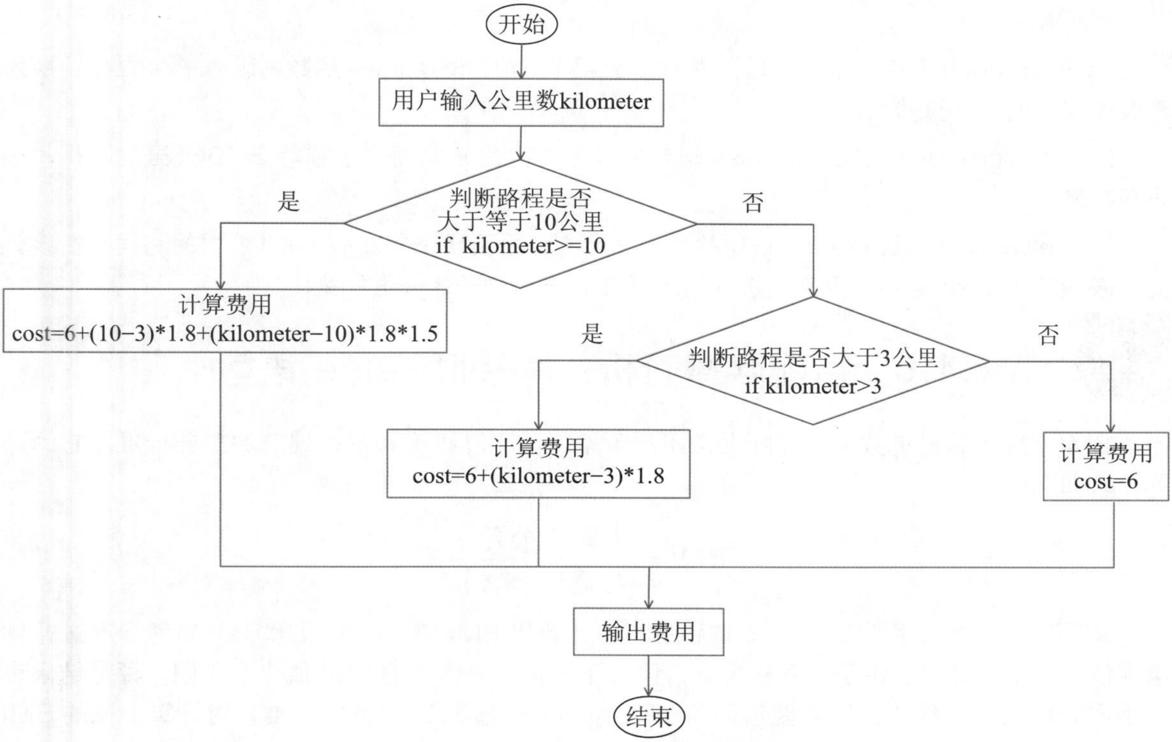

图 4.5 出租车计费流程图

根据流程图编写代码计算打车费用，代码如下：

```
kilometer=int(input('请输入路程（公里）：'))
if kilometer>=10:
      cost=6+(10-3)*1.8+(kilometer-10)*1.8*1.5
else:
      if kilometer>3:
            cost=6+(kilometer-3)*1.8
      else:
          cost=6
print('车费是：',cost)
```

代码执行后，需要用户输入公里数，然后由计算机计算并输出费用。执行过程如下：

```
请输入路程（公里）：12
车费是：24.0
```

输出信息显示，打车 12 公里的费用为 24 元。

代码解析

（1）kilometer=int(input(' 请输入路程（公里）：')) 是使用 int( ) 函数将输入的公里数转换为整数类型，便于计算费用。

（2）if kilometer>=10: 是 if-else 语句的 if 条件，用来判断大于或等于 10 公里的路程，该语句在最外层。

（3）else: 是最外层 if-else 语句的另一个分支，主要用来判断小于 10 公里的路程，在该分支中嵌套了 if-else 语句，用来依次判断大于 3 公里和小于 3 公里的路程。

扫一扫，看视频

4.6 智能胖瘦分析：if-elif-else 语句

BMI（身体质量指数）是国际上常用的衡量人体肥胖程度和是否健康的重要标准。它的计算公式如下：

$$\text{BMI}=\frac{\text{体重（公斤）}}{\text{身高}^2\text{（米}^2\text{）}}$$

编写程序，根据用户输入的体重和身高，计算出 BMI 值，然后根据 BMI 参考标准进行健康评估，并给出结论。由于输入的身高、体重不同，计算出来的 BMI 值也会不同，评估结果也就不同。因此，实现该实例需要借助 if-elif-else 语句指定 BMI 参考标准，对计算出来的 BMI 值进行判断。其实现步骤如下：

（1）接收用户输入的体重和身高。使用变量 weight 表示体重，使用变量 height 表示身高。

（2）计算 BMI 值。

（3）根据 BMI 值进行健康评估。BMI 参考标准见表 4.2。

表 4.2　BMI 参考标准　　单位：公斤 / 米 ^{2}

健康情况	国际 BMI 值	国内 BMI 值
偏瘦	<18.5	<18.5
正常	18.5～24.9	18.5～23.9
偏胖	25.0～29.9	24.0～26.9
肥胖	30.0～34.9	27.0～29.9
重度肥胖	35.0～39.9	≥30.0

根据实现步骤绘制流程图，如图 4.6 所示。

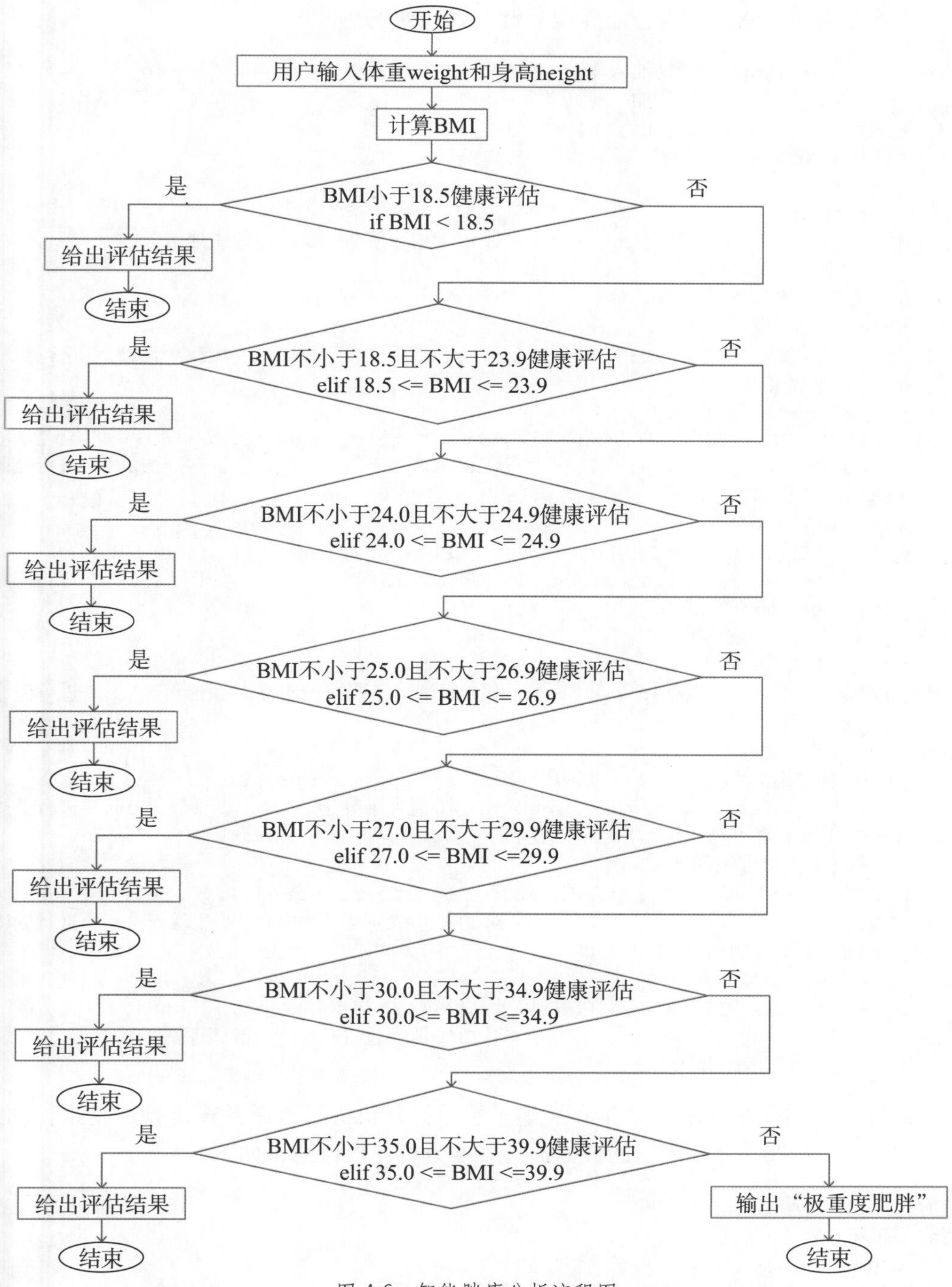

开始

用户输入体重weight和身高height

计算BMI

BMI小于18.5健康评估
if BMI < 18.5

是：给出评估结果 → 结束

否：

BMI不小于18.5且不大于23.9健康评估
elif 18.5 <= BMI <= 23.9

是：给出评估结果 → 结束

否：

BMI不小于24.0且不大于24.9健康评估
elif 24.0 <= BMI <= 24.9

是：给出评估结果 → 结束

否：

BMI不小于25.0且不大于26.9健康评估
elif 25.0 <= BMI <= 26.9

是：给出评估结果 → 结束

否：

BMI不小于27.0且不大于29.9健康评估
elif 27.0 <= BMI <=29.9

是：给出评估结果 → 结束

否：

BMI不小于30.0且不大于34.9健康评估
elif 30.0<= BMI <=34.9

是：给出评估结果 → 结束

否：

BMI不小于35.0且不大于39.9健康评估
elif 35.0 <= BMI <=39.9

是：给出评估结果 → 结束

否：输出“极重度肥胖” → 结束

图 4.6 智能胖瘦分析流程图

根据流程图编写代码，实现智能胖瘦分析。代码如下：

```
weight = eval(input("请输入体重（公斤）："))
height = eval(input("请输入身高（米）："))
BMI = weight / pow(height, 2)
print("BMI 数值为：{:.2f}".format(BMI))
guoji = ""
guonei = ""
if BMI < 18.5:                          # 对 BMI 值小于 18.5 进行健康评估
    guoji = "偏瘦"
    guonei = "偏瘦"
    print("在国际属于：{0}，在国内属于：{1}".format(guoji, guonei))
elif 18.5 <= BMI <= 23.9:               # 对 BMI 值大于等于 18.5，小于等于 23.9 进行健康评估
    guoji = "正常"
    guonei = "正常"
    print("在国际属于：{0}，在国内属于：{1}".format(guoji, guonei))
elif 24.0 <= BMI <= 24.9:               # 对 BMI 值大于等于 24.0，小于等于 24.9 进行健康评估
    guoji= "正常"
    guonei = "偏胖"
    print("在国际属于：{0}，在国内属于：{1}".format(guoji, guonei))
elif 25.0 <= BMI <= 26.9:               # 对 BMI 值大于等于 25.0，小于等于 26.9 进行健康评估
    guoji = "偏胖"
    guonei = "偏胖"
    print("在国际属于：{0}，在国内属于：{1}".format(guoji, guonei))
elif 27.0 <= BMI <=29.9:                # 对 BMI 值大于等于 27.0，小于等于 29.9 进行健康评估
    guoji= "偏胖"
    guonei= "肥胖"
    print("在国际属于：{0}，在国内属于：{1}".format(guoji, guonei))
elif 30.0<= BMI <=34.9:                 # 对 BMI 值大于等于 30.0，小于等于 34.9 进行健康评估
    guoji= "肥胖"
    guonei= "重度肥胖"
    print("在国际属于：{0}，在国内属于：{1}".format(guoji, guonei))
elif 35.0 <= BMI <=39.9:                # 对 BMI 值大于等于 35.0，小于等于 39.9 进行健康评估
    guoji= "重度肥胖"
    guonei= "重度肥胖"
    print("在国际属于：{0}，在国内属于：{1}".format(guoji, guonei))
else:                                   # 对 BMI 值超过 39.9 进行健康评估
    print('极重度肥胖')
```

代码执行后，需要用户输入体重和身高，然后计算机进行判断并输出判断结果。例如，对“体重为 55 公斤、身高为 1.5 米”的数据进行胖瘦分析，执行结果如下：

```
请输入体重（公斤）：55
请输入身高（米）：1.5
BMI 数值为：24.44
在国际属于：正常，在国内属于：偏胖
```

输出信息表示，如果体重为 55 公斤、身高为 1.5 米，那么按照国际标准，身体属于正常；按照国内标准，则属于偏胖。

代码解析

（1）BMI = weight / pow(height, 2) 用来计算 BMI 值，其中 pow( ) 函数用来计算身高的平方。

（2）print("BMI 数值为：{:.2f}".format(BMI)) 用来输出 BMI 值，使用 format( ) 函数对字符串进行格式化，这里是对浮点数进行精度限制，因为计算的结果不一定是整数。其中，.2f 表示只保留小数点的后两位。

4.7 一起来玩石头剪刀布：if-elif-else 嵌套

扫一扫，看视频

石头、剪刀、布是猜拳游戏中的一种，在儿童和青少年中广泛流传。玩家和对手自行出拳，可以出“石头”“剪刀”或“布”。然后，根据双方所出的拳进行比较，谁出的拳可以吃掉对方，谁就是赢家。游戏规则为：“石头”吃掉“剪刀”，“剪刀”吃掉“布”，“布”吃掉“石头”。如果双方出拳相同，则为平局。输赢规则如图 4.7 所示。

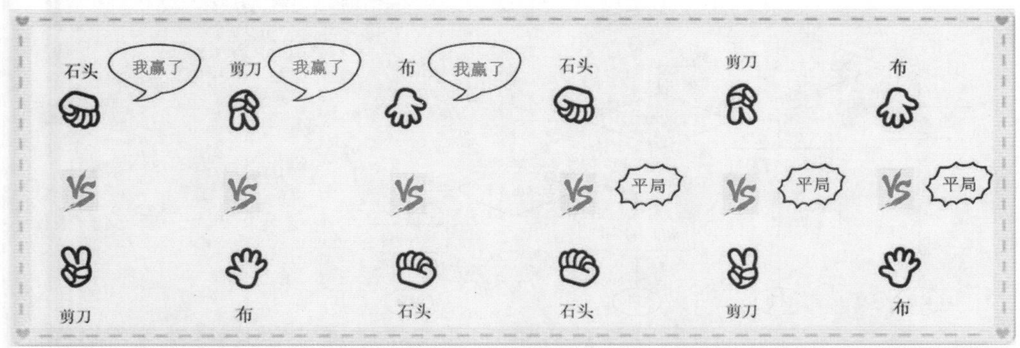

图 4.7　石头剪刀布的游戏规则

“一起来玩石头剪刀布”是一个玩家（自己）与计算机（对手）玩猜拳游戏。计算机先出拳，玩家选择自己要出的拳，最后比较双方出的拳，并给出结果。该实例主要通过 if-elif-else 嵌套，实现猜拳功能。其实现步骤如下：

（1）实现计算机出拳。通过 random 模块中的 choice( ) 函数，随机选择要出的拳，或者放弃出拳（认输）。

（2）实现玩家出拳。通过 input( ) 函数接收玩家要出的拳。

（3）比较计算机与玩家出的拳。通过 if-elif-else 嵌套进行出拳判断比较。

根据实现步骤绘制流程图，如图 4.8 所示。

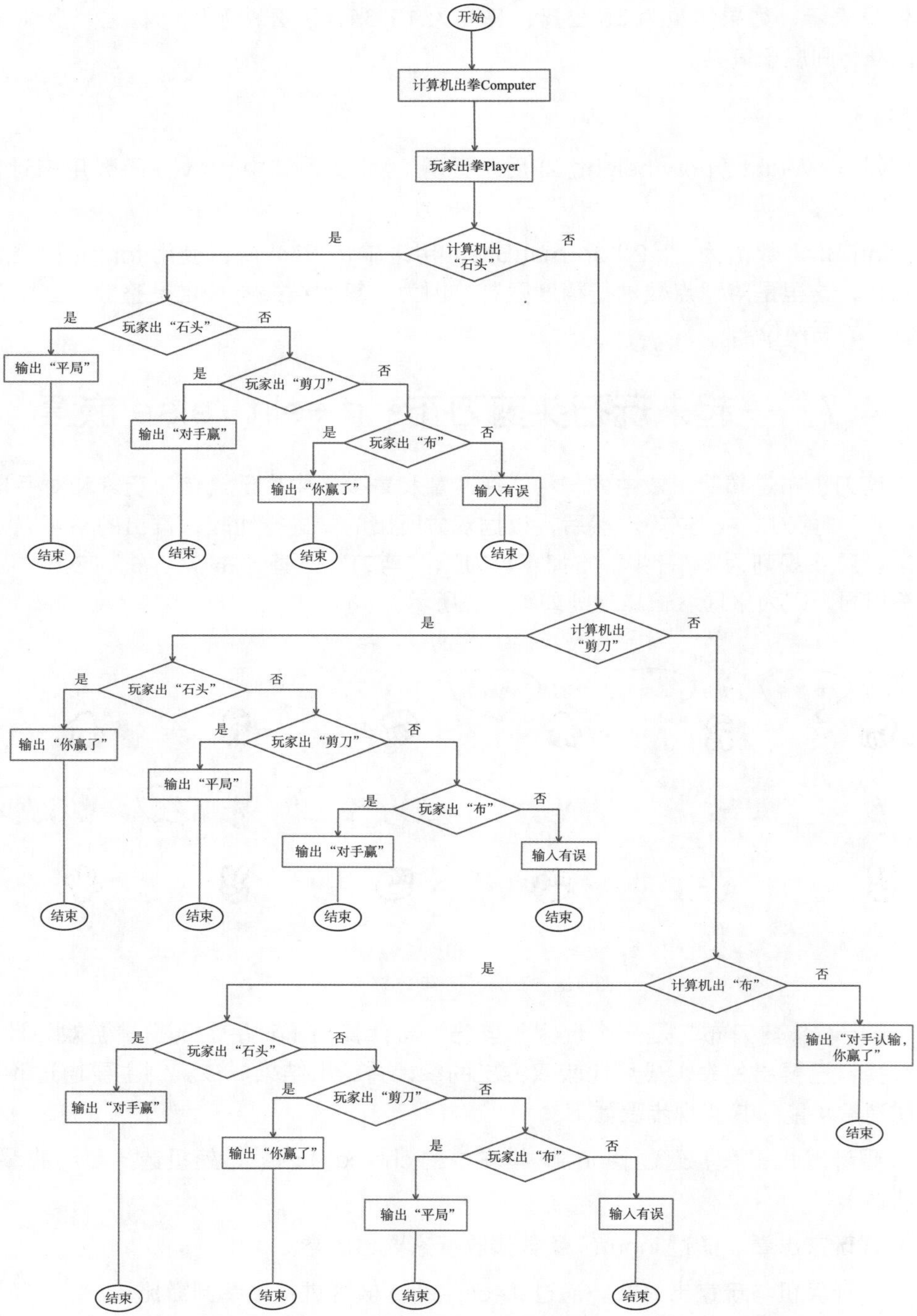

开始
计算机出拳Computer
玩家出拳Player
是 计算机出“石头” 否
是 玩家出“石头” 否
输出“平局”
是 玩家出“剪刀” 否
输出“对手赢”
是 玩家出“布” 否
输出“你赢了”
输入有误
结束 结束 结束 结束
是 计算机出“剪刀” 否
是 玩家出“石头” 否
输出“你赢了”
是 玩家出“剪刀” 否
输出“平局”
是 玩家出“布” 否
输出“对手赢”
输入有误
结束 结束 结束 结束
是 计算机出“布” 否
输出“对手认输，你赢了”
结束
是 玩家出“石头” 否
输出“对手赢”
是 玩家出“剪刀” 否
输出“你赢了”
是 玩家出“布” 否
输出“平局”
输入有误
结束 结束 结束 结束

图 4.8　一起来玩石头剪刀布流程图

根据流程图编写代码实现“石头剪刀布”游戏，代码如下：

```
import random                                                  # 导入随机数模块
print('********** 石头、剪刀、布 **********\n'
      '1. 石头 \n'
      '2. 剪刀 \n'
      '3. 布 \n')
Computer=random.choice(('石头','剪刀','布','认输'))            # 计算机随机出拳
Player=input('请出拳：')                                        # 玩家出拳
Player=int(Player)
if Computer=='石头':                                            # 计算机出拳为“石头”
     if Player==1:                                              # 玩家出拳为“石头”
          print('\n对手出：石头 \n'
                '你出：石头 \n'
                '结果：平局 ')
      elif Player==2:                                           # 玩家出拳为“剪刀”
          print('\n对手出：石头 \n'
                '你出：剪刀 \n'
                '结果：对手赢 ')
      elif Player==3:                                           # 玩家出拳为“布”
            print('\n对手出：石头 \n'
                  '你出：布 \n'
                  '结果：你赢了 ')
      else:
            print('输入有误 ')
elif Computer=='剪刀':                                          # 计算机出拳为“剪刀”
      if Player==1:                                             # 玩家出拳为“石头”
           print('\n对手出：剪刀 \n'
                 '你出：石头 \n'
                 '结果：你赢了 ')
      elif Player==2:                                           # 玩家出拳为“剪刀”
           print('\n对手出：剪刀 \n'
                 '你出：剪刀 \n'
                 '结果：平局 ')
      elif Player==3:                                           # 玩家出拳为“布”
           print('\n对手出：剪刀 \n'
                 '你出：布 \n'
                 '结果：对手赢 ')
      else:
           print('输入有误 ')
elif Computer=='布':                                            # 计算机出拳为“布”
      if Player==1:                                             # 玩家出拳为“石头”
           print('对手出：布 \n'
```

```
                '你出：石头\n'
                '结果：对手赢')
    elif Player==2:                                            # 玩家出拳为“剪刀”
        print('\n对手出：布\n'
              '你出：剪刀\n'
              '结果：你赢了')
    elif Player==3:                                            # 玩家出拳为“布”
        print('\n对手出：布\n'
              '你出：布\n'
              '结果：平局')
    else:
        print('输入有误')
else:
    print('对手认输，你赢了')
```

代码执行后，提示玩家输入所要出拳对应的编码，执行过程如下：

```
********** 石头、剪刀、布 **********
1.石头
2.剪刀
3.布

请出拳：
```

玩家输入要出的拳，并进行 4 局游戏。执行过程如下：

```
********** 石头、剪刀、布 **********
1.石头
2.剪刀
3.布

请出拳:1
对手认输，你赢了                                               # 第 1 局结果
********** 石头、剪刀、布 **********
1.石头
2.剪刀
3.布

请出拳:2

对手出：布
你出：剪刀
结果：你赢了                                                   # 第 2 局结果
```

```
********** 石头、剪刀、布 **********
1. 石头
2. 剪刀
3. 布

请出拳 :3

对手出: 布
你出: 布
结果: 平局                                                  # 第 3 局结果
********** 石头、剪刀、布 **********
1. 石头
2. 剪刀
3. 布

请出拳 :3

对手出: 剪刀
你出: 布
结果: 对手赢                                                # 第 4 局结果
```

代码解析

（1）if Computer==' 石头 ': 是 if-elif-else 语句的 if 条件，用来判断对手出拳是否为“石头”，并在该条件中嵌套了 if-elif-else 语句，用来依次判断玩家的出拳情况。

（2）elif Computer==' 剪刀 ': 是 if-elif-else 语句的 elif 条件，用来判断对手出拳是否为“剪刀”，并在该条件中嵌套了 if-elif-else 语句，用来依次判断玩家的出拳情况。

（3）elif Computer==' 布 ': 是 if-elif-else 语句的 elif 条件，用来判断对手出拳是否为“布”，并在该条件中嵌套了 if-elif-else 语句，用来依次判断玩家的出拳情况。

（4）print(' 对手认输，你赢了 ') 是 if-elif-else 语句中 else 对应的语句。当对手放弃出拳，直接判定玩家赢。

4.8　和妈妈一起揭晓答案：if 和 if-else

扫一扫，看视频

期末考试快到了，妈妈为了鼓励我考一个好成绩，为我制订了 4 个选择，分数不同选择不同，见表 4.3。

表 4.3　分数及对应选择

分数≥80（可以去玩耍）		分数 < 80（需要做功课）	
分数≥95	80≤ 分数 < 95	65≤ 分数 < 80	分数 < 65
妈妈带我去游乐园	自己去找小朋友玩	上午可以看动画片，下午需要做功课	由姐姐指导做功课

根据表 4.3 中的分数及对应选择编写一个小程序。该程序接收一个成绩，并决定我可以做些什么。在妈妈面前，我输入我的期末考试成绩和妈妈一起揭晓答案，看看我究竟可以做些什么？该程序需要借助 if 语句对分数进行判断，然后在对应的分数范围内再使用 if-else 语句进行进一步的判断，决定我能做些什么。其实现步骤如下：

（1）输入我的期末考试成绩，使用变量 score 表示成绩分数。

（2）判断分数是否达到玩耍的标准。达到标准，再根据该标准继续对分数进行判断。使用 if 语句判断玩耍的标准，在该语句中使用 if-else 语句作进一步的判断。

（3）判断分数是否达到做功课标准。达到标准，再根据该标准继续对分数进行判断。使用 if 语句判断做功课的标准，在该语句中使用 if-else 语句作进一步的判断。

根据实现步骤绘制流程图，如图 4.9 所示。

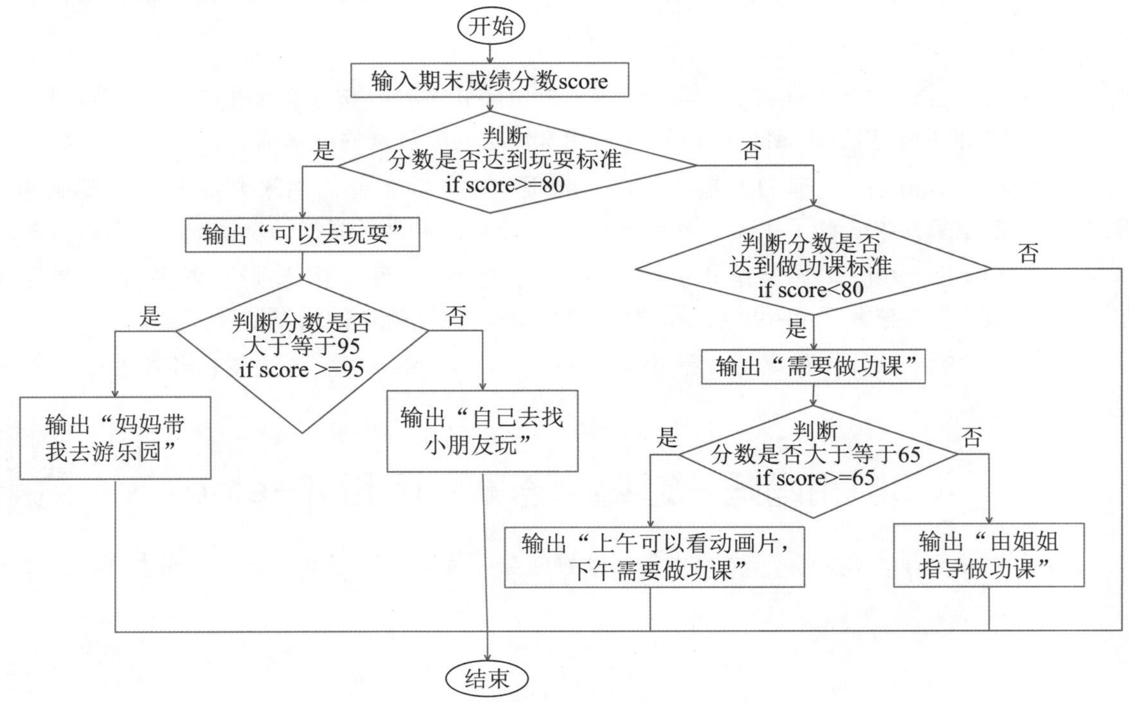

图 4.9　和妈妈一起揭晓答案流程图

根据流程图编写代码对自己的成绩进行判断，看自己能获得什么样的选择。代码如下：

```
score=int(input("请输入期末考试成绩分数： "))
if score>=80:
    print('————可以去玩耍————')
    if score>=95:
        print('妈妈带我去游乐园')
    else:
        print('自己去找小朋友玩')
if score<80:
    print('————需要做功课————')
    if score>=65:
        print('上午可以看动画片，下午需要做功课')
    else:
        print('由姐姐指导做功课')
```

代码执行后，需要用户输入成绩，然后计算机根据该成绩给出答案，了解自己可以做些什么。例如，这次期末考试我考了 98 分，执行结果如下：

```
请输入期末考试成绩分数： 98
————可以去玩耍————
妈妈带我去游乐园
```

代码解析

（1）if score>=95: 是 if-else 语句的 if 条件，用来对达到玩耍的标准分数作进一步判断，判断是否可以去游乐园玩耍。

（2）print('自己去找小朋友玩') 是步骤（1）中 if-else 语句的另一个分支语句，判断是否要自己去找小朋友玩耍。

（3）if score>=65: 是 if-else 语句的 if 条件，用来对达到做功课的标准分数作进一步判断，判断是否可以上午看动画片，下午做功课。

（4）print('由姐姐指导做功课') 是步骤（3）中 if-else 语句的另一个分支语句，判断是否由姐姐指导做功课。

4.9 求学成长之路：if-else 和 if-elif-else

扫一扫，看视频

去学校求学是每个小朋友成长时的必经之路，不同的年龄段进入的学校也不同。求学成长之路是指根据用户输入的年龄来判断他该上什么样的学校？上学的年龄及学段对应见表 4.4。

表 4.4　年龄及学段对应表

年龄	年龄 < 3 岁	3 岁 ≤ 年龄 < 6 岁	6 岁 ≤ 年龄 < 12 岁	12 岁 ≤ 年龄 < 15 岁	15 岁 ≤ 年龄 < 18 岁	18 岁 ≤ 年龄
学段	不用上学	上幼儿园	上小学	上初中	上高中	上大学

根据表 4.4 中的信息，借助 Python 编写程序实现求学成长之路，需要使用到 if–else 和 if–elif–else 语句。其实现步骤如下：

（1）用户输入年龄，使用变量 age 表示。

（2）区分可以上学和不能上学年龄的两种情况，使用 if–else 进行判断。

（3）当可以上学时，对上学的年龄段进行判断，区分不同年龄该上什么学，使用 if–elif–else 语句判断。

根据实现步骤绘制流程图，如图 4.10 所示。

根据流程图编写代码，实现根据年龄判断所处的求学阶段。代码如下：

```
age=int(input('请输入你的年龄：'))
if age>=3:
    print('————————达到上学的年龄————————')
    if 3<=age<6:
        print('你可以上幼儿园了')
    elif 6<=age<12:
        print('你可以上小学了')
    elif 12<=age<15:
        print('你可以上初中了')
    elif 15<=age<18:
        print('你可以上高中了')
    else:
        print('你可以上大学了')

else:
    print('————————未达到上学的年龄————————')
    print('你还不能上学')
```

代码执行后，需要用户输入年龄，然后由计算机进行判断。例如，查看 15 岁该上什么学校，执行过程如下：

```
请输入你的年龄：15
————————达到上学的年龄————————
你可以上高中了
```

输出信息表示 15 岁可以上高中了。

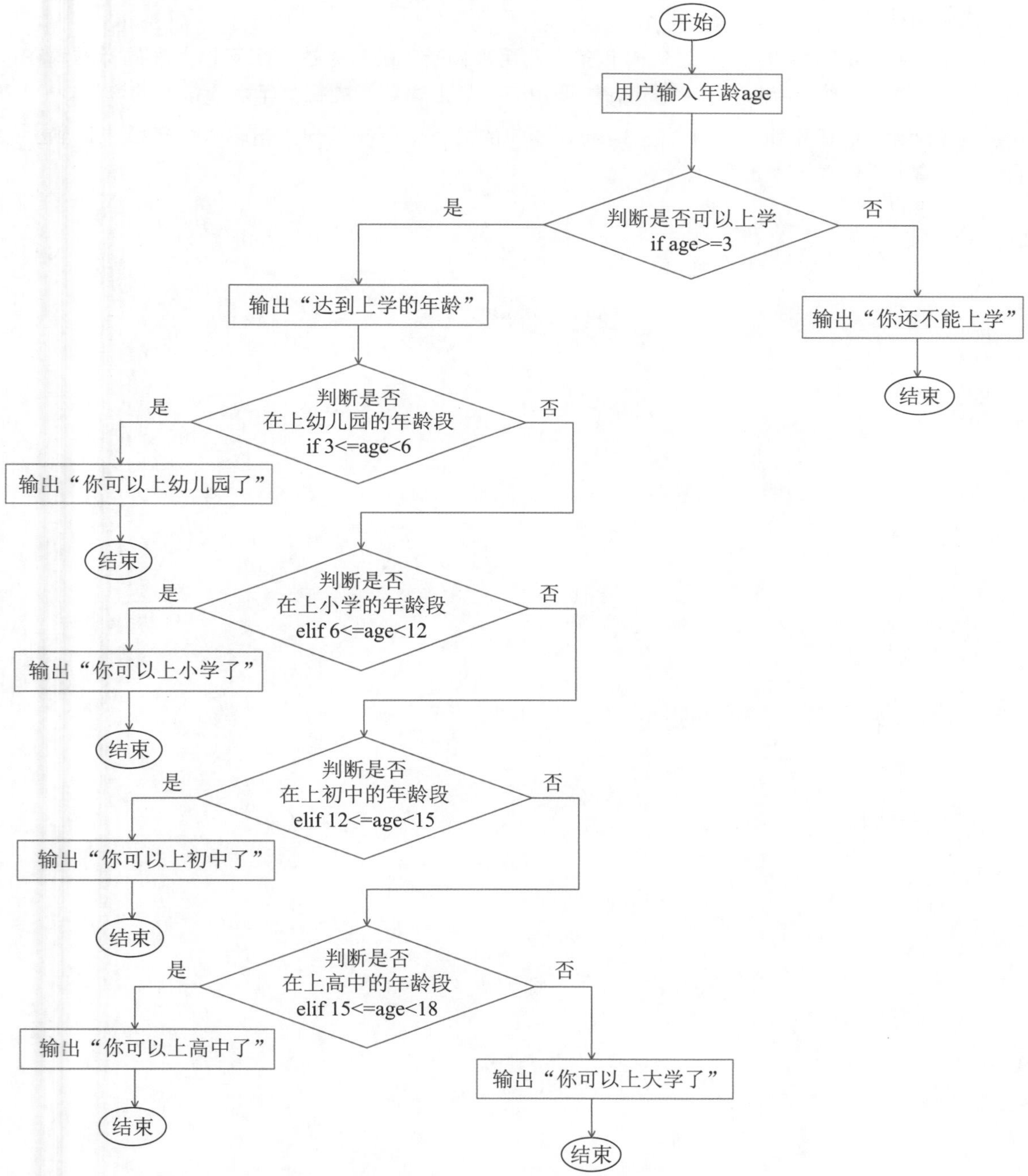

开始

用户输入年龄age

判断是否可以上学
if age>=3

是：输出“达到上学的年龄”

否：输出“你还不能上学” → 结束

判断是否
在上幼儿园的年龄段
if 3<=age<6

是：输出“你可以上幼儿园了” → 结束

否：

判断是否
在上小学的年龄段
elif 6<=age<12

是：输出“你可以上小学了” → 结束

否：

判断是否
在上初中的年龄段
elif 12<=age<15

是：输出“你可以上初中了” → 结束

否：

判断是否
在上高中的年龄段
elif 15<=age<18

是：输出“你可以上高中了” → 结束

否：输出“你可以上大学了” → 结束

图 4.10　求学成长之路流程图

代码解析

（1）if age>=3: 是 if-else 语句的 if 条件，用来判断年龄是否达到了可以上学的标准。在该条件中，嵌套了一个 if-elif-else 语句，主要用来判断上学期间的每个年龄段该上的学校。

（2）print(' 你还不能上学 ')，是 if-else 语句的另一个分支语句。当输入的年龄未达到上学标准时，输出“你还不能上学”。

第 5 章

循环语句

在我们身边有很多事情都存在周期性。例如，每年都要经历春、夏、秋、冬四季这样周而复始的自然现象。在 Python 语言中，是通过循环语句实现周而复始的。下面让我们一起使用循环语句来解决生活中的问题吧！

扫一扫，看视频

5.1 猴子卖桃：for in 语句

一只猴子摘了一些桃子。它第 1 天卖掉了一半，又送了一个；第 2 天早上又将剩下的桃子卖掉一半，又多送了一个；以后每天早上都卖了前一天剩下的一半零一个，直到第 10 天早上，发现只剩下一个桃子了。求猴子第 1 天共摘了多少个桃子。

在这个问题中，已知第 10 天剩下了 1 个桃子，那么，第 9 天剩下的桃子数是第 10 天桃子数加 1 后的 2 倍，即（1+1）×2=4（个）；第 8 天剩下的桃子数是第 9 天桃子数加 1 后的 2 倍，即（4+1）×2=10（个）。由此可见，根据第 8 天剩下的桃子数可以推算出第 7 天的桃子数……，重复进行推导就可以知道第 1 天的桃子数，也就是猴子摘的桃子数。解决该问题可以使用 for in 循环结构求解，其实现步骤如下：

（1）第 10 天剩下的桃子数，使用 sum 表示当天剩下的桃子数。

（2）依次求第 9 天到第 1 天当天剩下的桃子数，使用 for in 语句实现。

（3）最终结果，输出猴子第 1 天共摘的桃子数。

根据实现步骤绘制流程图，如图 5.1 所示。

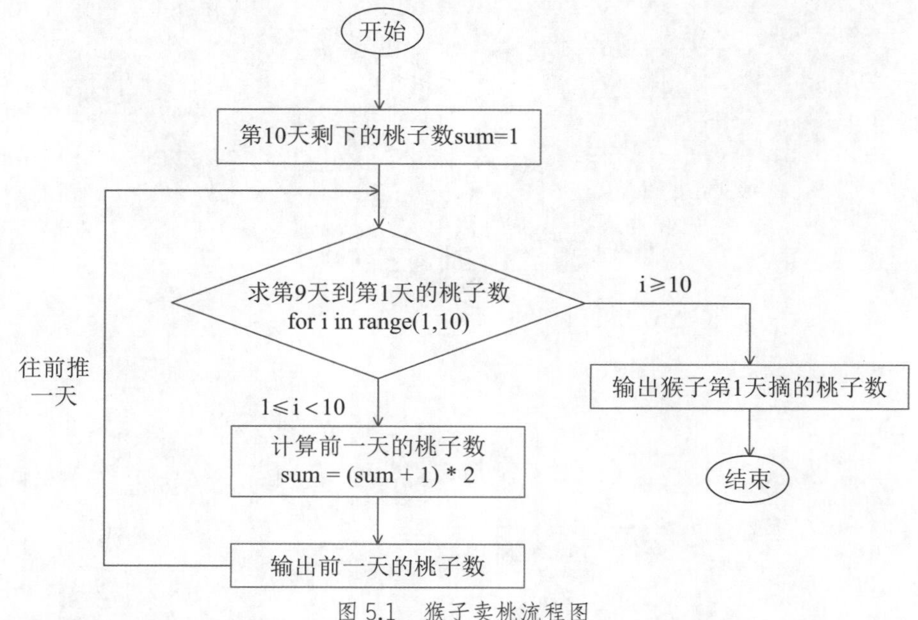

图 5.1　猴子卖桃流程图

根据流程图编写代码，求猴子第 1 天共摘了多少个桃子。代码如下：

```
sum = 1
for i in range(1,10):
      sum = (sum + 1) * 2
      print('第', 10 - i,'天桃子数：', sum, '个')
print("猴子第 1 天共摘了",sum,"个桃子")
```

代码执行后，倒序输出猴子每天拥有的桃子数，并给出第 1 天猴子共摘的桃子数，执行过程如下：

```
第 9 天桃子数：4 个
第 8 天桃子数：10 个
第 7 天桃子数：22 个
第 6 天桃子数：46 个
第 5 天桃子数：94 个
第 4 天桃子数：190 个
第 3 天桃子数：382 个
第 2 天桃子数：766 个
第 1 天桃子数：1534 个
猴子第 1 天共摘了 1534 个桃子
```

代码解析

（1）sum=1，sum 表示当天的桃子数。由于从第 10 天开始往前推，因此这里 sum 值为 1，表示第 10 天桃子数为 1 个。

（2）for i in range(1,10):，通过 for in 语句遍历每一天。

（3）sum = (sum + 1) * 2 求当天的桃子数，第 1 个 sum 为当天（前一天）的桃子数，第 2 个 sum 为后一天的桃子数。

5.2 三个臭皮匠，顶个诸葛亮：for in 语句的嵌套

扫一扫，看视频

“三个臭皮匠，顶个诸葛亮”是一句谚语，“皮匠”实际上是“裨将”的谐音，“裨将”在古代指副将，原意是指三个副将的智慧能抵得上一个诸葛亮，如图 5.2 所示。现在常用来表示人多智慧多、人多力量大、人多好办事。

图 5.2 三个臭皮匠，顶个诸葛亮

现在有一项工程，需要 3 个人分别完成工程的三分之一。从 4 个臭皮匠中选出 3 个臭皮匠，共有多少种选法？求解这个问题，需要用到 for in 语句的嵌套。其实现步骤如下：

（1）将 4 个臭皮匠放在列表 list 中。

（2）选出第 1 个臭皮匠。使用 for 语句进行遍历。

（3）选出第 2 个臭皮匠。使用 for 语句进行遍历。

（4）选出第 3 个臭皮匠。使用 for 语句进行遍历。

（5）选出的臭皮匠不能重复，需要使用 if 语句进行判断。

（6）输出所有的选法。

根据实现步骤绘制流程图，如图 5.3 所示。

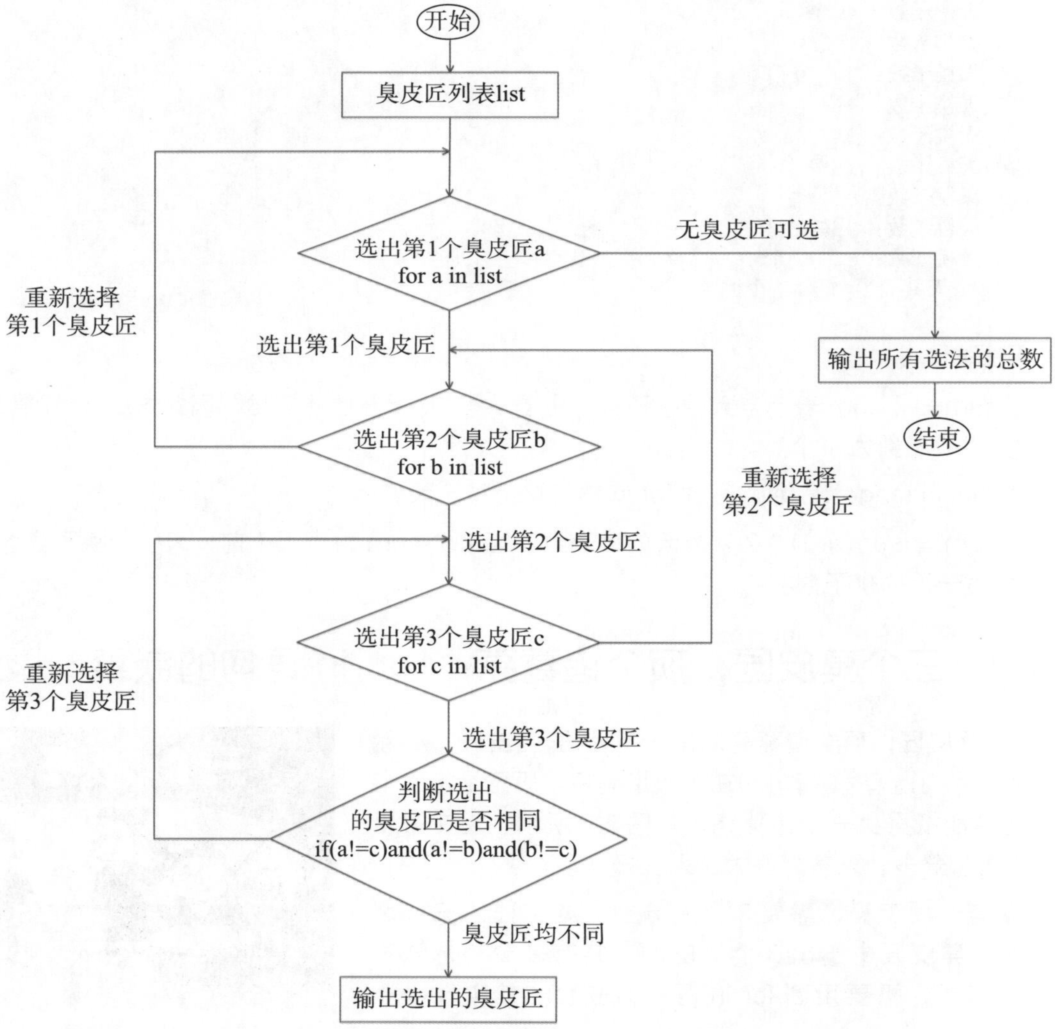

开始
臭皮匠列表list
选出第1个臭皮匠a
for a in list
无臭皮匠可选
输出所有选法的总数
结束
重新选择
第1个臭皮匠
选出第1个臭皮匠
选出第2个臭皮匠b
for b in list
重新选择
第2个臭皮匠
选出第2个臭皮匠
选出第3个臭皮匠c
for c in list
重新选择
第3个臭皮匠
选出第3个臭皮匠
判断选出
的臭皮匠是否相同
if(a!=c)and(a!=b)and(b!=c)
臭皮匠均不同
输出选出的臭皮匠

图 5.3　选臭皮匠的流程图

根据流程图编写代码，输出所有的选拔臭皮匠的可能情况。代码如下：

```
n=0
list=['臭皮匠1','臭皮匠2','臭皮匠3','臭皮匠4']
for a in list:                                    #选出第1个臭皮匠
    for b in list:                                #选出第2个臭皮匠
        for c in list:                            #选出第3个臭皮匠
            if(a!=c)and(a!=b)and(b!=c):           #判断选出的臭皮匠是否相同
                n=n+1
                print(a,b,c)
print("上述选法共计",n,"种")
```

代码执行后，输出所有选臭皮匠的选法，结果如下：

```
臭皮匠1 臭皮匠2 臭皮匠3
臭皮匠1 臭皮匠2 臭皮匠4
臭皮匠1 臭皮匠3 臭皮匠2
臭皮匠1 臭皮匠3 臭皮匠4
臭皮匠1 臭皮匠4 臭皮匠2
臭皮匠1 臭皮匠4 臭皮匠3
臭皮匠2 臭皮匠1 臭皮匠3
臭皮匠2 臭皮匠1 臭皮匠4
臭皮匠2 臭皮匠3 臭皮匠1
臭皮匠2 臭皮匠3 臭皮匠4
臭皮匠2 臭皮匠4 臭皮匠1
臭皮匠2 臭皮匠4 臭皮匠3
臭皮匠3 臭皮匠1 臭皮匠2
臭皮匠3 臭皮匠1 臭皮匠4
臭皮匠3 臭皮匠2 臭皮匠1
臭皮匠3 臭皮匠2 臭皮匠4
臭皮匠3 臭皮匠4 臭皮匠1
臭皮匠3 臭皮匠4 臭皮匠2
臭皮匠4 臭皮匠1 臭皮匠2
臭皮匠4 臭皮匠1 臭皮匠3
臭皮匠4 臭皮匠2 臭皮匠1
臭皮匠4 臭皮匠2 臭皮匠3
臭皮匠4 臭皮匠3 臭皮匠1
臭皮匠4 臭皮匠3 臭皮匠2
上述选法共计 24 种
```

代码解析

（1）n=0，选臭皮匠的初始选法，为0种选法。

（2）n=n+1，通过迭代增加选法，放在 if 语句中。因为只有选出的 3 个臭皮匠均不相同时，才算一种选法，此时可以通过迭代来准备下一种成立的选法。

扫一扫，看视频

5.3　糊涂的国王陛下：while 语句

在一个国家，有位大将军立下了汗马功劳。国王打算奖赏这位将军，就问他：“你想要什么奖赏呀？”大将军拿出一个棋盘说：“陛下，这个棋盘有 64 个小格子。请您在第 1 个小格子内赏给我 1 颗米粒；在第 2 个小格子内赏给我 2 颗米粒；在第 3 个小格子内赏给我 4 颗米粒。以后的每一个小格子内都放数量为前一个格子 2 倍的米粒。最后，请将棋盘上 64 个格子摆满米粒赏给我吧！”如图 5.4 所示。

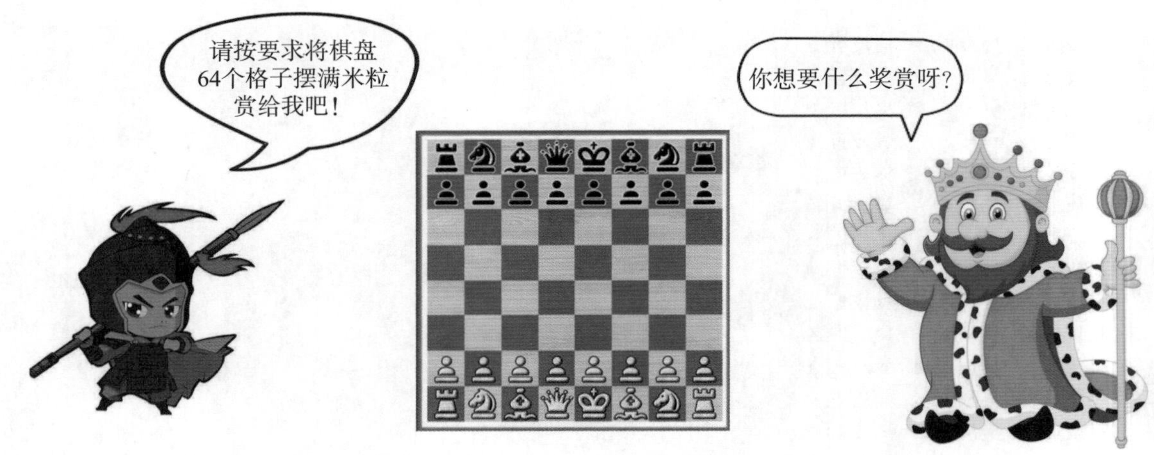

图 5.4　国王的奖赏

陛下听了，哈哈大笑说：“这有什么难的？”就爽快地答应了。于是命令大臣们开始为将军赏米。当粮仓里的所有米粒快用完了，也没有满足将军的要求。请问这位大将军到底可以得到多少米粒？

计算将军最终可以得到的米粒数，可以使用 Python 的 while 循环语句实现，通过循环依次计算每个格子可以得到的米粒数量，然后加起来。其实现步骤如下：

（1）将米粒总数、格子数、每个格子的米粒数分别使用变量 sum、grid、num 进行表示。

（2）从第 1 个格子到第 64 个格子依次需要计算米粒，通过 while 语句指定格子数循环条件，并计算米粒总数。

（3）输出将军最终可以得到的米粒数。

根据实现步骤绘制流程图，如图 5.5 所示。

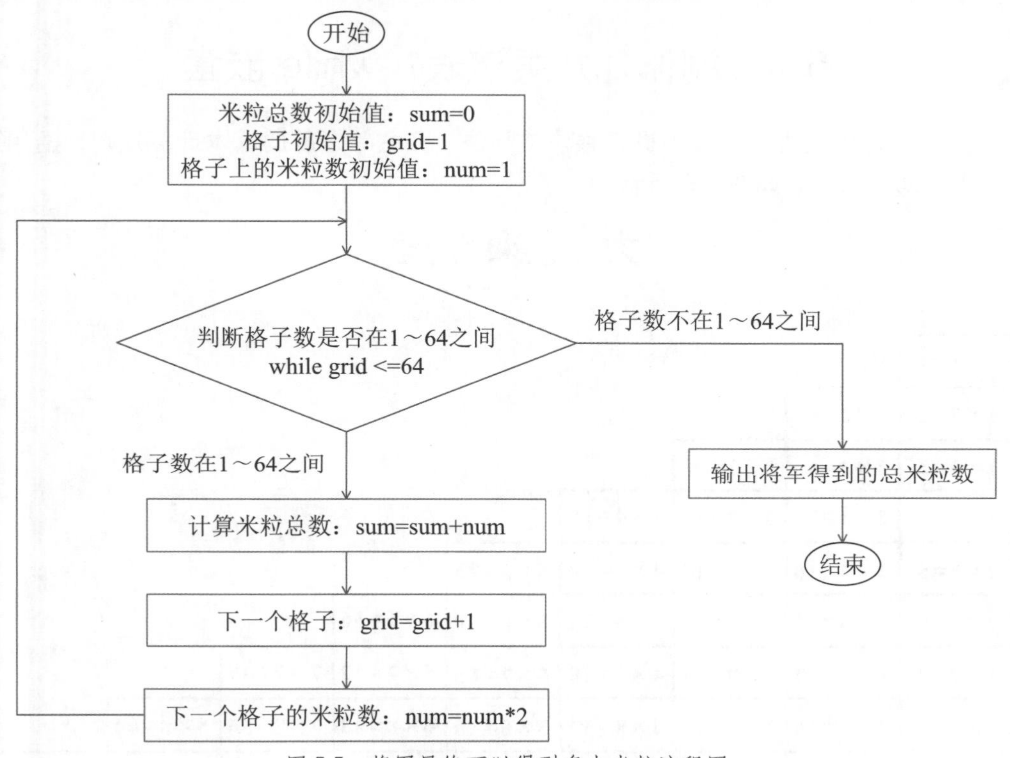

图 5.5 将军最终可以得到多少米粒流程图

根据流程图计算将军最终可以得到多少米粒，代码如下：

```
sum=0
grid =1
num=1
while grid <=64:
    sum=sum+num
    grid=grid+1
    num=num*2
print('这位将军可以得到',sum,'颗米粒')
```

代码执行后，显示这位将军可以得到的米粒数，结果如下：

```
这位将军可以得到 18446744073709551615 颗米粒
```

代码解析

（1）sum=sum+num，将当前格子的米粒数计入总米粒数 sum 中。

（2）num=num*2，计算下一个格子的米粒数。

扫一扫，看视频

5.4 制作九九乘法表：while 嵌套

九九乘法表是中国古代筹算中进行乘法、除法、开方等运算的基本计算规则，沿用至今已有两千多年。九九乘法表如图 5.6 所示。

九九乘法表

1×1=1								
1×2=2	2×2=4							
1×3=3	2×3=6	3×3=9						
1×4=4	2×4=8	3×4=12	4×4=16					
1×5=5	2×5=10	3×5=15	4×5=20	5×5=25				
1×6=6	2×6=12	3×6=18	4×6=24	5×6=30	6×6=36			
1×7=7	2×7=14	3×7=21	4×7=28	5×7=35	6×7=42	7×7=49		
1×8=8	2×8=16	3×8=24	4×8=32	5×8=40	6×8=48	7×8=56	8×8=64	
1×9=9	2×9=18	3×9=27	4×9=36	5×9=45	6×9=54	7×9=63	8×9=72	9×9=81

图 5.6 九九乘法表

通过 Python 代码可以打印出九九乘法表中的这些乘法运算，从上往下、从左往右依次展现每一个乘法运算。输出过程中，主要借助了 while 循环嵌套。其实现步骤如下：

（1）从上往下进行打印，设置起始行数变量 i，并指定 i=1。

（2）要逐行打印所有行，乘法表最多有 9 行，使用外循环 while 语句限制最大行数 i<10。

（3）打印每行时，需要依次打印该行上的每一列。使用变量 j 设置起始列数 j=1，增加每一列 j+=1，并在内循环 while 语句中使用 print( ) 语句进行打印。

（4）打印下一行需要换行，内循环 while 结束后，使用 print('' '') 进行换行。

（5）换行以后，准备打印下一行，行数也要加 1。在外循环 while 语句中通过迭代进行增加行数 i+=1。

根据步骤绘制流程图，如图 5.7 所示。

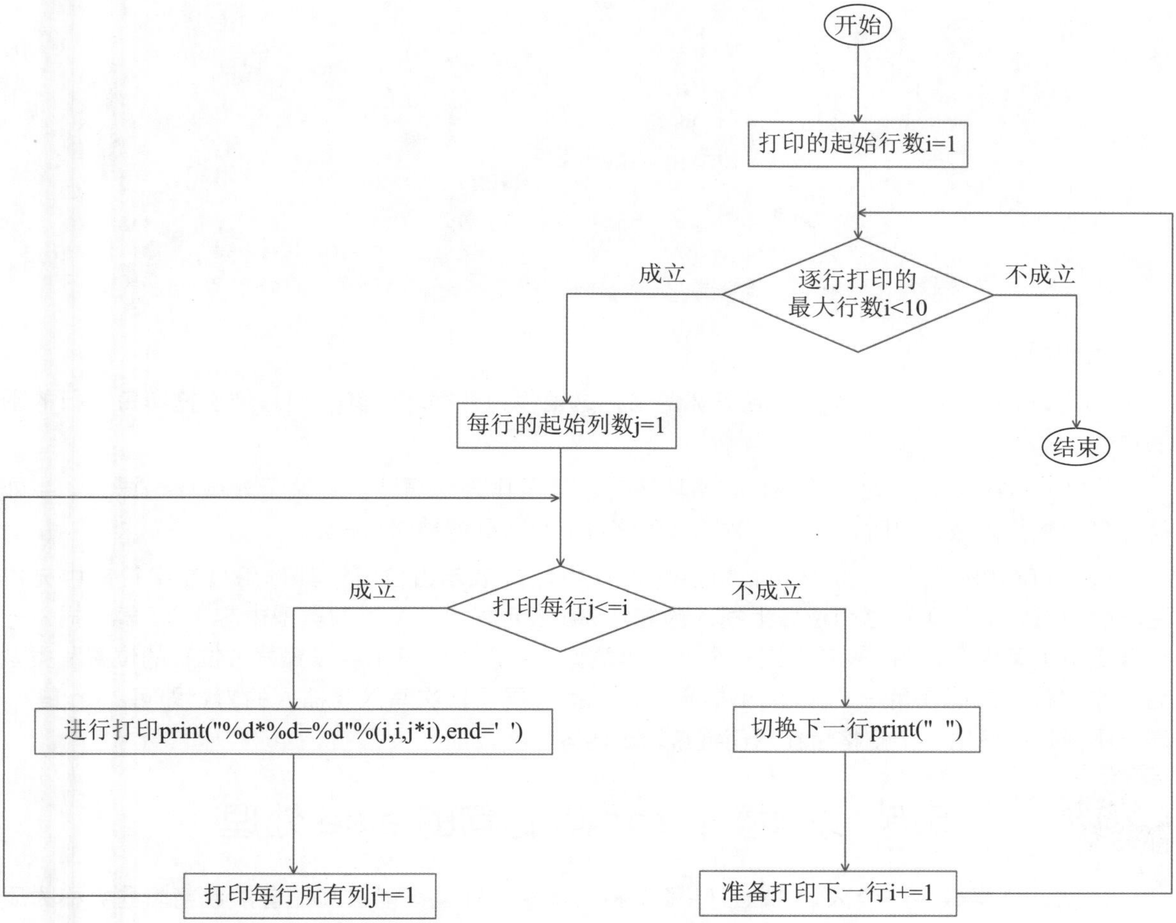

开始

打印的起始行数i=1

逐行打印的最大行数i<10

成立

不成立

结束

每行的起始列数j=1

打印每行j<=i

成立

不成立

进行打印print("%d*%d=%d"%(j,i,j*i),end=' ')

切换下一行print(" ")

打印每行所有列j+=1

准备打印下一行i+=1

图 5.7　制作九九乘法表流程图

根据流程图编写代码，打印九九乘法表。代码如下：

```
i=1                                                     # 起始的行数
while i<10:
    j=1                                                 # 起始的列数
    while j<=i:
        print("%d*%d=%d"%(j,i,j*i),end='   ')           # 输出每行的乘法口诀
        j+=1                                            # 增加列数
    print("")                                           # 进行换行
    i+=1                                                # 增加行数
```

代码执行后，逐行打印出九九乘法表中的每一个乘法口诀，结果如下：

```
1*1= 1
1*2= 2  2*2= 4
1*3= 3  2*3= 6  3*3= 9
1*4= 4  2*4= 8  3*4=12  4*4=16
1*5= 5  2*5=10  3*5=15  4*5=20  5*5=25
1*6= 6  2*6=12  3*6=18  4*6=24  5*6=30  6*6=36
1*7= 7  2*7=14  3*7=21  4*7=28  5*7=35  6*7=42  7*7=49
1*8= 8  2*8=16  3*8=24  4*8=32  5*8=40  6*8=48  7*8=56  8*8=64
1*9= 9  2*9=18  3*9=27  4*9=36  5*9=45  6*9=54  7*9=63  8*9=72  9*9=81
```

代码解析

（1）while i<10: 是一个 while 循环语句，这里作为外循环，其目的是依次打印每一行的乘法口诀。

（2）while j<=i: 也是一个 while 循环语句，这里作为内循环，它属于外循环的语句。当外循环打印本行乘法口诀时，通过内循环打印该行上每一列的乘法口诀。

（3）print("%d*%d=%d"%(j,i,j*i),end=' ') 中，% 表示占位符，其作用是在字符串中先占住一个位置，之后再往这个位置上插入内容。%d 表示插入一个整数类型内容，%f 表示插入一个浮点数类型内容，%s 表示插入一个字符串类型内容。在字符串中设置好占位符的位置和类型后，在字符串后面使用一个 % 和小括号，在小括号里面依次写入要插入的内容即可。end=' ' 表示不换行，输出一个空格后在后面继续输出内容。

扫一扫，看视频

5.5 求质数：for in 语句的 else 处理

质数又称素数。一个大于 1，且除了 1 和它本身以外，不能被其他自然数整除的数称为质数。例如，31 的因数是有 1 和它本身 31，没有其他因数。因此，31 为质数。

下面求指定范围内包含了哪些质数。在判断质数时，首先要通过循环取出所有要整除的数，这里使用 for 循环语句实现。然后，看要判断的数是否只能被 1 和它本身整除，如果是，表示该数是一个质数。这就需要在 for in 语句中使用到 else 语句。在循环正常结束后，显示正确的质数。其实现步骤如下：

（1）用户输入范围，使用变量 lower 指定范围最小值，使用变量 upper 指定范围最大值。

（2）从范围内依次提取每一个整数，判断是否为质数，通过 for 循环语句进行提取，使用变量 i 表示提取的数。

（3）判断整数 i 是否只能被 1 和它本身整除。如果是，表示整数 i 为质数。

根据实现步骤绘制流程图，如图 5.8 所示。

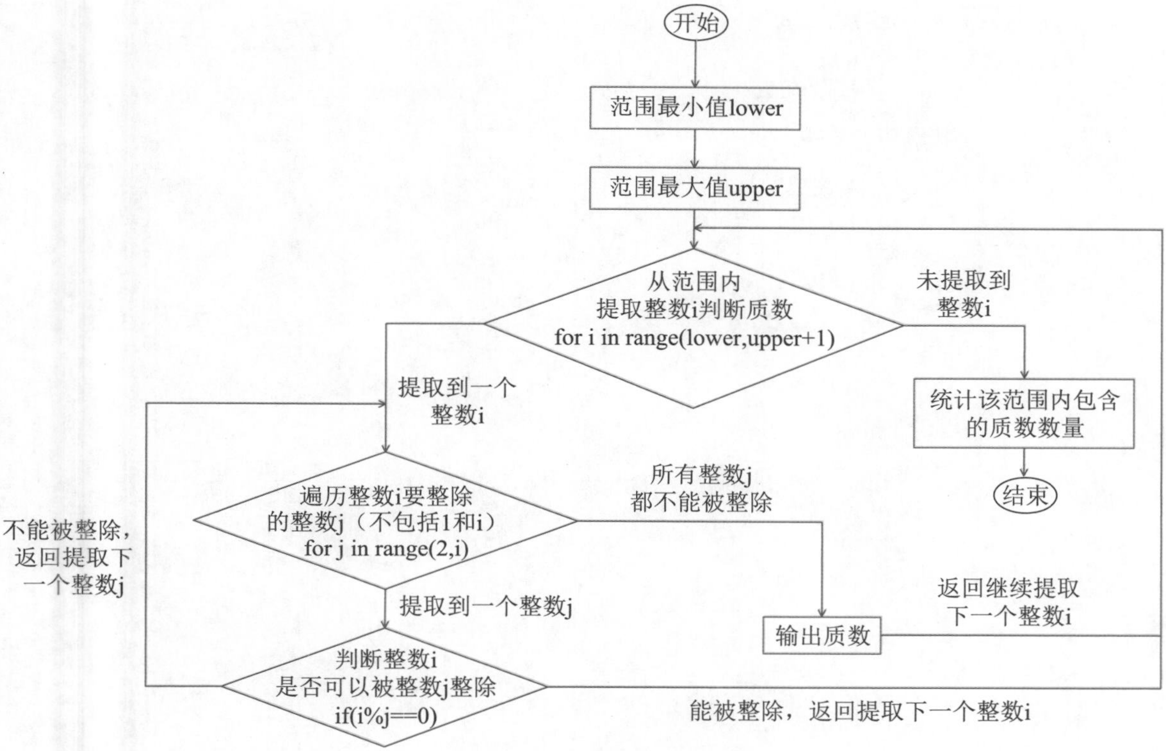

图 5.8　求质数流程图

根据流程图编写代码，求出指定范围的质数。代码如下：

```
lower = int(input("范围最小整数值（1除外）："))
upper= int(input("范围最大整数值："))
print("下面显示"+str(lower)+"到"+str(upper)+"范围内的质数")
count = 0
for i in range(lower,upper+1):        #从范围中提取一个整数i
    for j in range(2,i):              #遍历小于整数i的数，用于整除
        if(i%j==0):                   #整数i与整数j进行运算，看能否被整除
            break                     #可以被整除，跳出循环，不再遍历
    else:                             #当遍历的数都不能被整除，则整数i为质数
        print(i)                      #输出质数
        count += 1
print("以上质数共计",count,"个")
```

代码执行后，输入一个范围，计算机将求解出该范围内包含的质数。例如，求 2 到 100 范围内的质数，执行过程如下：

```
范围最小整数值（1 除外）： 2
范围最大整数值： 100
下面显示 2 到 100 范围内的质数
2
3
5
7
11
13
17
19
23
29
31
37
41
43
47
53
59
61
67
71
73
79
83
89
97
以上质数共计 25 个
```

输出信息表示 2～100 以内一共有 25 个质数。

代码解析

（1）count = 0 代码用于初始化统计质数的数量。

（2）for j in range(2,i): 代码通过 for 语句遍历要被整数 i 整除的整数 j。因为质数只能被 1 和它本身整除，而不能被其他数整除。因此，这里从 2 开始，而不是 1，并且到整数 i–1 结束。所以，这里的 range(2,i) 包括 2，但不包括 i。

扫一扫，看视频

5.6 统计成绩平均分：continue 语句

考试成绩出来了，15 名学生的分数依次为 86 分、92 分、65 分、53 分、49 分、78 分、

89 分、99 分、97 分、96 分、88 分、100 分、68 分、99 分、84 分。老师要统计 85 分及以上学生的平均分。

下面编写一个程序，帮助老师计算 85 分及以上学生成绩的平均分。要实现该程序，除了使用 for 循环语句外，还需要使用 continue 语句。其实现步骤如下：

（1）将 15 名学生的分数放在列表 list 中。

（2）从列表中依次提取分数，并判断是否大于等于 85 分，对符合要求的所有分数进行求和。使用变量 score 表示分数，使用变量 i 统计符合的人数；使用 for 语句遍历提取分数；使用 if-else 判断分数并进行求和。当判断的分数小于 85 分，使用 continue 语句跳过，使其在求和时不统计该分数。

（3）计算并显示出平均分。

根据实现步骤绘制对应的流程图，如图 5.9 所示。

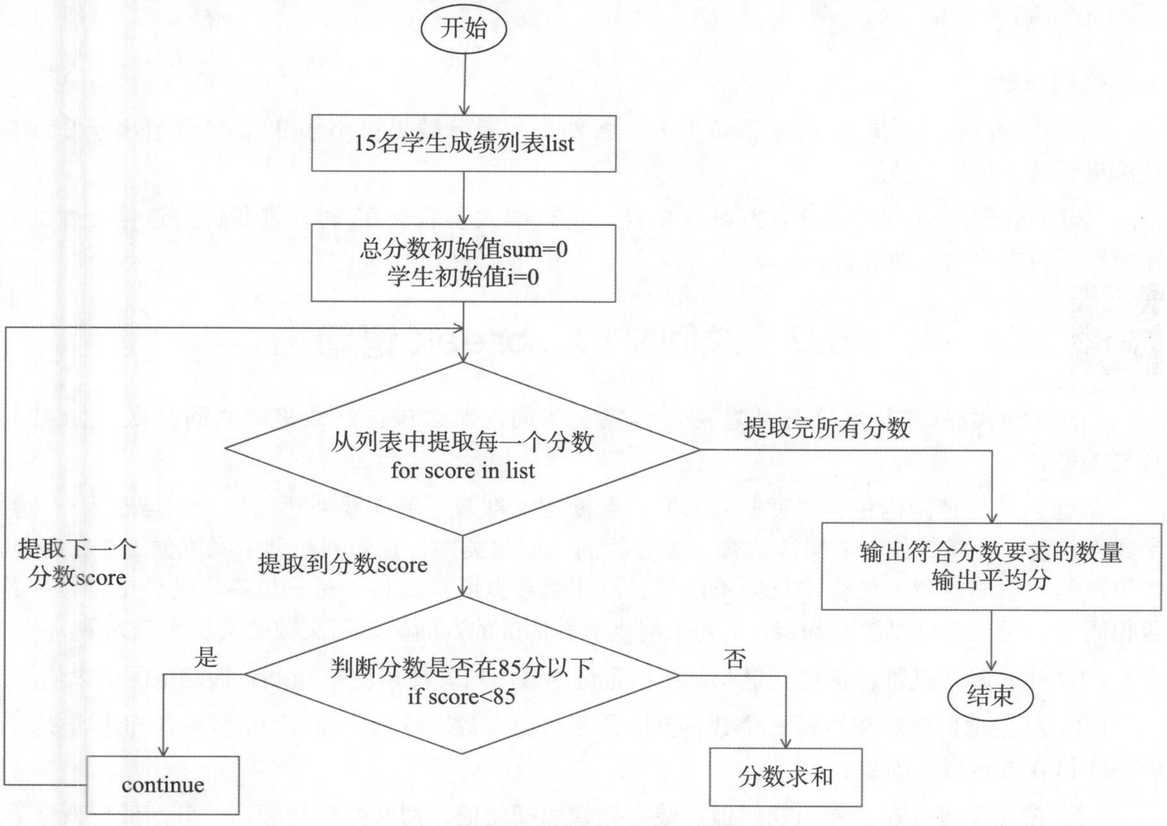

开始

15名学生成绩列表list

总分数初始值sum=0
学生初始值i=0

从列表中提取每一个分数
for score in list

提取完所有分数

输出符合分数要求的数量
输出平均分

结束

提取下一个
分数score

提取到分数score

判断分数是否在85分以下
if score<85

是

否

continue

分数求和

图 5.9 统计成绩平均分流程图

根据流程图编写代码，进行分数统计。代码如下：

```
list=[86,92,65,53,49,78,89,99,97,96,88,100,68,99,84]
sum=0
i=0
for score in list:                                          # 依次提取学生的分数
    if score<85:
        continue
    else:
        sum=sum+score
        i=i+1
print('85 分及以上分数的学生有：',i,'个')
print('他们的平均分为：',sum/i,'分')
```

代码执行后，显示分数达到 85 分及以上的学生的人数，以及他们的平均分，结果如下：

```
85 分及以上分数的学生有： 9 个
他们的平均分为： 94.0 分
```

代码解析

（1）if score<85: 是 if-else 语句中的 if 条件，判断分数是否小于 85。当分数小于 85 时，直接重新遍历其他分数。

（2）else: 是 if-else 语句中的 else 条件，当分数大于等于 85 时，累积计算这些分数之和和个数，为求平均分做准备。

扫一扫，看视频

5.7 求回文数：break 语句

一个自然数从左往右读与从右往左读完全相同，那么该自然数被称为回文数，如 454、12321 等。

下面求指定范围内包含了哪些回文数。判断回文数时，首先要判断左第一位与右第一位数字是否相同，左第二位与右第二位数字是否相同，以此类推，直到判断到中间位数。在判断时，如果左第一位与右第一位数字已经不同了，就不需要判断第二位、第三位等其他位上的数字是否相同了。因此，可以借助 break 语句来终止对其他位的判断。求回文数的实现步骤如下：

（1）用户输入范围，使用变量 lower 指定范围最小值，使用变量 upper 指定范围最大值。

（2）从范围内依次提取每一个数，判断是否为回文数。这里，通过 for 循环语句进行提取，使用变量 n 表示提取的数。

（3）依次设置最左边索引初始值、最右边索引初始值、回文数初始标识，分别使用变量 a、b、flag 表示。回文数初始标志设置为 True，其含义表示是回文数；反之不是回文数。

（4）左边索引值要小于左边索引值，使用 while 语句进行判断。

（5）根据索引值比较对应的数是否相同。

（6）输出回文数和回文数的统计数量。

根据实现步骤绘制流程图，如图 5.10 所示。

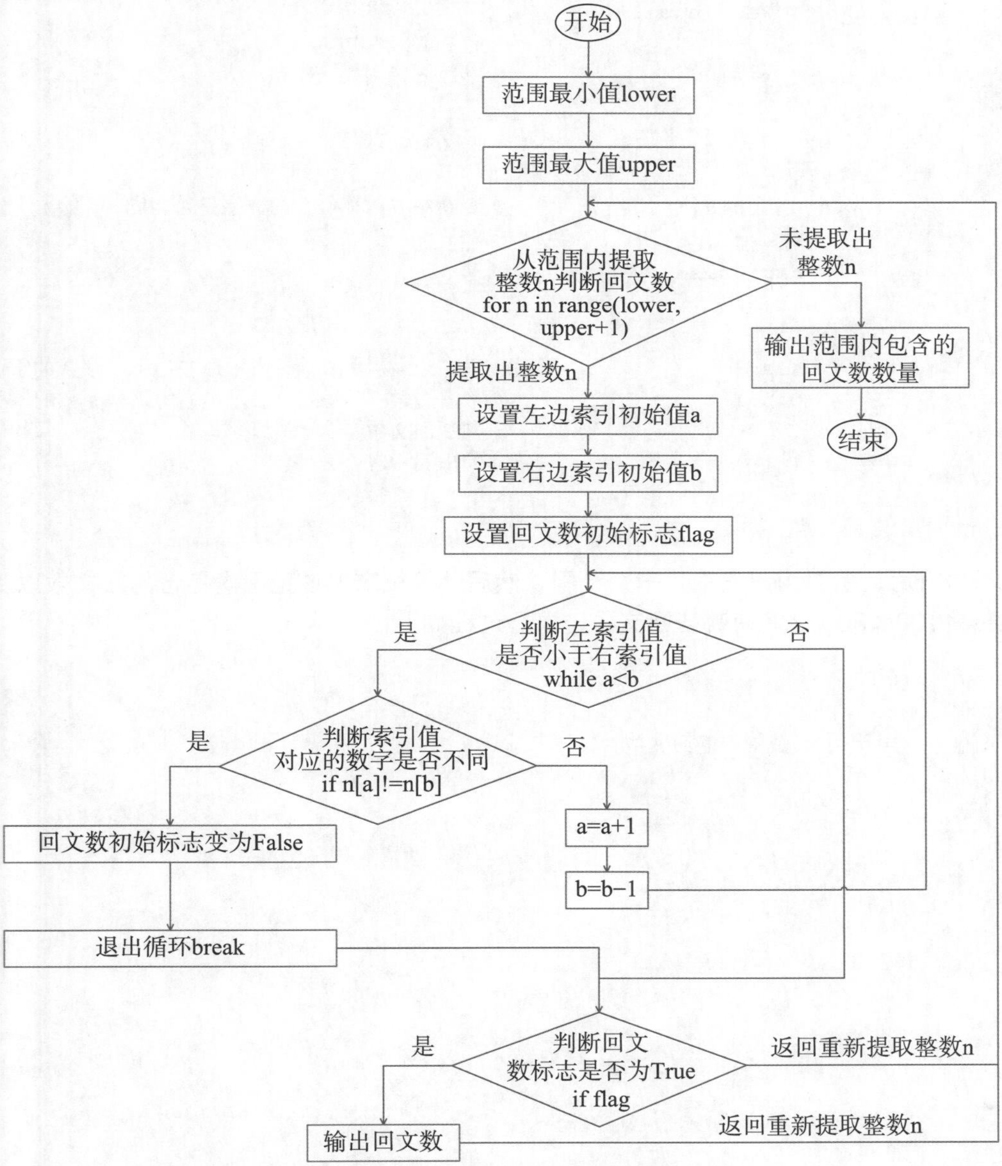

图 5.10 求回文数流程图

根据流程图编写代码，求出回文数。代码如下：

```
lower = int(input("最小值："))
upper = int(input("最大值："))
print("下面显示"+str(lower)+"到"+str(upper)+"范围内的回文数")
count = 0
for n in range(lower, upper+1):
    a=0                                  #整数 n 最左边索引值
    b=len(str(n))-1                      #整数 n 最右边索引值
    n=str(n)
    flag=True                            #回文数标志
    while a<b:
        if n[a]!=n[b]:                   #判断左右对称位上的数字是否相同
            #pass
            flag=False
            break
        else:
            a=a+1                        #最左边索引值加 1，表示最左边下一个数的索引值
            b=b-1                        #最右边索引值减 1，表示最右边下一个数的索引值
    if flag:                             #判断回文数
        print(n)                         #输出回文数
        count = count+1
print("以上回文数个数共计",count,"个")
```

代码执行后，需要用户先输入一个范围，然后计算机求解该范围内包含的回文数以及个数。例如，查看 100～300 之间有哪些回文数，执行过程如下：

```
最小值：100
最大值：300
下面显示 100 到 300 范围内的回文数
101
111
121
131
141
151
161
171
181
191
202
212
222
```

```
232
242
252
262
272
282
292
以上回文数个数共计 20 个
```

代码解析

（1）while a<b: 是一个 while 循环语句，用来判断某个数是否为回文数。一位数是特殊的回文数，不需要进行比较左右两边对应位数上的数是否相同。该 while 语句针对两位以上的数作出的循环判断。因此，左边的索引值一定小于右边的索引值。

（2）if n[a]!=n[b]: 是 if-else 语句中的 if 条件，主要用来判断最左边的数与最右边的数是否不同。若不同，则不需要再进行判断了，因为已经不满足回文数的定义了。

（3）else: 是 if-else 语句中的 else 条件，只有当最左边的数与最右边的数相同时，才继续判断下一个数是否相同，进一步判断是否为回文数。

5.8 小兔子乖乖，把门儿开开：for 中嵌套 if-elif-else

扫一扫，看视频

"小兔子乖乖，把门儿开开"，出自《大灰狼和小白兔的故事》，讲的是兔妈妈有 3 个孩子，一个叫红眼睛，一个叫长耳朵，一个叫短尾巴。兔妈妈出门时，叫 3 个孩子看家，并留下一个暗语："小兔子乖乖，把门儿开开！快点儿开开，妈妈要进来。"只有说对了暗语才会给开门。有着坏心思的大灰狼试着用开门暗语让小兔子开门的故事，如图 5.11 所示。

图 5.11 小兔子乖乖，把门儿开开

下面编写一个程序，演示大灰狼和小白兔的故事，给出 3 个开门暗语，让用户选择开门暗语，有 3 次选择机会。如果暗语正确，提示“暗语正确”，并且输出“长耳朵高兴地喊到：妈妈回来啦！快给妈妈开门。”；如果暗语不正确，提示“暗语不对”，并且输出“红眼睛唱到：不开，不开，我不开，妈妈不回来，门儿不能开。”或者“短尾巴唱到：不开，不开，我不开，妈妈没回来，谁来也不开。”。实现该故事需要通过 for 语句来限制选择的机会次数，在 for 语句中通过 if-elif-else 语句对开门暗语进行判断。其具体步骤如下：

（1）给出 3 个开门暗语，包含一个正确的暗语和两个错误的暗语。

（2）用户选择暗语，选择错误，则继续选择，共有 3 次选择机会，通过 for 语句和 if-elif-else 实现。

根据实现步骤绘制流程图，如图 5.12 所示。

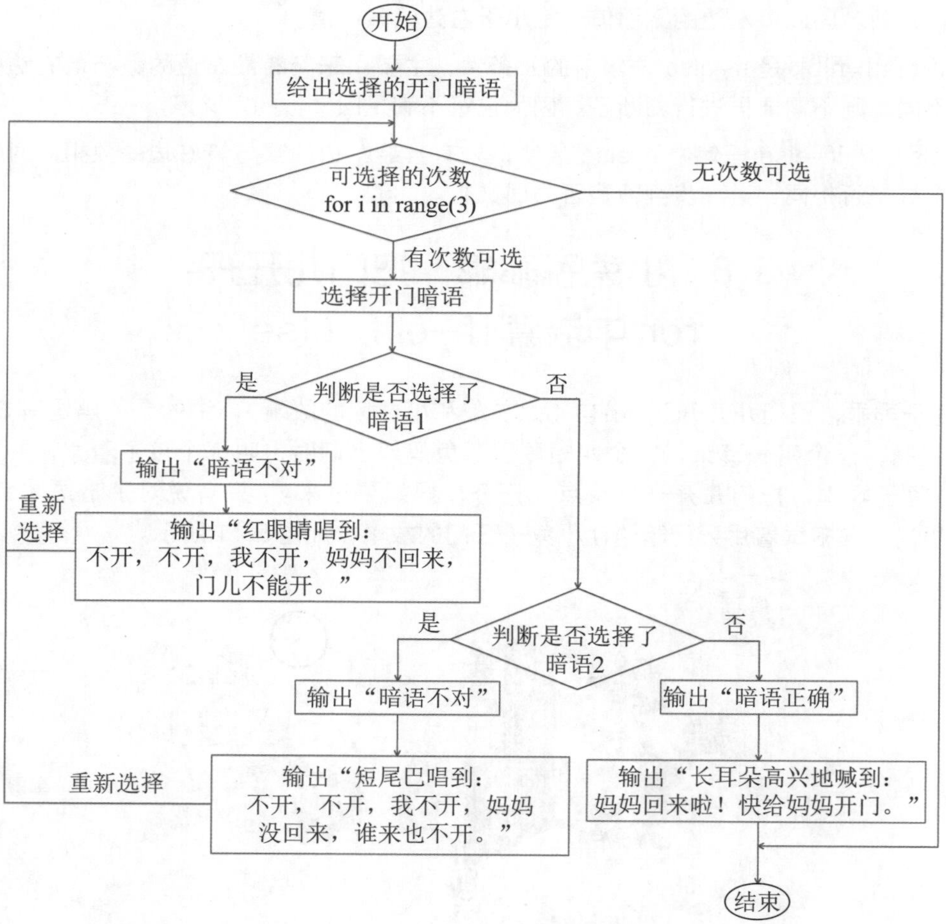

开始
给出选择的开门暗语
可选择的次数
for i in range(3)
无次数可选
有次数可选
选择开门暗语
是
判断是否选择了暗语1
否
输出“暗语不对”
重新选择
输出“红眼睛唱到：不开，不开，我不开，妈妈不回来，门儿不能开。”
是
判断是否选择了暗语2
否
输出“暗语不对”
输出“暗语正确”
重新选择
输出“短尾巴唱到：不开，不开，我不开，妈妈没回来，谁来也不开。”
输出“长耳朵高兴地喊到：妈妈回来啦！快给妈妈开门。”
结束

图 5.12　判断是否开门流程图

根据实现步骤编写代码，演示这个故事。代码如下：

```
print('********************** 开门暗语 ********************\n'
      '1. 小兔子乖，把门儿开开！快点开开，我要进来。\n'
      '2. 小兔乖乖，把门儿开开！快点开开，妈妈要进来。\n'
      '3. 小兔子乖乖，把门儿开开！快点儿开开，妈妈要进来。\n')
for i in range(3):
    guess=input('请选择开门暗语：')
    if guess=='1':
        print('-------------暗 语 不 对-------------')
        print('              红眼睛唱到 ：            ')
        print('不开，不开，我不开，妈妈不回来，门儿不能开。')
    elif guess=='2':
        print('-------------暗 语 不 对-------------')
        print('              短尾巴唱到 ：            ')
        print('不开，不开，我不开，妈妈没回来，谁来也不开。')
    else :
        print('-------------暗 语 正 确-------------')
        print('            长耳朵高兴地喊到 ：            ')
        print('妈妈回来啦！快给妈妈开门。')
        break
```

代码执行后，给出 3 个开门暗语供选择，选择暗语后给出对应的话语，结果如下：

```
============= RESTART: C:\Users\Administrator\Desktop\hello.py =============
********************** 开门暗语 ********************
1. 小兔子乖，把门儿开开！快点开开，我要进来。
2. 小兔乖乖，把门儿开开！快点开开，妈妈要进来。
3. 小兔子乖乖，把门儿开开！快点儿开开，妈妈要进来。


请选择开门暗语：2                                        # 第 1 次选择
-------------暗 语 不 对-------------
             短尾巴唱到 ：
不开，不开，我不开，妈妈没回来，谁来也不开。
请选择开门暗语：1                                        # 第 2 次选择
-------------暗 语 不 对-------------
             红眼睛唱到 ：
不开，不开，我不开，妈妈不回来，门儿不能开。
请选择开门暗语：3                                        # 第 3 次选择
-------------暗 语 正 确-------------
           长耳朵高兴地喊到 ：
妈妈回来啦！快给妈妈开门。
```

输出信息表示进行了 3 次开门暗语选择，第 1 次选择了暗语 2，第 2 次选择了暗语 1，第 3 次选择了暗语 3。

代码解析

（1）for i in range(3): 是一个 for 语句，用来限制选择次数。range(3) 表示提取数字 0、1、2，因此共 3 次选择次数。

（2）if guess=='1': 是 if-elif-else 语句中的 if 条件，用来判断是否选择了暗语 1。

（3）elif guess=='2': 是 if-elif-else 语句中的 elif 条件，用来判断是否选择了暗语 2。

（4）break 是 if-elif-else 语句中 else 条件，当选择的开门暗语正确时，直接跳出 for 循环，不再提供选择次数。

扫一扫，看视频

5.9　老狼老狼几点了？：while 中嵌套 if

“老狼老狼几点了？”是一种儿童游戏。参加游戏的孩子们在横线后站成一横排，请一个孩子当“老狼”，站在横线前。游戏开始时，孩子们与“老狼”一起往前走，并齐声问：“老狼老狼几点了？”“老狼”回答说：“1 点了。”然后又问：“老狼老狼几点了？”“老狼”回答说：“2 点了。”这样继续下去，直到“老狼”回答“12 点了”时，孩子们就转身向横线跑，“老狼”转身追捕，但不能超过横线，在横线前被拍到的为被抓者。

下面编写一个程序实现该实例，可以在 while 语句中嵌套 if 语句完成。其具体步骤如下：

（1）由于要持续不断地询问“老狼老狼几点了？”，需要设置循环条件的初始状态为 True。

（2）循环地询问“老狼老狼几点了？”，通过 while 语句实现。

（3）当老狼回答“12 点了”时，输出“老狼来了，快跑吧！”，这里通过 if 语句实现。

根据实现步骤绘制流程图，如图 5.13 所示。

根据流程图编写代码，实现这个游戏。代码如下：

```
X=True
while X:
    print('孩子们问：老狼老狼几点了？')
    X=int(input('老狼回答：'))
    if X==12:
        X=False
        print('********** 老狼来了，快跑吧！ **********')
```

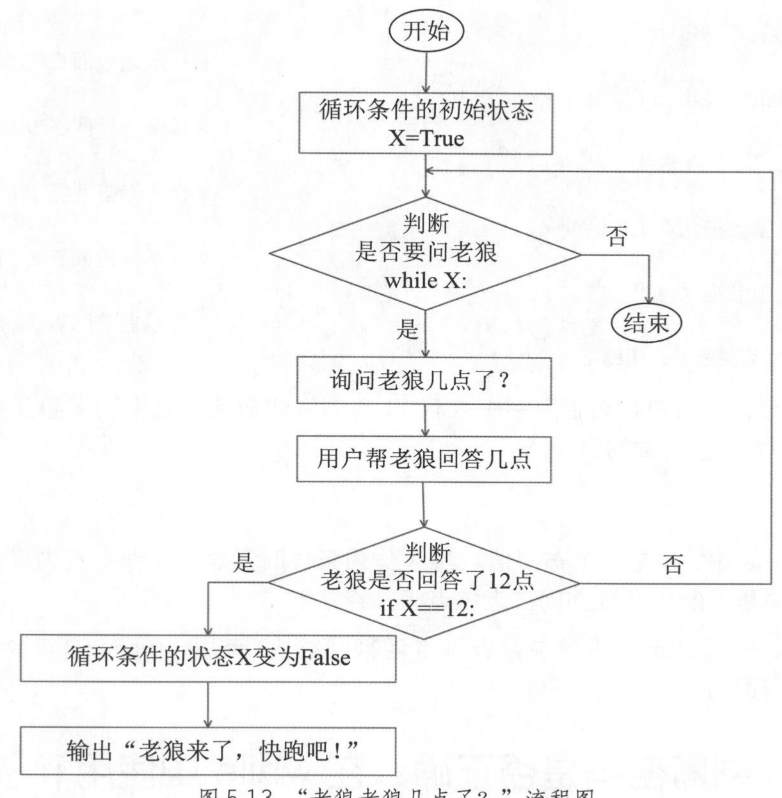

图 5.13 “老狼老狼几点了？”流程图

代码执行后，需要用户帮助老狼回答几点了，计算机根据用户的回答判断是否继续询问几点了。执行结果如下：

```
孩子们问：老狼老狼几点了？
老狼回答：1                                    # 提示老狼回答 1 点了，输入 1
孩子们问：老狼老狼几点了？
老狼回答：2                                    # 提示老狼回答 2 点了，输入 2
孩子们问：老狼老狼几点了？
老狼回答：3                                    # 提示老狼回答 3 点了，输入 3
孩子们问：老狼老狼几点了？
老狼回答：4                                    # 提示老狼回答 4 点了，输入 4
孩子们问：老狼老狼几点了？
老狼回答：5                                    # 提示老狼回答 5 点了，输入 5
孩子们问：老狼老狼几点了？
老狼回答：6                                    # 提示老狼回答 6 点了，输入 6
孩子们问：老狼老狼几点了？
老狼回答：7                                    # 提示老狼回答 7 点了，输入 7
```

```
孩子们问：老狼老狼几点了？
老狼回答：8                                    # 提示老狼回答 8 点了，输入 8
孩子们问：老狼老狼几点了？
老狼回答：9                                    # 提示老狼回答 9 点了，输入 9
孩子们问：老狼老狼几点了？
老狼回答：10                                   # 提示老狼回答 10 点了，输入 10
孩子们问：老狼老狼几点了？
老狼回答：11                                   # 提示老狼回答 11 点了，输入 11
孩子们问：老狼老狼几点了？
老狼回答：12                                   # 提示老狼回答 12 点了，输入 12
********** 老狼来了，快跑吧！ **********
```

输出信息表示，当用户替老狼回答 1 点到 11 点时，代码会继续询问老狼几点了，只有当老狼回答了 12 点，才不会再询问。

代码解析

（1）在 X=True 中，X 是一个布尔值。当 X 作为条件时，表示条件一直为成立，为 while 语句做铺垫，其目的是不断地实现询问“老狼老狼几点了？”。

（2）X=False 代码位于 if 语句中，表示当老狼回答 12 点后，while 语句的条件将不成立。其目的是不再进行询问。

扫一扫，看视频

5.10 判断密码是否正确：在 while 中使用 if-else

为了手机信息的安全，人们往往会为自己的手机设置一个密码。只有输入正确的密码，才能解锁手机；否则无法解锁手机。并且输入错误的次数若超过 3 次，手机将直接锁死。

下面编写一个程序，当用户输入 6 位数的密码（930120），判定为密码正确，并提示“解锁成功，欢迎使用”；输入其他密码将判定为密码错误，输出“密码错误，已经输错 * 次”。当密码输入错误 3 次后，直接输出“糟糕，手机被锁死，请拿到售后处理！！！”。实现该程序可以在 while 语句中使用 if-else 语句来实现。其具体步骤如下：

（1）给出正确的解锁密码，并使用变量 password 表示正确密码。

（2）当用户输入密码时，使用变量 num 表示输入的密码，并由计算机对密码进行判断，给出对应的判断结果。通过 while 语句来控制输入的次数，使用 if-else 语句来判断输入的密码是否正确。

（3）判断输入次数是否超过 3 次，使用 if 语句进行判断。

根据实现步骤绘制流程图，如图 5.14 所示。

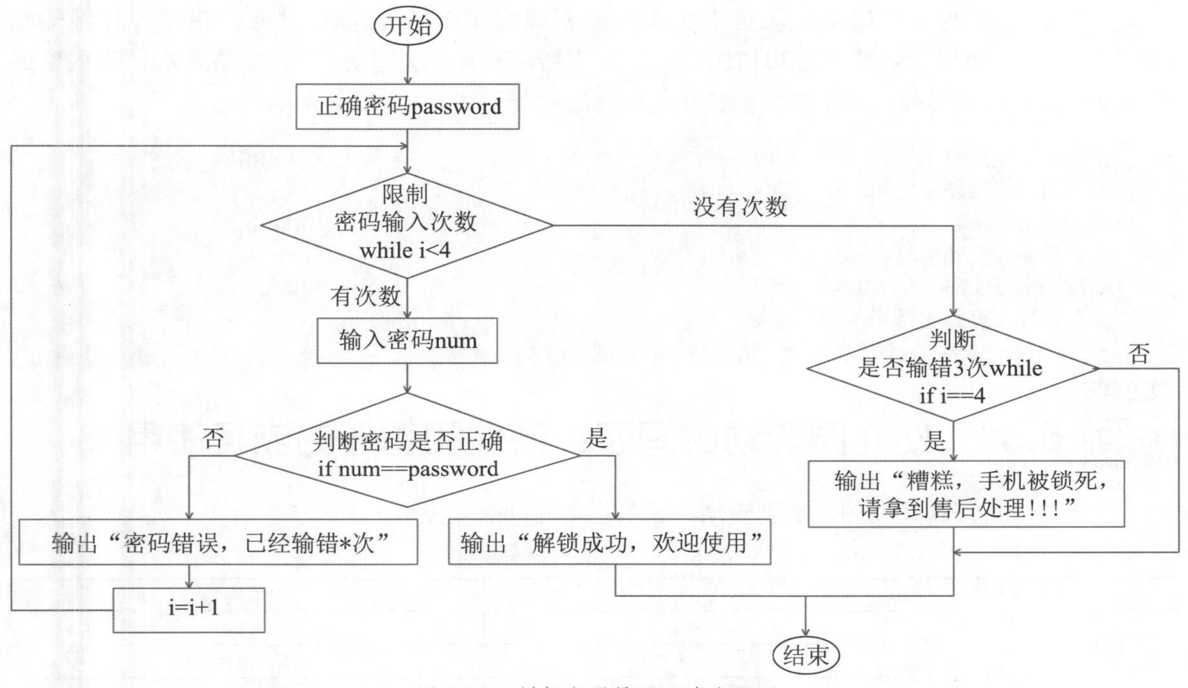

图 5.14 判断密码是否正确流程图

根据流程图编写代码，实现手机解锁密码判定功能。代码如下：

```
password=930120                                    # 设置正确的解锁密码
i=1
while i<4:                                         # 限制可输入密码的次数
    num =int(input('请输入解锁密码 : '))
    if num==password:                              # 判断用户输入的密码是否为正确密码
        print('解锁成功，欢迎使用')
        break
    else:
        print('密码错误，已经输错',i,'次')
    i=i+1
if i==4:                                           # 判断输入的次数是否超过了 3 次
    print('*********糟糕，手机被锁死，请拿到售后处理!!!*********')
```

代码执行后，需要用户输入解锁密码，然后由计算机进行判断。执行过程如下：

```
请输入解锁密码 : 123456                             # 第 1 次输入密码
密码错误，已经输错 1 次
请输入解锁密码 : 930120                             # 第 2 次输入密码
解锁成功，欢迎使用
```

这里进行了两次密码输入。第 1 次使用的密码为 123456，提示“密码错误，已经输错 1 次”；第 2 次使用的密码为 930120，则提示“密码正确，欢迎使用”。如果 3 次使用的密码都错误，直接解锁失败，显示手机被锁死，执行过程如下：

```
请输入解锁密码 ： 123456                                   # 第 1 次输入密码
密码错误，已经输错 1 次
请输入解锁密码 ： 147258                                   # 第 2 次输入密码
密码错误，已经输错 2 次
请输入解锁密码 ： 258369                                   # 第 3 次输入密码
密码错误，已经输错 3 次
********* 糟糕，手机被锁死，请拿到售后处理 !!!*********
```

扫一扫，看视频

5.11 幼儿园活动时间表：条件和循环的嵌套使用

今天路过美好家幼儿园，看到该幼儿园的活动时间表（见表 5.1）。

表 5.1 幼儿园活动时间表

时间		活动内容
上午	7:40—8:30	入园
	8:30—9:00	第一节活动
	9:00—9:10	如厕、喝水
	9:10—9:50	幼儿户外活动
	9:50—10:20	早操
	10:20—10:50	第二节活动
	10:50—11:30	幼儿户外活动
	11:30—11:40	餐前准备
	11:40—12:10	午餐
下午	12:10—2:10	午休
	2:10—3:00	起床、吃点心、喝水
	3:00—3:30	第三节活动
	3:30—3:40	如厕、喝水
	3:40—4:00	幼儿户外活动
	4:00—5:30	离园

下面通过 Python 代码输出该幼儿园的活动时间以及对应的活动内容。借助循环语句以及相互嵌套实现该实例。其实现步骤如下：

（1）将活动时间分为两部分，分别为上午活动时间和下午活动时间，这里通过 for 循环实现。

（2）显示上午活动时间表的时间段与活动内容。通过 while 循环设置上午的时间范围，再通过 if 条件判断上午每个时间段的时间，并输出对应的活动内容。

（3）显示下午活动表的时间段与活动内容。通过 while 循环设置下午的时间范围，再通过 if 条件判断下午每个时间段的时间，并输出对应的活动内容。

根据实现步骤绘制流程图，如图 5.15 所示。

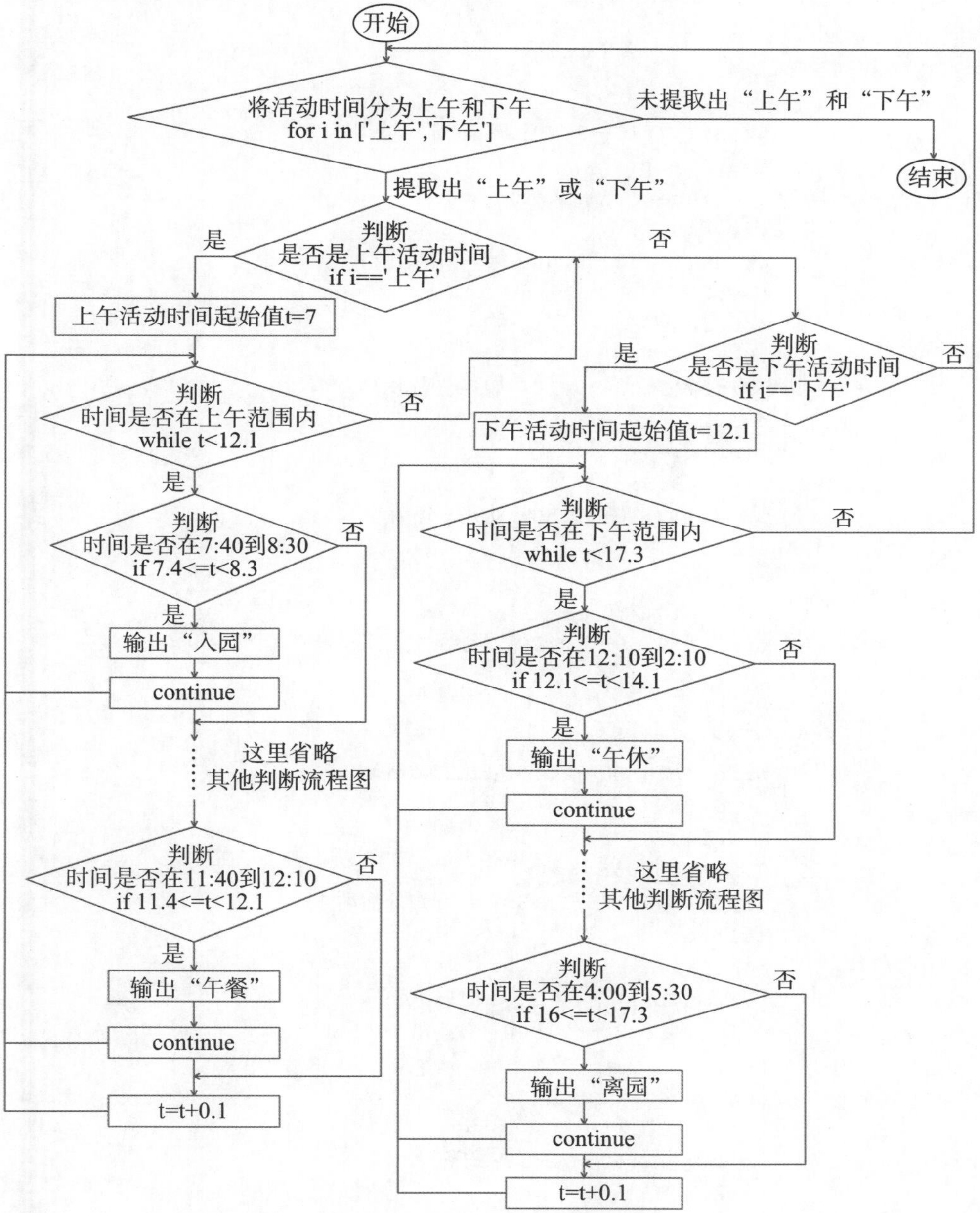

图 5.15　幼儿园活动时间表流程图

根据流程图编写代码，输出幼儿园活动时间表。代码如下：

```
for i in ['上午','下午']:
    print('----------',i,'活动时间------------')
    if i=='上午':
        t=7
        while t<12.1:
            if 7.4<=t<8.3:
                print('7:40—8:30：入园')
                t=8.3
                continue
            if 8.3<=t<9.0:
                print('8:30—9:00：第一节活动')
                t=9.0
                continue
            if 9.0<=t<9.1:
                print('9:00—9:10：如厕、喝水')
                t=9.1
                continue
            if 9.1<=t<9.5:
                print('9:10—9:50：幼儿户外活动')
                t=9.5
                continue
            if 9.5<=t<10.2:
                print('9:50—10:20：早操')
                t=10.2
                continue
            if 10.2<=t<10.5:
                print('10:20—10:50：第二节活动')
                t=10.5
                continue
            if 10.5<=t<11.3:
                print('10:50—11:30：幼儿户外活动')
                t=11.3
                continue
            if 11.3<=t<11.4:
                print('11:30—11:40：餐前准备')
                t=11.4
                continue
            if 11.4<=t<12.1:
                print('11:40—12:10：午餐')
                t=12.1
                continue
```

```
            t=t+0.1
        if i=='下午':
            t=12.1
            while t<17.3:
                if 12.1<=t<14.1:
                    print('12:10—2:10：午休')
                    t=14.1
                    continue
                if 14.1<=t<15:
                    print('2:10—3:00：起床、吃点心、喝水')
                    t=15
                    continue
                if 15<=t<15.3:
                    print('3:00—3:30：第三节活动')
                    t=15.3
                    continue
                if 15.3<=t<15.4:
                    print('3:30—3:40：如厕、喝水')
                    t=15.4
                    continue
                if 15.4<=t<16:
                    print('3:40—4:00：幼儿户外活动')
                    t=16
                    continue
                if 16<=t<17.3:
                    print('4:00—5:30：离园')
                    t=17.3
                    continue
                t=t+0.1
```

代码执行后，直接显示幼儿园的活动时间表，结果如下：

```
---------- 上午 活动时间 ------------
7:40—8:30：入园
8:30—9:00：第一节活动
9:00—9:10：如厕、喝水
9:10—9:50：幼儿户外活动
9:50—10:20：早操
10:20—10:50：第二节活动
10:50—11:30：幼儿户外活动
11:30—11:40：餐前准备
11:40—12:10：午餐
```

```
---------- 下午 活动时间 ------------
12:10—2:10：午休
2:10—3:00：起床、吃点心、喝水
3:00—3:30：第三节活动
3:30—3:40：如厕、喝水
3:40—4:00：幼儿户外活动
4:00—5:30：离园
```

代码解析

（1）while t<12.1 是一个 while 循环语句，用来循环上午的活动时间。

（2）t=t+0.1 通过迭代的方式依次增加活动时间，需要放在 while 循环语句。这里增加时间为 0.1，表示的是增加 10 分钟的时间。

（3）while t<17.3 是一个 while 循环语句，用来循环下午的活动时间。

（4）代码中多次使用了 continue 语句，并且放在了 while 循环语句中。主要用于当活动时间符合 if 语句判断的条件时输出对应的活动内容，同时跳出本次循环。避免重复多次输出活动内容。因为时间是以每 10 分钟进行递增的，而 if 语句判断的时间段已经超过了 10 分钟。

第 6 章

字符串

计算机总会给我们带来很多意外和惊奇，这当然归功于其处理字符串的能力。用丰富的方法解决了许多与字符串有关的有趣问题。下面我们一起体会其中的奥妙吧！

扫一扫，看视频

6.1 诗句填空：字符串拼接

春天到了，老师带着小朋友们去春游，路过一片农田，勤劳而辛苦的农民伯伯正在田里劳作。于是老师对小朋友们说："咱们每天吃的粮食就是这些农民伯伯用汗水换来的，所以，大家一定要节约粮食。"有一首诗就讲述了烈日当空的正午，农民在田里劳作的景象，这首诗就是《悯农》，如图 6.1 所示。

图 6.1　悯农

下面编写代码，由计算机输出诗的上一句，用户输入下一句。最后，计算机输出整首诗。实现该实例需要用到字符串的拼接，其实现步骤如下：

（1）计算机给出第一句诗，并使用变量 poem1 进行表示。

（2）用户输入第二句诗，并使用变量 poem2 进行表示。

（3）计算机给出第三句诗，并使用变量 poem3 进行表示。

（4）用户输入第四句诗，并使用变量 poem4 进行表示。

（5）显示整首诗，包括诗人姓名。在显示过程中，将每句诗连接起来，需要使用字符串的拼接功能。

根据实现步骤绘制流程图，如图 6.2 所示。

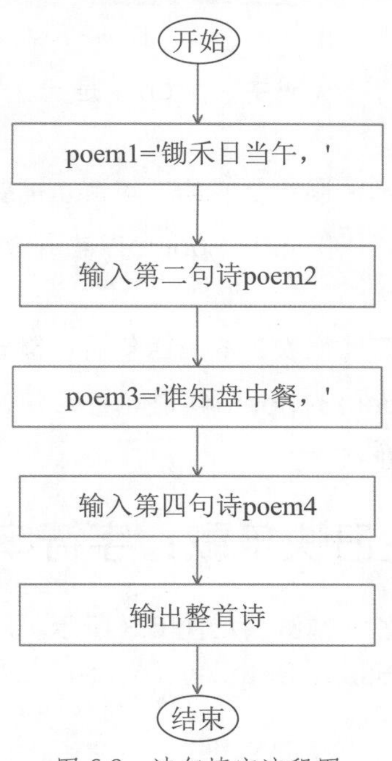

图 6.2 诗句填空流程图

根据流程图编写代码，实现诗句填空。代码如下：

```
poem1='锄禾日当午，'
print(poem1)
poem2=input('请输入下一句：')                    #要求用户输入下一句诗
poem3='谁知盘中餐，'
print(poem3)
poem4=input('请输入下一句：')                    #要求用户输入下一句诗
print('--------悯农--------\n'
      '                        李绅')
print(poem1+poem2+poem3+poem4)
```

代码执行后，用户根据上一句诗输入下一句诗。所有诗句输入完成后，计算机输出整首诗。执行过程如下：

```
锄禾日当午，
请输入下一句：汗滴禾下土。
谁知盘中餐，
请输入下一句：粒粒皆辛苦。
----------------悯农----------------
                                李绅
锄禾日当午，汗滴禾下土。谁知盘中餐，粒粒皆辛苦。
```

代码解析

（1）在 poem1=' 锄禾日当午，' 代码中，poem1 是一个变量，表示《悯农》的第一句诗，数据类型是字符串类型。

（2）poem2 是一个变量，表示《悯农》的第二句诗，需要用户输入，也是字符串类型。

（3）在 poem3=' 谁知盘中餐，' 代码中，poem2 是一个变量，表示《悯农》的第三句诗，同样是字符串类型。

（4）poem4 是一个变量，表示《悯农》的第四句诗，需要用户输入，是字符串类型。

（5）print(poem1+poem2+poem3+poem4) 语句将四句诗连接起来，并进行输出。这里使用加号（+）实现字符串的连接功能。

扫一扫，看视频

6.2　生日快乐歌：字符串的复制

今天同桌过生日，我为他画了一幅画，如图 6.3 所示。所有的同学为他唱起了《生日快乐歌》："Happy Birthday To You，Happy Birthday To You...... 祝你生日快乐，祝你生日快乐，祝你生日快乐……"

图 6.3　生日快乐

下面通过编写代码输出整首歌词。实现该实例需要用到字符串的复制。其实现步骤如下：

（1）第一句歌词使用变量 song1 表示。

（2）另一句歌词使用变量 song2 表示。

（3）输出整首歌词，这里使用字符串的复制。

根据实现步骤绘制流程图，如图 6.4 所示。

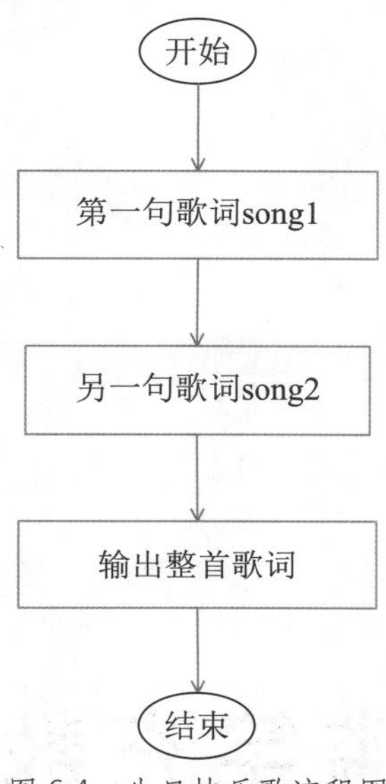

图 6.4　生日快乐歌流程图

根据流程图编写代码，输出整首歌词。代码如下：

```
song1='Happy Birthday To You'
song2=' 祝你生日快乐 '
print('------------ 生日快乐歌 ------------')
print(song1)
print(song1)
print(song1)
print(song1)
print(song2*2)
print(song2*2)
print(song2*2)
print(song2*2)
```

代码执行后显示整首歌词，结果如下：

```
------------ 生日快乐歌 ------------
Happy Birthday To You
Happy Birthday To You
Happy Birthday To You
Happy Birthday To You
祝你生日快乐 祝你生日快乐
祝你生日快乐 祝你生日快乐
祝你生日快乐 祝你生日快乐
祝你生日快乐 祝你生日快乐
```

代码解析

（1）在 song1='Happy Birthday To You ' 代码中，song1 表示歌词，为字符串类型。

（2）在 song2=' 祝你生日快乐 ' 代码中，song2 表示歌词，为字符串类型。

（3）print(song2*2) 代码用来重复输出歌词。

扫一扫，看视频

6.3　谁是南郭先生：访问字符

南郭先生是《滥竽充数》这篇寓言故事的主人公，如图 6.5 所示。战国时期，齐国齐宣王喜欢听竽的大合奏，就命乐正组织了一支三百人的大型吹竽乐队。齐国有位南郭先生，根本不会吹竽，但他却凭着三寸不烂之舌混进了乐队，装模作样地在乐队里吹奏起来。国王对乐队很满意，并奖赏了乐队的每一个人，因此南郭先生不费吹灰之力就得到了奖赏。

图 6.5　滥竽充数的故事

下面编写代码，由计算机给出乐队的成员，共有 10 人。在这 10 人当中有一个人是“南郭先生（赵六）”。由用户猜测哪个是南郭先生，如果猜对了，输出“糟糕！我被认出来了”，并输出谁是南郭先生；如果猜错了，输出“南郭先生偷笑，还好没有被认出来”。实现该实例可以通过访问字符实现。其实现步骤如下：

（1）定义乐队的 10 名成员名字。这里，使用变量 A～J 依次进行表示。

（2）将变量 A～J 依次组成字符串，使用 str 进行表示。其目的是方便表示每一个名字，并进行访问。

（3）用户猜测谁是南郭先生，使用变量 guess 进行表示。这里通过访问字符的功能来提取名字。

（4）判断猜测的名字是否为南郭先生，并给出相应的输出信息，通过 if-else 语句实现。

根据实现步骤绘制流程图，如图 6.6 所示。

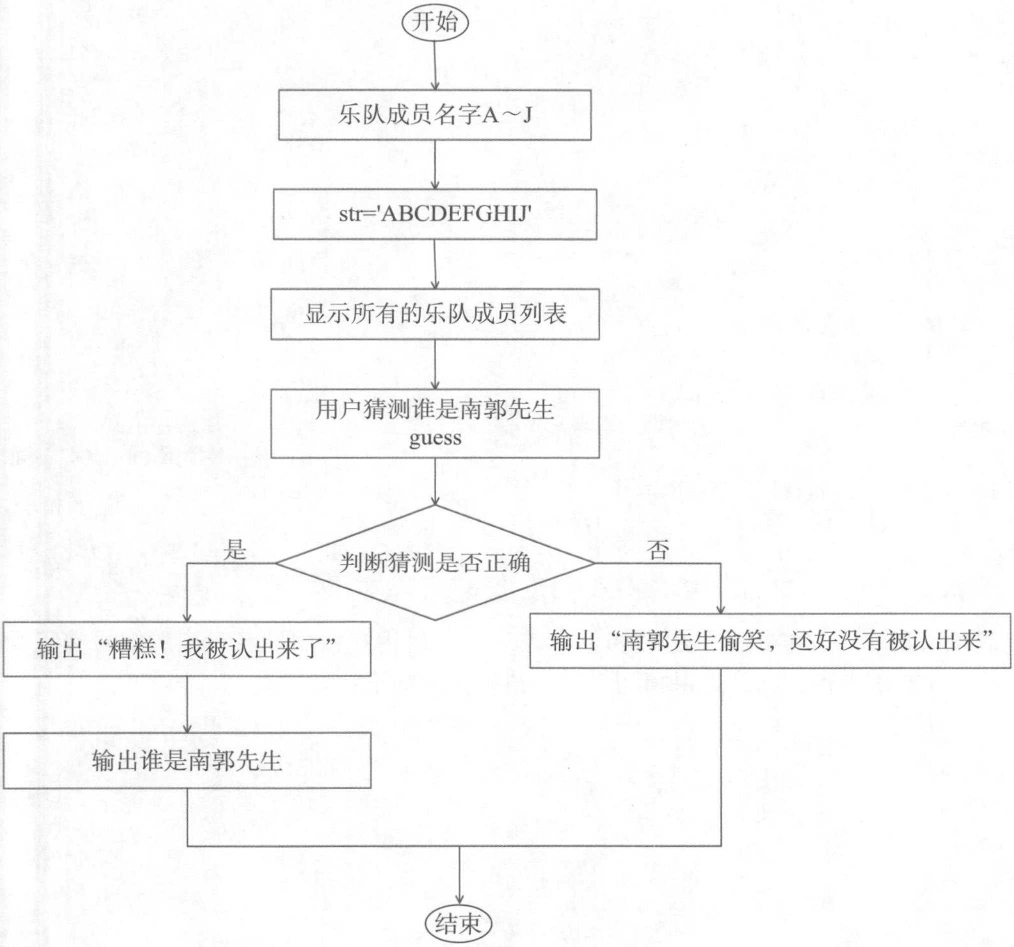

```mermaid
flowchart TD
    S([开始]) --> A[乐队成员名字A～J]
    A --> B["str='ABCDEFGHIJ'"]
    B --> C[显示所有的乐队成员列表]
    C --> D[用户猜测谁是南郭先生<br>guess]
    D --> E{判断猜测是否正确}
    E -- 是 --> F[输出“糟糕！我被认出来了”]
    F --> G[输出谁是南郭先生]
    E -- 否 --> H[输出“南郭先生偷笑，还好没有被认出来”]
    G --> Z([结束])
    H --> Z
```

图 6.6　谁是南郭先生流程图

根据流程图编写代码如下：

```
A='刘一'
B='陈二'
C='张三'
D='李四'
E='王五'
F='赵六'
G='孙七'
H='周八'
I='吴九'
J='郑十'
```

```
str='ABCDEFGHIJ'
print('---------- 乐队成员 ----------\n'                    # 乐队成员名单
      '0. 刘一 \n'
      '1. 陈二 \n'
      '2. 张三 \n'
      '3. 李四 \n'
      '4. 王五 \n'
      '5. 赵六 \n'
      '6. 孙七 \n'
      '7. 周八 \n'
      '8. 吴九 \n'
      '9. 郑十 \n')
guess=str[int(input(' 猜猜谁是南郭先生 (0 ~ 9): '))]          # 用户猜测
if guess=='F':                                                # 判断用户的猜测是否正确
    print('\n 糟糕！我被认出来了 \n')
    print(' 南郭先生：******',F,'******')
else:
    print('\n 南郭先生偷笑，还好没有被认出来 ')
```

代码执行后，首先给出乐队的成员名单信息；然后用户根据姓名对应的编号猜猜谁是南郭先生；最后计算机进行判断。如果猜测错误，执行结果如下：

```
---------- 乐队成员 ----------
0. 刘一
1. 陈二
2. 张三
3. 李四
4. 王五
5. 赵六
6. 孙七
7. 周八
8. 吴九
9. 郑十

猜猜谁是南郭先生 (0～9): 2                        # 猜测张三是南郭先生

南郭先生偷笑，还好没有被认出来
```

如果猜测正确，执行结果如下：

```
猜猜谁是南郭先生 (0～9): 5
```

```
糟糕！我被认出来了

南郭先生：****** 赵六 ******
```

代码解析

（1）在 str='ABCDEFGHIJ' 代码中，str 为字符串类型，指代的字符串中的每一个字符 A～J 依次代表乐队成员的名字。

（2）在 guess=str[int(input(' 猜猜谁是南郭先生 (0～9)：'))] 代码中，input( ) 用来接收用户的猜测，如用户输入的值为 0～9；int( ) 用来将用户输入的字符串值转换为整数类型；str[ ] 用来根据整数类型的值访问字符串 str 中对应的乐队成员的名字变量。

6.4 白雪公主分苹果：字符串的切片

扫一扫，看视频

白雪公主摘到了一个苹果，但是这个苹果有些小，只能分给 7 个小矮人当中的 3 个，如图 6.7 所示。看看今天，谁可以吃到白雪公主的苹果。

图 6.7 白雪公主分苹果

下面编写代码，实现白雪公主将一个苹果切成了 3 份，7 个小矮人按照顺序站成一排。白雪公主要将这 3 份分给连续的 3 个小矮人，你希望她分给谁呢？该实例可以通过字符串的切片功能实现。其实现步骤如下：

（1）定义 7 个小矮人，使用变量 A～G 进行表示。

（2）将变量 A～G 依次组成字符串，使用 str 进行表示。

（3）用户通过编号选择希望分给的小矮人。输入第 1 个小矮人和第 3 个小矮人即可。

（4）根据用户的选择输出可分到苹果的小矮人。

根据实现步骤绘制流程图，如图 6.8 所示。

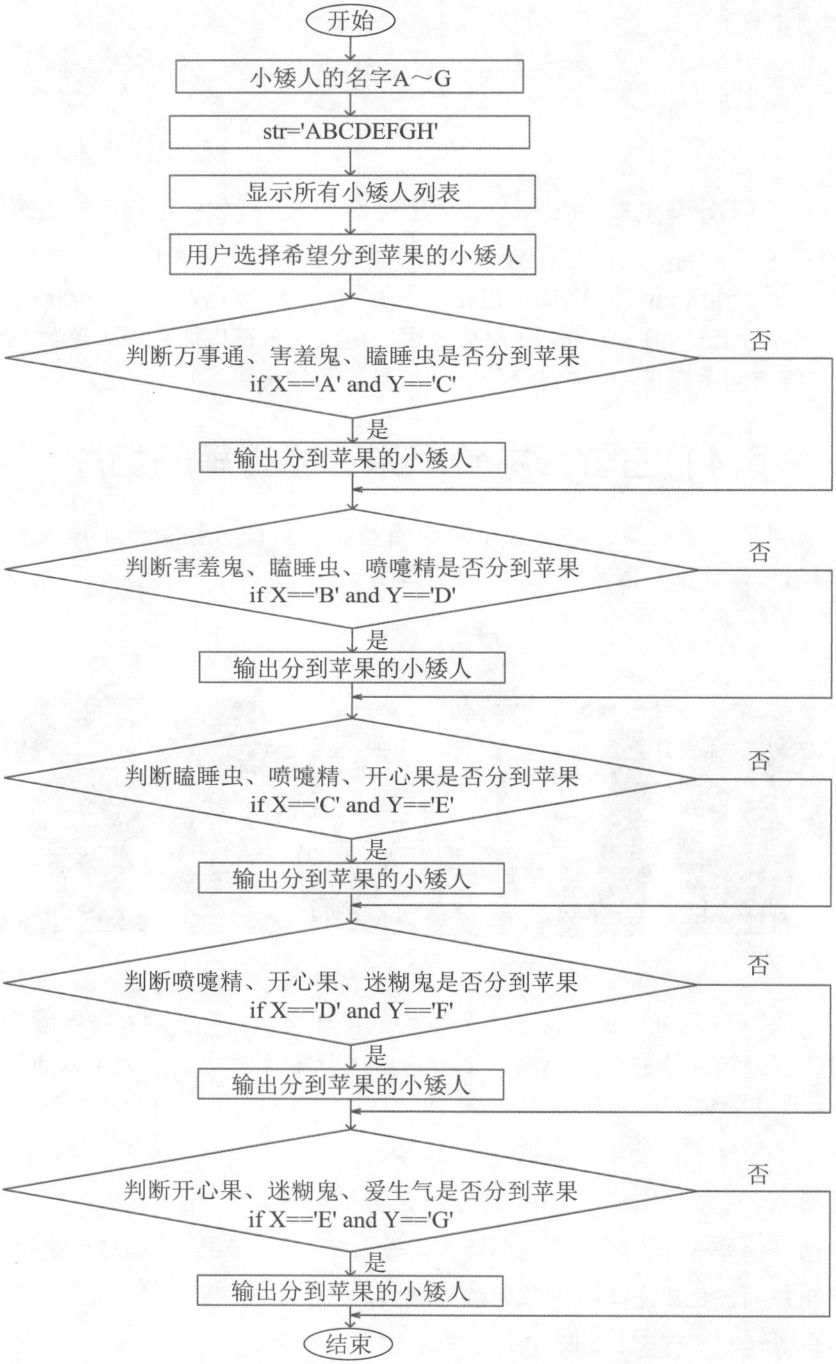

开始

小矮人的名字A～G

str='ABCDEFGH'

显示所有小矮人列表

用户选择希望分到苹果的小矮人

判断万事通、害羞鬼、瞌睡虫是否分到苹果
if X=='A' and Y=='C'

否

是

输出分到苹果的小矮人

判断害羞鬼、瞌睡虫、喷嚏精是否分到苹果
if X=='B' and Y=='D'

否

是

输出分到苹果的小矮人

判断瞌睡虫、喷嚏精、开心果是否分到苹果
if X=='C' and Y=='E'

否

是

输出分到苹果的小矮人

判断喷嚏精、开心果、迷糊鬼是否分到苹果
if X=='D' and Y=='F'

否

是

输出分到苹果的小矮人

判断开心果、迷糊鬼、爱生气是否分到苹果
if X=='E' and Y=='G'

否

是

输出分到苹果的小矮人

结束

图 6.8　白雪公主分苹果流程图

根据流程图编写代码，实现白雪公主分苹果。代码如下：

```
A='万事通'
B='害羞鬼'
C='瞌睡虫'
D='喷嚏精'
E='开心果'
F='迷糊鬼'
G='爱生气'
str='ABCDEFGH'
print('----------七个小矮人----------\n'                #7个小矮人名单
        '0.万事通\n'
        '1.害羞鬼\n'
        '2.瞌睡虫\n'
        '3.喷嚏精\n'
        '4.开心果\n'
        '5.迷糊鬼\n'
        '6.爱生气\n')
N=int(input('选择希望分给的第1个小矮人：(0～7)：'))  #用户输入希望分到苹果的小矮人
M=int(input('选择希望分给的第3个小矮人(0～7)：'))    #用户输入希望分到苹果的小矮人
need=str[N:M]                                      #提取分到苹果的连续的小矮人
X=need[0]
Y=need[-1]
if X=='A' and Y=='C':                              #判断万事通、害羞鬼、瞌睡虫是否分到苹果
    print('可分到苹果的小矮人为：\n'
          '******',A,'******\n'
          '******',B,'******\n'
          '******',C,'******\n')
if X=='B' and Y=='D':                              #判断害羞鬼、瞌睡虫、喷嚏精是否分到苹果
    print('可分到苹果的小矮人为：\n'
          '******',B,'******\n'
          '******',C,'******\n'
          '******',D,'******\n')
if X=='C' and Y=='E':                              #判断瞌睡虫、喷嚏精、开心果是否分到苹果
    print('可分到苹果的小矮人为：\n'
          '******',C,'******\n'
          '******',D,'******\n'
          '******',E,'******\n')
if X=='D' and Y=='F':                              #判断喷嚏精、开心果、迷糊鬼是否分到苹果
    print('可分到苹果的小矮人为：\n'
          '******',D,'******\n'
          '******',E,'******\n'
          '******',F,'******\n')
if X=='E' and Y=='G':                              #判断开心果、迷糊鬼、爱生气是否分到苹果
    print('可分到苹果的小矮人为：\n'
          '******',E,'******\n'
          '******',F,'******\n'
          '******',G,'******\n')
```

代码执行后，首先，给出 7 个小矮人的名字信息；其次，用户根据名字对应的编号，选择希望分到苹果的小矮人；最后，计算机输出分到苹果的小矮人。执行过程如下：

```
---------- 七个小矮人 ----------
0. 万事通
1. 害羞鬼
2. 瞌睡虫
3. 喷嚏精
4. 开心果
5. 迷糊鬼
6. 爱生气

选择希望分给的第 1 个小矮人：(0～7)：3
选择希望分给的第 3 个小矮人 (0～7)：6
可分到苹果的小矮人为：
****** 喷嚏精 ******
****** 开心果 ******
****** 迷糊鬼 ******
```

代码解析

（1）在 str='ABCDEFGH' 代码中，str 为字符串类型，字符串中的字符 A～G 依次代表 7 个小矮人，而 H 只是进行填充，其目的是提取小矮人时，可以提取到最后一个“爱生气”小矮人。

（2）need=str[N:M] 代码通过字符串的切片功能提取用户希望分到苹果的小矮人。

扫一扫，看视频

6.5 文言文纠正：字符替换

今天，我在语文课上学了一篇文言文《木兰诗》，诗的部分内容如图 6.9 所示。

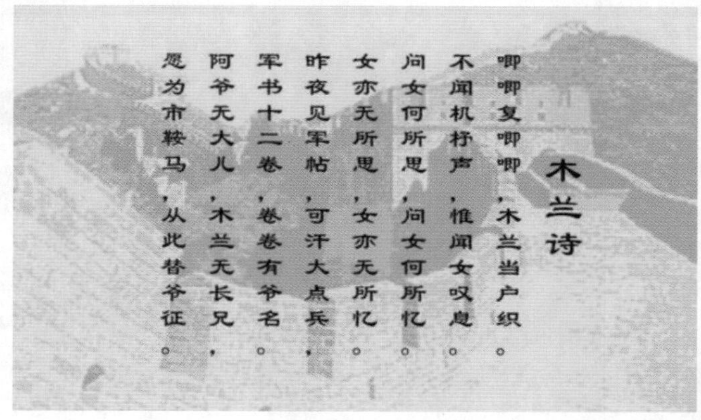

图 6.9　木兰诗

回到家中我默写给妈妈，默写的内容为："叽叽复叽叽，木兰当户织。不闻机杼声，惟闻女叹息。问女何所思，问女何所忆。女亦无所思，女亦无所忆。昨夜见军帖，可汗大点兵，军书十二卷，卷卷有爷名。阿爷无大儿，木兰无长兄，愿为是鞍马，从此替爷征。"妈妈看完后说："有两个地方错了"。

下面编写程序，对我默写的文言文中两个错误进行纠正。第 1 个错误为"叽叽"，正确的为"唧唧"；第 2 个错误为"是"，正确的为"市"。实现该实例可以通过字符替换功能完成。其实现步骤如下：

（1）给出默写的诗句，使用变量 Old_Poem 进行表示。

（2）给出要纠正的两个错误。使用 Old1 表示第 1 个错误的信息，使用 Old2 表示第 2 个错误的信息；使用 New1 表示纠正第 1 个错误的信息，使用 New2 表示纠正第 2 个错误的信息。

（3）进行纠正，并输出纠正后的诗句。

根据实现步骤，绘制流程图如图 6.10 所示。

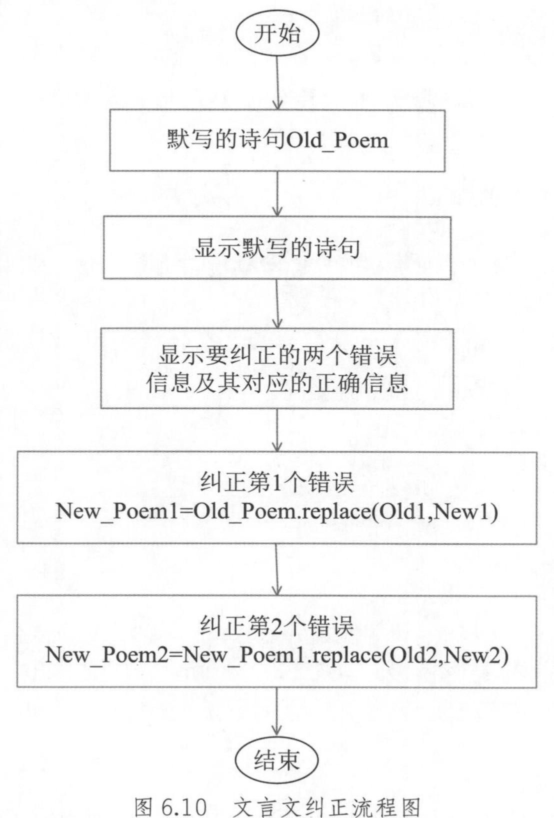

图 6.10　文言文纠正流程图

根据流程图编写代码，实现文言文纠正。代码如下：

```
Old_Poem='叽叽复叽叽，木兰当户织。不闻机杼声，惟闻女叹息。问女何所思，问女何所忆。女亦无所思，女亦无所忆。昨夜见军帖，可汗大点兵，军书十二卷，卷卷有爷名。阿爷无大儿，木兰无长兄，愿为是鞍马，从此替爷征。'                                    #默写的诗句
print('---------------我默写的诗句---------------\n')
print(Old_Poem,'\n')
print('---------------要纠正的地方---------------\n')
Old1='叽叽'                                          #第1个错误的信息
Old2='是'                                            #第1个错误纠正后的信息
New1='唧唧'                                          #第2个错误的信息
New2='市'                                            #第2个错误纠正后的信息
print('将',Old1,'修改为：',New1)
New_Poem1=Old_Poem.replace(Old1,New1)                #纠正第1个错误
print('将',Old2,'修改为：',New2)
New_Poem2=New_Poem1.replace(Old2,New2)               #纠正第2个错误
print('\n---------------纠正后的诗句---------------\n')
print(New_Poem2)                                     #显示纠正后的诗句
```

代码执行后，首先输出原始（默写）的诗句，然后显示要纠正的两个错误，最后显示纠正后的诗句，结果如下：

```
---------------我默写的诗句---------------

叽叽复叽叽，木兰当户织。不闻机杼声，惟闻女叹息。问女何所思，问女何所忆。女亦无所思，女亦无所忆。昨夜见军帖，可汗大点兵，军书十二卷，卷卷有爷名。阿爷无大儿，木兰无长兄，愿为是鞍马，从此替爷征。

---------------要纠正的地方---------------

将 叽叽 修改为： 唧唧
将 是 修改为： 市

---------------纠正后的诗句---------------

唧唧复唧唧，木兰当户织。不闻机杼声，惟闻女叹息。问女何所思，问女何所忆。女亦无所思，女亦无所忆。昨夜见军帖，可汗大点兵，军书十二卷，卷卷有爷名。阿爷无大儿，木兰无长兄，愿为市鞍马，从此替爷征。
```

代码解析

（1）在 New_Poem1=Old_Poem.replace(Old1,New1) 代码中，Old1 表示第 1 个错误的信

息，这里为“叽叽”；New1 表示要改为的信息，这里为“唧唧”；Old_Poem 表示默写的诗句。该代码是将诗句中的“叽叽”替换为“唧唧”。

（2）在 New_Poem2=New_Poem1.replace(Old2,New2) 代码中，Old2 表示第 2 个错误的信息，这里为“是”；New2 表示要改为的信息，这里为“市”；New_Poem1 表示纠正了第 1 个错误后的诗句。该代码是将诗句中的“是”替换为“市”。

扫一扫，看视频

6.6 小了白了兔：字符串中插入字符

《小了白了兔》是一首儿童歌曲，它的部分歌词是在“小白兔白又白，两只耳朵竖起来，爱吃萝卜和青菜，蹦蹦跳跳真可爱”中的每两个字中间插入了一个字“了”，就成了歌词，如图 6.11 所示。

```
小了白了兔,白了又了白
两了只了耳了朵了竖了起了来
爱了吃了萝了卜了和了青了菜
蹦了蹦了跳了跳了真了可了爱
小了白了兔 白了又了白
两了只了耳了朵了竖了起了来
爱了吃了萝了卜了和了青了菜
蹦了蹦了跳了跳了真了可了爱
```

图 6.11 《小了白了兔》的部分歌词

下面编写代码，将“了”字插入“小白兔，白又白，两只耳朵竖起来，爱吃萝卜和青菜，蹦蹦跳跳真可爱”中，并输出图中的歌词内容。该实例需要字符串插入字符功能实现。其实现步骤如下：

（1）定义要插入的字“了”，使用 Tag 表示。

（2）定义 5 句话，由于歌词内容有 5 句，分别使用 Song1、Song2、Song3、Song4、Song5 进行表示。

（3）在每句歌词中插入“了”字。

（4）将歌词连起来。

（5）输出歌词内容。

根据实现步骤绘制流程图，如图 6.12 所示。

图 6.12　小了白了兔流程图

根据流程图编写代码，实现歌词生成功能。代码如下：

```
Tag='了'
Song1='小白兔'
Song2='白又白'
Song3='两只耳朵竖起来'
Song4='爱吃萝卜和青菜'
Song5='蹦蹦跳跳真可爱'
```

```
Str1=Tag.join(Song1)
Str2=Tag.join(Song2)
Str3=Tag.join(Song3)
Str4=Tag.join(Song4)
Str5=Tag.join(Song5)
Lyrics=Str1+'\n'+Str2+'\n'+Str3+'\n'+Str4+'\n'+Str5+'\n'
print(Lyrics*2)
```

代码执行后，输出《小了白了兔》的部分歌词，结果如下：

```
小了白了兔
白了又了白
两了只了耳了朵了竖了起了来
爱了吃了萝了卜了和了青了菜
蹦了蹦了跳了跳了真了可了爱
小了白了兔
白了又了白
两了只了耳了朵了竖了起了来
爱了吃了萝了卜了和了青了菜
蹦了蹦了跳了跳了真了可了爱
```

代码解析

（1）在 Str1=Tag.join(Song1) 代码中，Str1 表示第 1 句歌词，该代码将“了”字插入“小白兔”的每两个字之间，最终，Str1 内容为“小了白了兔”。

（2）Lyrics=Str1+'\n'+Str2+'\n'+Str3+'\n'+Str4+'\n'+Str5+'\n' 代码将 5 句歌词连接起来，并在每句歌词之间使用换行符（'\n'）进行分行输出。

6.7 自我介绍：字符串格式化输出

扫一扫，看视频

班里来了一位新老师，新老师为了了解每一位学生，要求学生进行自我介绍。介绍内容包括自己的姓名、性别、民族、出生日期、母亲姓名、父亲姓名、母亲联系方式、父亲联系方式、自己的爱好、喜欢的颜色、喜欢的动物、爱吃的食物以及爱吃的水果。

下面编写一个程序，用于自动生成自我介绍。首先，计算机提示用户需要依次输入的信息；然后，用户进行输入；最后，计算机给出最终的自我介绍信息。实现该实例可以通过字符串的格式化功能完成。其实现步骤如下：

（1）计算机提示用户要输入的姓名、性别、民族、出生日期、母亲姓名、父亲姓名、母亲联系方式、父亲联系方式、自己的爱好、喜欢的颜色、喜欢的动物、爱吃的食物、爱吃的水果。这些信息分别使用变量 name、gender、birthday、nationality、father、mother、phone1、 phone2、hobby、colour、zoon、food、fruit 表示。

（2）计算机输出自我介绍的内容。其中，使用字符串格式化完成自我介绍信息输出内容。

根据实现步骤绘制流程图，如图 6.13 所示。

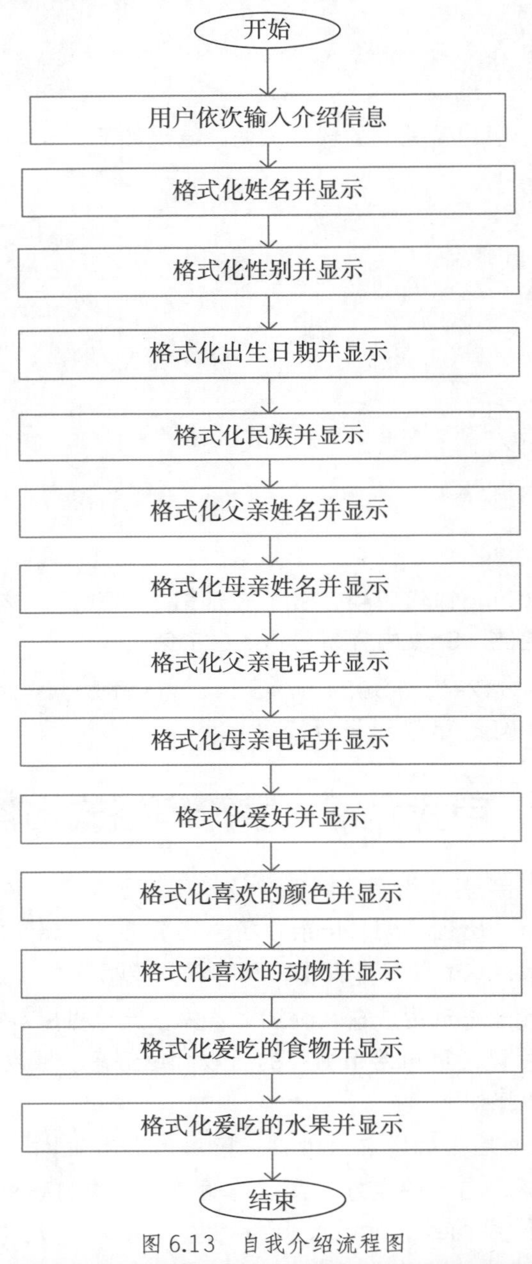

图 6.13　自我介绍流程图

根据流程图编写代码如下：

```
name=input('输入姓名：')
gender=input('输入性别：')
birthday=input('输入生日：')
nationality=input('输入民族：')
father=input('输入父亲姓名：')
mother=input('输入母亲姓名：')
phone1=input('输入父亲电话：')
phone2=input('输入母亲电话：')
hobby =input('输入爱好：')
colour=input('输入喜欢的颜色：')
zoon=input('输入喜欢的动物：')
food=input('输入爱吃的食物：')
fruit=input('输入爱吃的水果：')
print('------------ 自我介绍 ------------')
print('姓名：{:<16} 性别：{:>1}'.format(name,gender))
print('出生日期：{:<13} 民族：{:>1}'.format(birthday,nationality))
print('称谓          姓  名          联系方式    ')
print('父亲          {:<12}{:>1}'.format(father,phone1))
print('母亲          {:<12}{:>1}'.format(mother,phone2))
print('爱好：{:<16}'.format(hobby))
print('喜欢的颜色：{:<16}'.format(colour))
print('喜欢的动物：{:<16}'.format(zoon))
print('爱吃的食物：{:<16}'.format(food))
print('爱吃的水果：{:<16}'.format(fruit))
```

代码执行后，要求用户根据提示输入相应信息，用户输入完成后，自动显示自我介绍内容信息。执行过程如下：

```
输入姓名：张三
输入性别：男
输入生日：2008 年 6 月 15 日
输入民族：汉
输入父亲姓名：张 × ×
输入母亲姓名：刘 × ×
输入父亲电话：130***26
输入母亲电话：150***88
输入爱好：听音乐
输入喜欢的颜色：蓝色
输入喜欢的动物：小松鼠
```

```
输入爱吃的食物：妈妈做的菜
输入爱吃的水果：葡萄
------------ 自我介绍 ------------
姓名：张三                    性别：男
出生日期：2008 年 6 月 15 日      民族：汉
称谓          姓  名          联系方式
父亲          张 ××          130***26
母亲          刘 ××          150***88
爱好：听音乐
喜欢的颜色：蓝色
喜欢的动物：小松鼠
爱吃的食物：妈妈做的菜
爱吃的水果：葡萄
```

代码解析

print(' 姓名：{:<16} 性别：{:>1}'.format(name,gender)) 是一个输出语句，用来输出姓名信息和性别信息。这里，使用 format(name,gender) 格式化进行输出，其中，name 表示姓名，gender 表示性别。

扫一扫，看视频

6.8 我的最终使用密码：字符串大小写转换

生活中对一些重要的东西往往会设置一个密码，如银行卡需要设置密码。今天是小明的生日，小明的妈妈给他买了一个平板电脑作为生日礼物，他非常开心并且十分爱护这份礼物，不希望其他人使用平板电脑。所以，他想为平板电脑设置一个密码。但是又怕自己忘记密码，于是，他在纸上写了一个假密码，通过一些方式改变密码，使其变成真正的密码。

下面编写一个程序实现小明的想法，通过字符串大小写转换功能帮助小明有规则地变换密码。其实现步骤如下：

（1）输入包含英文字母的密码，并使用 password 表示。

（2）给出 3 种加密方法以供选择。

（3）用户选择加密方法。

（4）输出加密密码。

根据实现步骤绘制流程图，如图 6.14 所示。

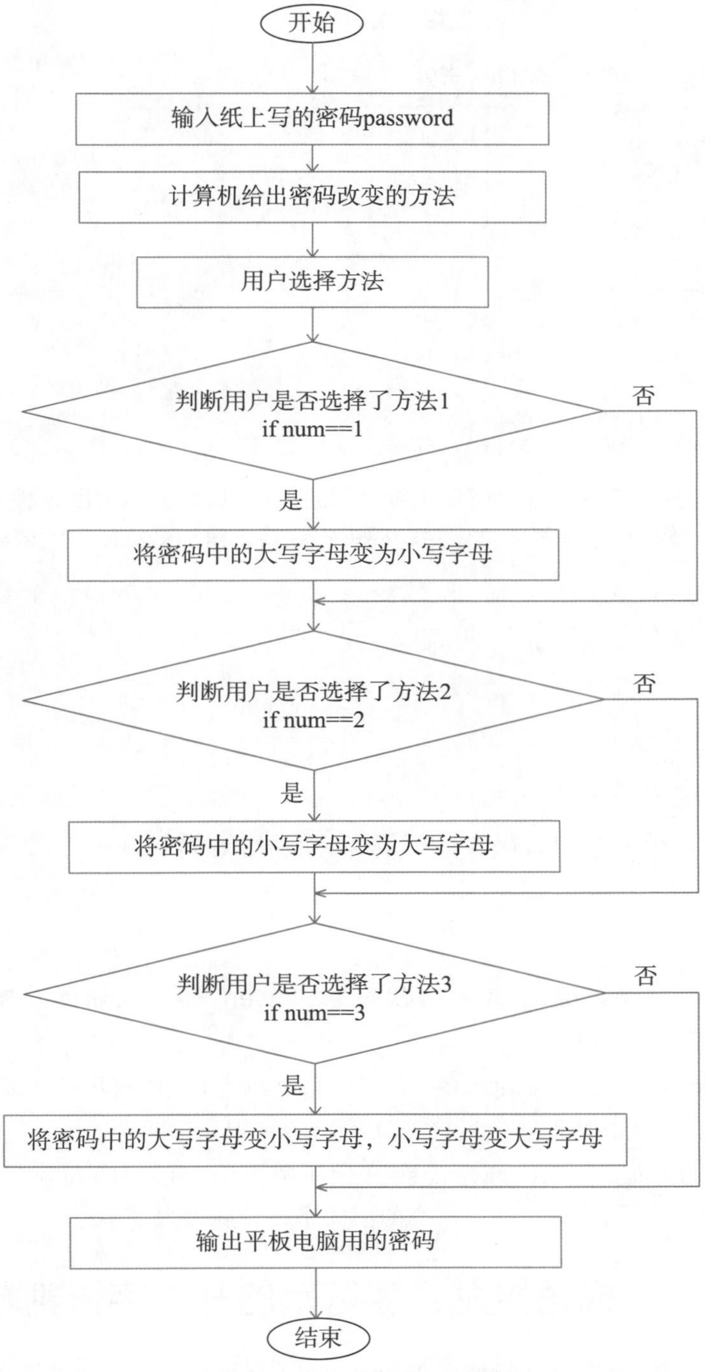

开始

输入纸上写的密码password

计算机给出密码改变的方法

用户选择方法

判断用户是否选择了方法1
if num==1

是 / 否

将密码中的大写字母变为小写字母

判断用户是否选择了方法2
if num==2

是 / 否

将密码中的小写字母变为大写字母

判断用户是否选择了方法3
if num==3

是 / 否

将密码中的大写字母变小写字母，小写字母变大写字母

输出平板电脑用的密码

结束

图 6.14　我的最终使用密码流程图

根据流程图编写代码，实现密码转换。代码如下：

```
password=input('请输入你的纸上密码（含字母）：')
print('---------加密方法---------\n'
      '1.大变小\n'
      '2.小变大\n'
      '3.大变小，小变大')
num=int(input('请选择加密方法：'))
if num==1:                                  #判断用户是否选择了方法 1
    password=password.lower( )
if num==2:                                  #判断用户是否选择了方法 2
    password=password.upper( )
if num==3:                                  #判断用户是否选择了方法 3
    password=password.swapcase( )
print('平板电脑用的密码为：',password)
```

代码执行后，首先用户输入一个密码（纸上写的），然后计算机给出 3 种密码改变方法；用户选择一个方法后，计算机根据选择的方法对密码进行变换，给出最终使用的密码。执行过程如下：

```
请输入你的纸上密码（含字母）：Sm135o246CDzj8              #手动输入的密码
---------加密方法---------
1.大变小
2.小变大
3.大变小，小变大
请选择加密方法：3
平板电脑用的密码为：  sM135O246cdZJ8
```

输出信息表示，纸上写的密码为 Sm135o246CDzj8，通过加密方法 3，变换后的密码为 sM135O246cdZJ8。

代码解析

（1）在 password=password.lower( ) 代码中，lower( ) 是字符串的方法，可以将字符串中所有的大写字母变为小写字母。

（2）在 password=password.upper( ) 代码中，upper( ) 是字符串的方法，可以将字符串中所有的小写字母变为大写字母。

（3）在 password=password.swapcase( ) 代码中，swapcase( ) 是字符串的方法，可以将原有的大写字母转换为小写字母，并将原有的小写字母转换为大写字母。

扫一扫，看视频

6.9 成语接龙：字符串的开头字符判断

在学校里学了很多成语，为了检测一下学习效果，下面编写一个成语接龙的小程序。该程序

需要用户先输入一个四字成语，然后计算机要求用户进行接龙，再次输入成语，直到接龙的次数用完。计算机输出最终接龙使用的所有成语。实现这个功能，需要判断字符串的开头字符。其实现步骤如下：

（1）输入第一个成语，并使用 idiom 进行表示。

（2）限制可以接龙的次数，假设可以接龙 5 次。

（3）输入接龙的成语。

（4）计算机判断接龙成语的第一个字是否和上一个成语的最后一个字相同。若相同，则表示接龙成功；若不相同，则输出“成语接错，请重新接”。判断过程通过 if-else 语句实现。

（5）输出最终接龙的所有成语。

根据实现步骤绘制流程图，如图 6.15 所示。

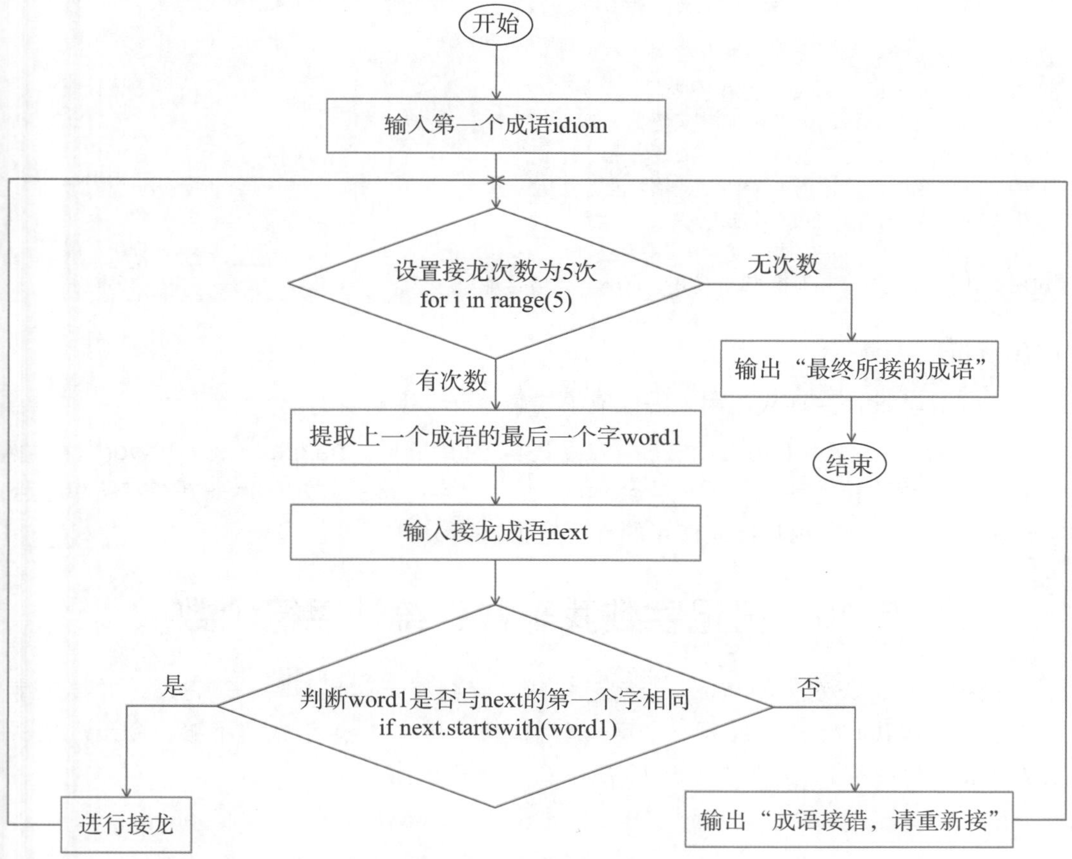

图 6.15 成语接龙流程图

根据流程图编写代码，实现成语接龙功能。代码如下：

```
idiom=input('请输入一个四字成语：')                    # 输入第一个成语
for i in range(5):                                  # 设置接龙次数为 5 次
    word1=idiom[-1]
    next=input('请接上一个成语，再输入一个四字成语：')
    if next.startswith(word1):                      # 判断输入的成语是否可以进行接龙
        idiom=idiom+next
    else:
        print('------- 成语接错，请重新接 -------')
print('--------------- 成语长龙 ----------------')
print(idiom)
```

代码执行后，首先，用户输入起始成语；然后，用户对该成语进行接龙；最后，计算机对用户接龙的成语进行判断。接龙结束，给出最终成语长龙，执行结果如下：

```
请输入一个四字成语：知书达礼
请接上一个成语，再输入一个四字成语：礼尚往来
请接上一个成语，再输入一个四字成语：来者不拒
请接上一个成语，再输入一个四字成语：拒人千里
请接上一个成语，再输入一个四字成语：里应外合
请接上一个成语，再输入一个四字成语：合情合理
---------------- 成语长龙 ---------------
知书达礼礼尚往来来者不拒拒人千里里应外合合情合理
```

代码解析

（1）word1=idiom[-1] 代码用来提取成语的最后一个字 word1。

（2）if next.startswith(word1): 是 if-else 语句的 if 条件，next.startswith(word1) 为条件。其中，next 表示用户接龙使用的成语；startswith( ) 是字符串的方法，用来判断字符串是否以自定的字开头。这里，判断用户接龙使用的成语是否以 word1 开头。

扫一扫，看视频

6.10 日记字数我来数：统计字符个数

日记用来记录每天发生的事情。上了三年级，老师每天让我们写一篇日记，并要求字数在 200 字左右。每次我写完日记都要一个字一个字地数一数，检查字数够不够。今天，我写的日记题目为《我的小花狗》，内容如图 6.16 所示。

我的小花狗

这天，妈妈给我买了一只小花狗，我开心极了。小花狗十分可爱，看起来十分聪明。我就从盒子里把它抱了出来。

下午，我跟小狗一起玩。我拿着一块肉，小狗很想拿到吃。但是小狗总是拿不到，我们开心极了。最后我还是把肉给了小狗吃。

晚上，我去买肉给小狗吃。我一回家，小狗把妈妈的线弄乱了。我十分着急，就把线整理好了。

小花狗很淘气，但是它很聪明。我很喜欢它。

图 6.16　日记内容

下面编写一个程序，帮助数一数图中的日记写了多少个字。这里通过字符串的统计字符个数功能来实现。其实现步骤如下：

（1）图中有 4 段话，分别使用 str1、str2、str3、str4 进行表示。

（2）对每段话进行字数统计，分别使用 num1、num2、num3、num4 进行表示。

（3）统计整篇日记字数，使用 num 表示。

根据实现步骤绘制流程图，如图 6.17 所示。

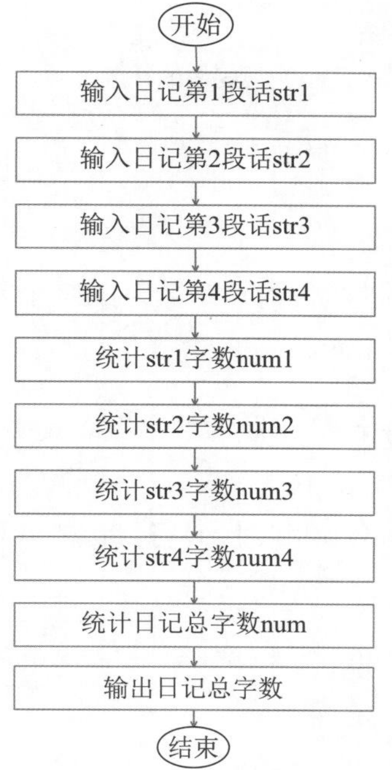

图 6.17　日记字数我来数流程图

根据流程图编写代码，实现日记字数统计功能。代码如下：

```
str1=input('请输入日记的第 1 段话：\n')
str2=input('请输入日记的第 2 段话：\n')
str3=input('请输入日记的第 3 段话：\n')
str4=input('请输入日记的第 4 段话：\n')
num1=len(str1)
num2=len(str2)
num3=len(str3)
num4=len(str4)
num=num1+num2+num3+num4
print('---------《我的小花狗》---------')
print('字数为：',num)
```

代码执行后，首先由用户输入日记的每一段话，然后计算机统计出日记的总字数。执行过程如下：

```
请输入日记的第 1 段话：
这天，妈妈给我买了一只小花狗，我开心极了。小花狗十分可爱，看起来十分聪明。我就从盒子里把它抱了出来。
请输入日记的第 2 段话：
下午，我跟小狗一起玩。我拿着一块肉，小狗很想拿到吃。但是小狗总是拿不到，我们开心极了。最后我还是把肉给了小狗吃。
请输入日记的第 3 段话：
晚上，我去买肉给小狗吃。我一回家，小狗把妈妈的线弄乱了。我十分着急，就把线整理好了。
请输入日记的第 4 段话：
小花狗很淘气，但是它很聪明。我很喜欢它。
---------《我的小花狗》---------
字数为：168
```

输出信息表示，日记《我的小花狗》的总字数为 168 个字。

代码解析

（1）在 num1=len(str1) 代码统计第 1 段话的字数。其中，str1 表示日记的第 1 段话，为字符串类型。

（2）num=num1+num2+num3+num4 代码将日记的 4 段话统计的字数进行相加，计算日记的总字数。

第7章

列表

日常生活中，为了方便对物品的整理，常常会用到收纳盒。可以取出收纳盒中的物品，也可以放入新的物品，或者是重新整理收纳盒中的物品。在 Python 语言中，列表类似于收纳盒，可以存放数据，并对列表中的数据进行管理。下面来让我们一起感受它的作用吧！

扫一扫，看视频

7.1 百钱买百鸡：添加元素到列表中

我国古代数学家张丘建在《张丘建算经》一书中提出的数学问题：一只公鸡值 5 钱，一只母鸡值 3 钱，3 只小鸡值 1 钱，现在要用 100 钱买 100 只鸡，请问公鸡、母鸡、小鸡各买了多少只？这个问题有多种结果。

下面使用 Python 代码解决该问题。由于购买结果有多种，为了区分每一种结果的购买情况，要将每种结果中可购买的公鸡、母鸡、小鸡的数量依次添加到 3 个列表中，最后显示每种结果。其实现步骤如下：

（1）定义 3 个列表，依次用于存放购买公鸡、母鸡、小鸡的数量。列表分别使用 cock（公鸡）、hen（母鸡）、chick（小鸡）进行表示。

（2）需要知道只买公鸡、母鸡或小鸡各能买多少只。这里使用变量 n1、n2、n3 依次进行指定。

（3）由于要买 100 只鸡，无论单独买哪一种鸡都不可能正好是 100 只，因此需要将 3 种鸡进行搭配购买。通过 for 语句的嵌套计算购买公鸡、母鸡、小鸡的数量。

（4）不仅购买的鸡的数量需要为 100 只，而且总价也需要为 100 钱，所以需要使用 if 语句进行判断。

（5）输出购买结果。

根据实现步骤绘制流程图，如图 7.1 所示。

根据流程图编写代码，求解百钱买百鸡问题。代码如下：

```
cock=[]                                  #公鸡列表
hen=[]                                   #母鸡列表
chick=[]                                 #小鸡列表
a=5                                      #公鸡价钱
b=3                                      #母鸡价钱
c=1/3                                    #小鸡价钱
n1=int(100/a)                            #单独购买公鸡的最大数量
n2=int(100/b)                            #单独购买母鸡的最大数量
n3=int(100/c)                            #单独购买小鸡的最大数量
for i in range(0,n1+1):                  #遍历公鸡列表
    for j in range(0,n2+1):              #遍历母鸡列表
        for k in range(0,n3+1):          #遍历小鸡列表
```

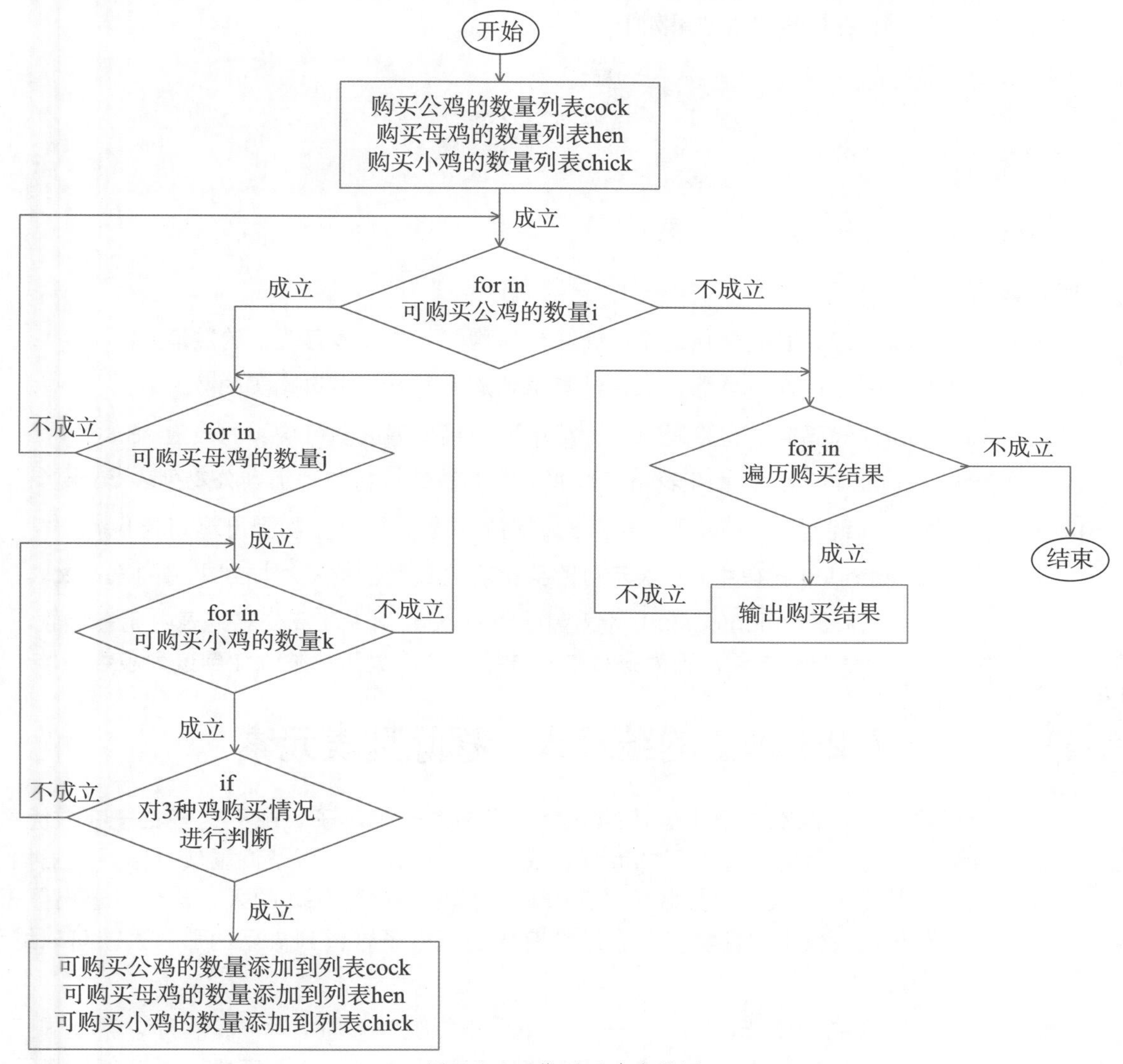

图 7.1 百钱买百鸡流程图

```
        if i+j+k==100 and i*a+j*b+k*c==100:  # 需要满足钱数为 100、
                                              # 鸡数量为 100 的条件
            cock.append(i)                    # 将可购买公鸡的数量添加到公鸡列表中
            hen.append(j)                     # 将可购买母鸡的数量添加到母鸡列表中
            chick.append(k)                   # 将可购买小鸡的数量添加到小鸡列表中
for m in range(int((len(cock)))):
    print("第",m+1,"种结果：" ,"公鸡",cock[m],"只","    ,母鸡",hen[m],"只",
    "    ,小鸡",chick[m],"只")
```

代码执行后，输出所有的购买结果如下：

```
第 1 种结果：公鸡 0 只    ，母鸡 25 只    ，小鸡 75 只
第 2 种结果：公鸡 4 只    ，母鸡 18 只    ，小鸡 78 只
第 3 种结果：公鸡 8 只    ，母鸡 11 只    ，小鸡 81 只
第 4 种结果：公鸡 12 只    ，母鸡 4 只    ，小鸡 84 只
```

输出信息表示一共有 4 种购买结果。

代码解析

（1）n1=int(100/a) 代码通过整除运算，计算单独购买公鸡最多可购买的数量 n1。

（2）n2=int(100/b) 代码通过整除运算，计算单独购买母鸡最多可购买的数量 n2。

（3）n3=int(100/c) 代码通过整除运算，计算单独购买小鸡最多可购买的数量 n3。

（4）在 cock.append(i) 代码中，i 表示可购买公鸡的数量，将其添加到公鸡列表 cock。

（5）在 hen.append(j) 代码中，j 表示可购买母鸡的数量，将其添加到母鸡列表 hen。

（6）在 chick.append(k) 代码中，k 表示可购买小鸡的数量，将其添加到小鸡列表 chick。

（7）在 for m in range(int((len(cock)))): 代码中，len(cock) 用来计算公鸡列表中元素个数，有多少个元素表示有多少种购买结果，因为每种购买结果的公鸡数量都被添加到该列表中。

扫一扫，看视频

7.2 国王的继承人：移除列表元素

国王如今年事已高，他准备把王位传给九个王子中的一个王子。由于这些王子都很优秀，这让国王很难作出选择。后来经过大臣的商量，想了一个办法：让王子们围成一圈，国王抽一个数字 M；然后，从第一个人开始报数（从 1 开始报数）；凡报到 M 的人，这个人退出圈子。接着下一个人重新开始报数，以此类推，会陆续有人退出圈子，留到最后的那个人就可以继承王位了。

假如国王抽到的数字 M 为 5，哪个王子可以继承王位呢？下面编写一个程序，帮助国王选出继承王位的王子，在这个问题中，首先，可以将所有王子放在一个列表中，并对每位王子进行编号。然后，从第一人开始报数，报到 5 的王子从列表中移除，直到剩下最后一个王子。其实现步骤如下：

（1）为了方便报数，为每位王子进行编号，将其放在列表 list 中。

（2）进行报数，使用 while 语句进行循环报数。

（3）判断是否报到数字 5，报到 5 则退出圈子，没有报到 5 则留在圈里，并将其放在所有王子的后面，等着下一轮的重新报数。

（4）显示可以继承王位的王子对应的编号。

根据实现步骤绘制流程图，如图 7.2 所示。

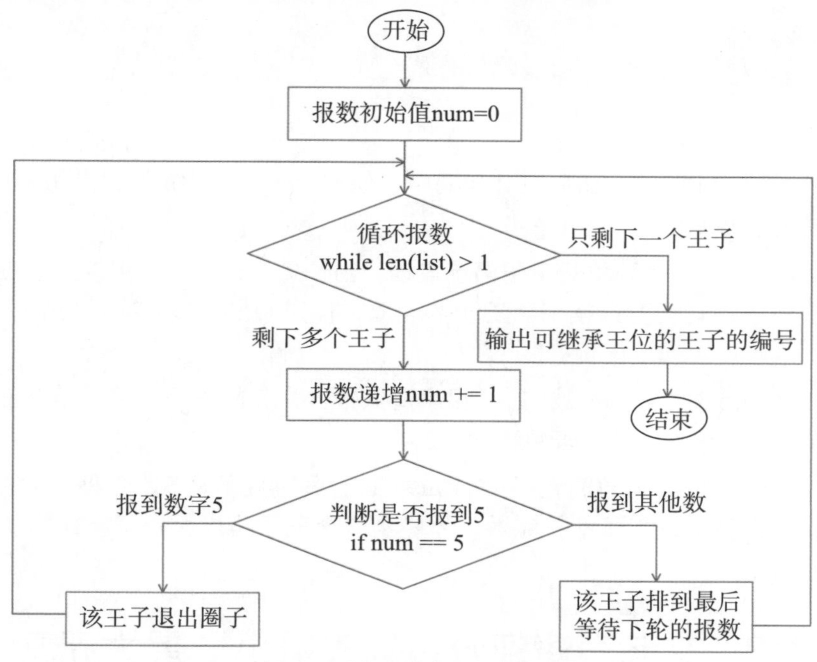

图 7.2　国王的继承人流程图

根据流程图编写代码，计算国王的继承人。代码如下：

```
num = 0
list = [i for i in range(1, 10)]                    # 对所有王子进行编号
while len(list) > 1:
    num += 1
    if num == 5:                                    # 判断是否报数为 5
        num = 0
        print (list.pop(0),"号王子被淘汰")             # 移除报到 5 的王子
    else:
        list.append(list.pop(0))
print(list[0],"号王子可继承王位")
```

代码执行后，依次显示被淘汰的王子，最后显示可以继承王位的王子。执行过程如下：

```
5 号王子被淘汰
1 号王子被淘汰
7 号王子被淘汰
4 号王子被淘汰
```

```
3 号王子被淘汰
6 号王子被淘汰
9 号王子被淘汰
2 号王子被淘汰
8 号王子可继承王位
```

代码解析

（1）在 list = [i for i in range(1, 10)] 代码中，使用 range(1, 10) 将数字 1～9 组成列表，这里为 9 位王子依次进行编号。

（2）while len(list)>1: 循环执行王子筛选过程。由于只有一个王子可以继承王位，所以只要列表中超过一个王子，就需要继续淘汰王子。因此，使用 len(list)>1 对列表中的王子数量进行判断。

（3）print (list.pop(0) " 号王子被淘汰 " 用来淘汰报数为 5 的王子，并显示该王子的编号。这里，使用 pop( ) 函数将该王子从列表中移除。

（4）在 list.append(list.pop(0)) 代码中，如果王子报的数不是 5，则他不会被淘汰。但是，报数仍然在继续，直到所有王子都报完数，才轮到这个王子再次报数。因此，需要将该王子调到所有王子之后。

扫一扫，看视频

7.3 文艺表演评分：列表最小 / 最大元素

“六一”儿童节到了，学校计划举行一场以“快乐童年，趣味六一”为主题的文艺表演，如图 7.3 所示。

图 7.3　文艺表演

文艺表演需要由 10 名评委为参赛选手进行打分（0～10 分）。评分后，去掉一个最低分和一个最高分，剩下 8 个评分的平均值就是选手的最终得分。下面使用 Python 代码实现这个功能。在实现过程中需要用到列表，将评委的打分保存在该列表中。然后，通过 Python 函数找出列表中的最低分和最高分，并将其从列表中删除。最后，计算选手的最终得分。其实现步骤如下：

（1）创建 10 个评委的分数列表 list。

（2）评委进行打分，使用 for 语句依次输入评委的打分。

（3）找出最低分 min 和最高分 max。

（4）去掉最低分 min 和最高分 max。

（5）计算该选手的最终得分。

根据实现步骤绘制流程图，如图 7.4 所示。

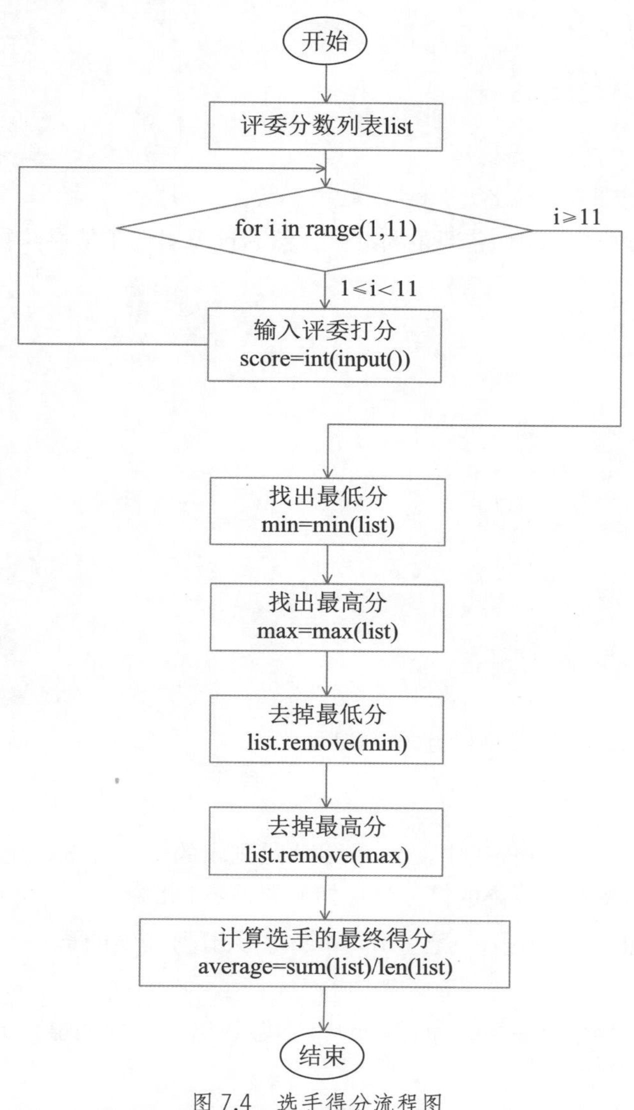

图 7.4 选手得分流程图

根据流程图编写代码，计算每个选手的最终得分。代码如下：

```
list=[]
for i in range(1,11):
      print('第',i,'个评委打分：',end='')
      score=int(input( ))                                # 循环输入评委打分
      list.append(score)
min=min(list)                                            # 找出最低分
max=max(list)                                            # 找出最高分
print('去掉一个最低分 ',min)
list.remove(min)                                         # 去掉最低分
print('去掉一个最高分 ',max)
list.remove(max)                                         # 去掉最高分
average=sum(list)/len(list)                              # 计算选手的最终得分
print('该选手的最终得分：',average)
```

代码执行后，需要先输入 10 名评委的打分，然后计算出选手的最终得分。执行过程如下：

```
第 1 个评委打分：8
第 2 个评委打分：9
第 3 个评委打分：8
第 4 个评委打分：7
第 5 个评委打分：6
第 6 个评委打分：8
第 7 个评委打分：10
第 8 个评委打分：5
第 9 个评委打分：6
第 10 个评委打分：9
去掉一个最低分  5
去掉一个最高分  10
该选手的最终得分：7.625
```

输出信息表示，该选手的最终得分为 7.625。

代码解析

（1）在 list.append(score) 代码中，append( ) 是列表的一个方法，用于向列表中添加元素。通过循环的方式，可以将每位评委的打分添加到分数列表 list 中。

（2）在 min=min(list) 代码中，通过 min( ) 函数找出列表中的最小元素值，即从分数列表 list 中找出最低的评分。

（3）在 max=max(list) 代码中，通过 max( ) 函数找出列表中的最大元素值，即从分数列表 list 中找出最高的评分。

（4）在 average=sum(list)/len(list) 代码中，sum(list) 用于求出分数列表 list 中所有分数之和，len(list) 用于求列表中元素的个数。用分数之和除以个数得到的值为平均分，即选手的最终得分。

扫一扫，看视频

7.4 选择美食套餐：列表索引

妈妈带我来到一家快餐店，服务员亲切地为我们介绍了套餐。套餐包含主食（田园脆鸡堡、香辣鸡腿堡、奥尔良烤鸡腿堡、芝士猪柳蛋堡、培根烤鸡腿堡）、副食 [黄金鸡块（5 块）、经典葡式蛋挞（6 个）、波纹霸王薯条（1 份）、热辣香骨鸡（3 块）、香辣鸡翅（2 块）] 和饮料（可乐、九珍果汁、醇香乌龙奶茶、豆浆）。我可以从这 3 个组合里面任选一种自己最喜欢的菜品组成一个套餐。

下面编写一个程序完成点餐操作。在实现该实例过程中，需要用到列表的索引。其实现步骤如下：

（1）获取提供的主食、副食、饮料明细，并将其放在不同的列表中，然后通过 for 语句遍历输出即可。

（2）选择主食。

（3）选择副食。

（4）选择饮料。

（5）给出所选择的美食套餐。

根据实现步骤绘制流程图，如图 7.5 所示。

根据流程图编写代码，供客户进行选餐。代码如下：

```
list1=['田园脆鸡堡','香辣鸡腿堡','奥尔良烤鸡腿堡','芝士猪柳蛋堡','培根烤鸡腿堡']
list2=['黄金鸡块（5块）','经典葡式蛋挞（6个）','波纹霸王薯条（1份）','热辣香骨鸡
（3块）','香辣鸡翅（2块）']
list3=['可乐','九珍果汁','醇香乌龙奶茶','豆浆']
l=1
print('————————本店的主食有：————————')
for i in list1:
    print(l,i)
    l+=1
m=1
print('————————本店的副食有：————————')
for j in list2:
    print(m,j)
    m+=1
```

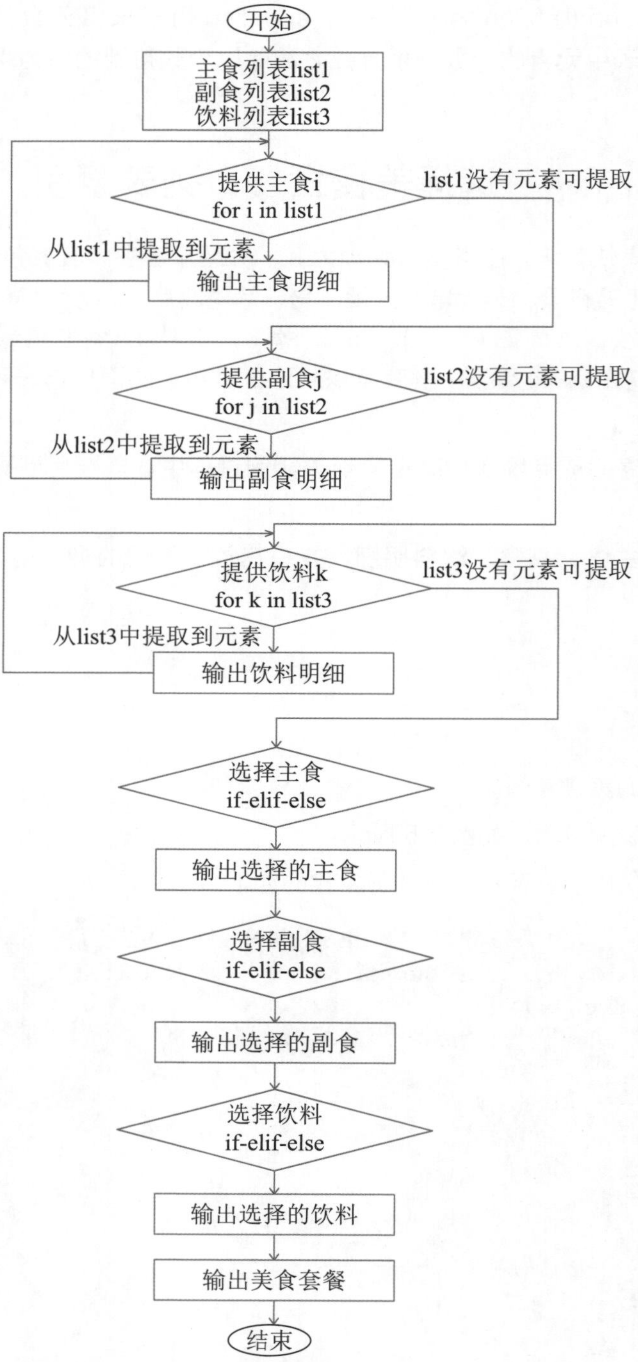

开始

主食列表list1
副食列表list2
饮料列表list3

提供主食i
for i in list1

list1没有元素可提取

从list1中提取到元素

输出主食明细

提供副食j
for j in list2

list2没有元素可提取

从list2中提取到元素

输出副食明细

提供饮料k
for k in list3

list3没有元素可提取

从list3中提取到元素

输出饮料明细

选择主食
if-elif-else

输出选择的主食

选择副食
if-elif-else

输出选择的副食

选择饮料
if-elif-else

输出选择的饮料

输出美食套餐

结束

图 7.5　选择美食套餐流程图

```
n=1
print('——————本店的饮料有：——————')
for k in list3:
      print(n,k)
      n+=1
print('************ 请您选择套餐 ************\n')
num1=input('您需要的主食（输入编号）：')
if num1=='1':                              # 判断客户是否选择了田园脆鸡堡
     food1=list1[0]
elif num1=='2':                            # 判断客户是否选择了香辣鸡腿堡
     food1=list1[1]
elif num1=='3':                            # 判断客户是否选择了奥尔良烤鸡腿堡
     food1=list1[2]
elif num1=='4':                            # 判断客户是否选择了芝士猪柳蛋堡
     food1=list1[3]
elif num1=='5':                            # 判断客户是否选择了培根烤鸡腿堡
     food1=list1[4]
else:
     print('请您重新选择')
print('您选择的主食为：',food1)
num2=input('\n您需要的副食（输入编号）：')
if num2=='1':                              # 判断客户是否选择了黄金鸡块（5块）
     food2=list2[0]
elif num2=='2':                            # 判断客户是否选择了经典葡式蛋挞（6个）
     food2=list2[1]
elif num2=='3':                            # 判断客户是否选择了波纹霸王薯条（1份）
     food2=list2[2]
elif num2=='4':                            # 判断客户是否选择了热辣香骨鸡（3块）
     food2=list2[3]
elif num2=='5':                            # 判断客户是否选择了香辣鸡翅（2块）
     food2=list2[4]
else:
     print('请您重新选择')
print('您选择的副食为：',food2)
num3=input('\n您需要的饮料（输入编号）：')
if num3=='1':                              # 判断客户是否选择了可乐
     drink=list3[0]
elif num3=='2':                            # 判断客户是否选择了九珍果汁
     drink=list3[1]
elif num3=='3':                            # 判断客户是否选择了醇香乌龙奶茶
     drink=list3[2]
elif num3=='4':                            # 判断客户是否选择了豆浆
```

```
    drink=list3[3]
else:
    print('请您重新选择')
print('您选择的饮料为：',drink)

print('\n您的套餐：',food1,'+',food2,'+',drink)
```

代码执行后，首先，显示本店可提供的主食、副食、饮料信息；然后，客户根据信息进行选择；最后，显示客户选择的美食套餐。执行过程如下：

```
————————本店的主食有：————————
1 田园脆鸡堡
2 香辣鸡腿堡
3 奥尔良烤鸡腿堡
4 芝士猪柳蛋堡
5 培根烤鸡腿堡
————————本店的副食有：————————
1 黄金鸡块（5块）
2 经典葡式蛋挞（6个）
3 波纹霸王薯条（1份）
4 热辣香骨鸡（3块）
5 香辣鸡翅（2块）
————————本店的饮料有：————————
1 可乐
2 九珍果汁
3 醇香乌龙奶茶
4 豆浆
************请您选择套餐************

您需要的主食（输入编号）：2                                    #手动选择主食
您选择的主食为：香辣鸡腿堡

您需要的副食（输入编号）：3                                    #手动选择副食
您选择的副食为：波纹霸王薯条（1份）

您需要的饮料（输入编号）：2                                    #手动选择饮料
您选择的饮料为：九珍果汁

您的套餐：香辣鸡腿堡 + 波纹霸王薯条（1份）+ 九珍果汁
```

代码解析

（1）在 l=1 代码中，变量 l 表示主食编号，初始值为 1，表示从 1 开始。

（2）l+=1 代码通过迭代依次增加主食编号。

（3）在 m=1 代码中，变量 m 表示副食编号，初始值为 1，表示从 1 开始。

（4）m+=1 代码中通过迭代依次增加副食编号。

（5）在 n=1 代码中，变量 n 表示饮料编号，初始值为 1，表示从 1 开始。

（6）n+=1 代码通过迭代依次增加饮料编号。

7.5 谁可以参加宴会：列表元素判断

扫一扫，看视频

宴会是因习俗或社交礼仪的需要而举行的以餐饮为中心的聚会。人们通过宴会不仅可以获得饮食艺术的享受，而且可以增进人际间的交往，如图 7.6 所示。

图 7.6 宴会

妈妈的公司举办一场宴会，对一些人发放了邀请函，拥有邀请函的人可以参加宴会。现已知有 20 个人拥有了邀请函，这些人分别是王勇、李邑、张明敏、刘丽娜、黄建雄、刘刚、赵江、肖华、张志强、陈冬冬、何丽丽、杜平、徐少华、谢丹、黄正山、周建军、宋宇、杨杰、杜云峰、张康。

下面使用 Python 语言编写一个程序，判断来人是否可以参加宴会。该程序需要输入姓名，然后从邀请函列表中查看有没有此姓名，如果有，就表示这个人可以参加宴会；反之，则不能参加宴会。实现该程序需要使用列表的元素判断功能。其实现步骤如下：

（1）构建一个拥有邀请函的姓名列表 ls。

（2）输入姓名，使用变量 name 表示。

（3）判断姓名是否在列表 ls 中，如果在，输出“您可以参加宴会，请进”；反之，输出“不好意思，您不能参加宴会”。

根据实现步骤绘制流程图，如图 7.7 所示。

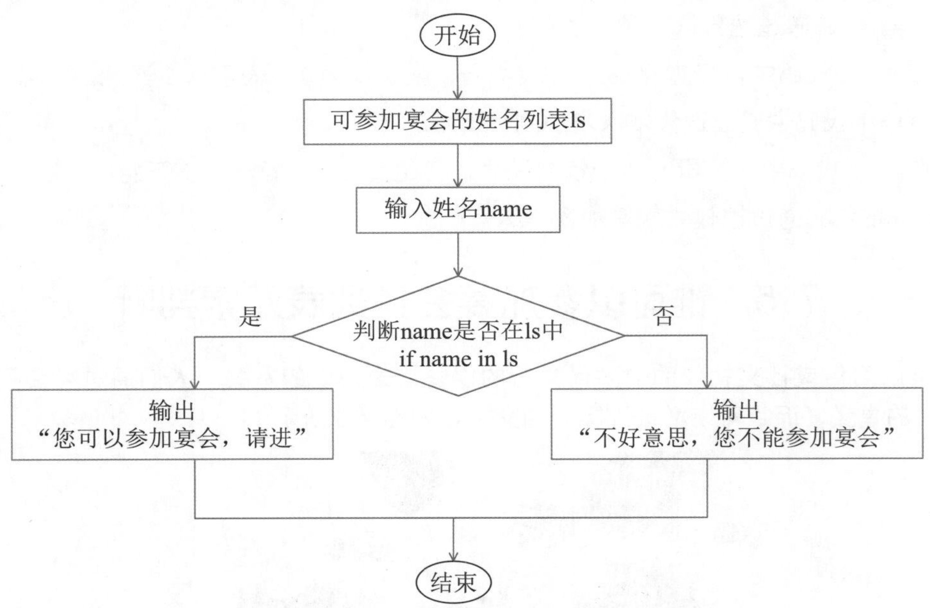

图 7.7　谁可以参加宴会流程图

根据流程图编写代码，判断哪些人可以参加宴会。代码如下：

```
ls=['王勇','李邑','张明敏','刘丽娜','黄建雄','刘刚','赵江','肖华','张志强',
'陈冬冬','何丽丽','杜平','徐少华','谢丹','黄正山','周建军','宋宇','杨杰','杜
云峰','张康']
name=input('请说出您的姓名：')
if name in ls:
    print('您可以参加宴会，请进')
else:
    print('不好意思，您不能参加宴会')
```

代码执行后，需要输入一个姓名，然后计算机判断此人是否可以参加宴会，并给出相应结果。例如，判断张明敏和李宏是否可以参加宴会，执行过程如下：

```
请说出您的姓名：张明敏
您可以参加宴会，请进
请说出您的姓名：李宏
不好意思，您不能参加宴会
```

输出信息表示，张明敏可以参加宴会，而李宏不能参加宴会。

代码解析

（1）ls 是一个列表，该列表中保存了拥有邀请函的 20 个人的姓名。

（2）if name in ls: 是 if-else 语句的 if 条件，通过成员判断来验证输入的姓名是否是列表 ls 中的一员。

7.6 整理学生成绩：列表排序

模拟考试的成绩出来了，共有 10 名同学参加了。现在需要将他们的成绩按照由高到低和由低到高分别进行排序。编写一个程序，帮助老师整理成绩。实现该实例需要通过列表排序功能来完成。实现步骤如下：

（1）定义一个空列表 list，用于存放 10 名学生的成绩。

（2）将 10 名学生的成绩依次存放在列表 list 中，并进行显示。

（3）给出对成绩整理的方式。

（4）用户选择整理方式。

（5）根据选择的整理方式对成绩进行整理，并给出整理后的成绩列表。这里使用 if 语句进行判断，然后使用列表排序功能对成绩进行排序。

根据实现步骤绘制流程图，如图 7.8 所示。

根据流程图编写代码，实现学生成绩整理功能。代码如下：

```
list=[]
num=1
while num<=10:                                          # 设置的学生数量
    score=int(input('请输入第{}个学生的成绩：'.format(num)))
    list.append(score)                                  # 将学生成绩依次添加到列表
    num=num+1
print('---------------10名学生成绩---------------')
print(list)
print('\n---------------成绩整理方式---------------\n'
      '1.分数从高到低排序\n'
      '2.分数从低到高排序')
way=int(input('\n请选择整理方式'))
if way==1:                                              # 判断用户是否选择了降序排列
    list.sort(reverse = True)
if way==2:                                              # 判断用户是否选择了升序排列
    list.sort(reverse = False)
print('\n---------------整理后的成绩---------------')
print(list)
```

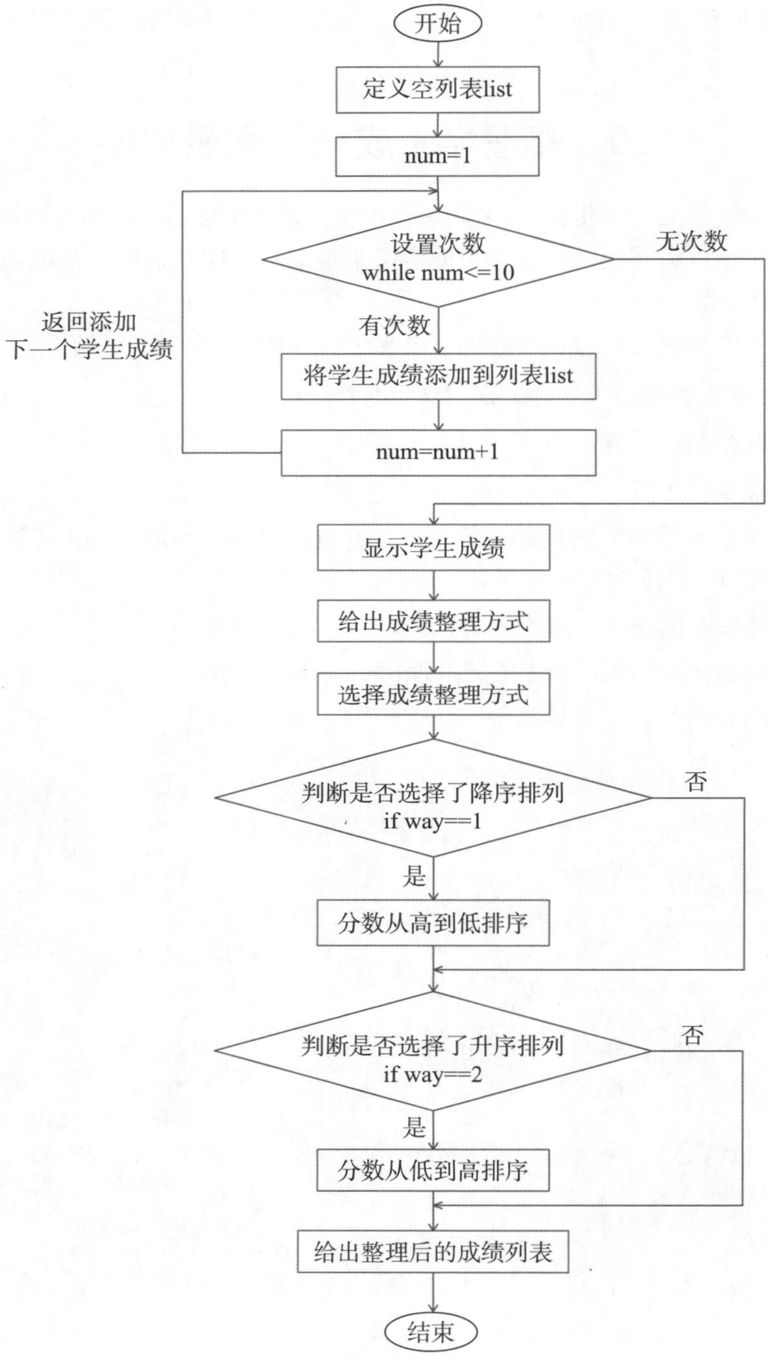

图 7.8　整理学生成绩流程图

代码执行后，首先，需要用户依次输入 10 名学生的成绩；然后，用户选择对成绩的整理方式；最后，计算机给出最终整理后的成绩列表。执行过程如下：

```
请输入第 1 个学生的成绩：86
请输入第 2 个学生的成绩：92
请输入第 3 个学生的成绩：83
请输入第 4 个学生的成绩：99
请输入第 5 个学生的成绩：96
请输入第 6 个学生的成绩：95
请输入第 7 个学生的成绩：90
请输入第 8 个学生的成绩：79
请输入第 9 个学生的成绩：91
请输入第 10 个学生的成绩：89
---------------10 名学生成绩 ---------------
[86, 92, 83, 99, 96, 95, 90, 79, 91, 89]

--------------- 成绩整理方式 ---------------
1. 分数从高到低排序
2. 分数从低到高排序

请选择整理方式 1

--------------- 整理后的成绩 ---------------
[99, 96, 95, 92, 91, 90, 89, 86, 83, 79]
```

代码解析

（1）list.sort(reverse=True) 代码通过列表的 sort( ) 方法对列表中的学生成绩进行排序，reverse=True 表示进行降序排列。

（2）list.sort(reverse=False) 代码通过列表的 sort( ) 方法对列表中的学生成绩进行排序，reverse=False 表示进行升序排列。

7.7 男生女生排排站：列表的切片

扫一扫，看视频

“五一”劳动节到了，幼儿园要举行外出活动。小朋友们排成两列，男生一列，女生一列。我所在的班级为大班，一共有 32 个小朋友。男生有马仁毅、冯洲龙、吕聪、郭山刚、李大伟、宋志强、张晓峰、赵韩、刘冬、吴杰、贺隆、孙武、王安军、曹伟伟、傅立、胡军、张亮、孙志军、王文冲；女生有李霞、郑彤彤、周慧敏、刘莉莉、赵美丽、杜娟、张蓉蓉、白鑫、赵雪云、刘乐乐、武艳飞、王萍、张改花。

下面使用 Python 语言编写程序，将所有男生放在一起，所有女生放在一起，然后以列的形式进行显示。实现男生女生排排站需要用到列表的切片功能。其实现步骤如下：

（1）将所有男生的姓名和女生的姓名放在不同的列表中，使用 boy 定义男生列表，使用 girl 定义女生列表。

（2）计算男生与女生的人数，分别使用 B 和 G 表示，为排排站作铺垫。

（3）以人数最少的女生为标准，进行男生女生排排站。男生排一列、女生排一列，男生排一个、女生排一个。这里通过 for 语句实现。

（4）当所有女生人数排列完后，继续排剩下的男生，这些男生依次排在“男生”列中。通过列表的切片功能提取没有排列的男生，再使用 for 语句将其排在“男生”列中。

根据实现步骤绘制流程图，如图 7.9 所示。

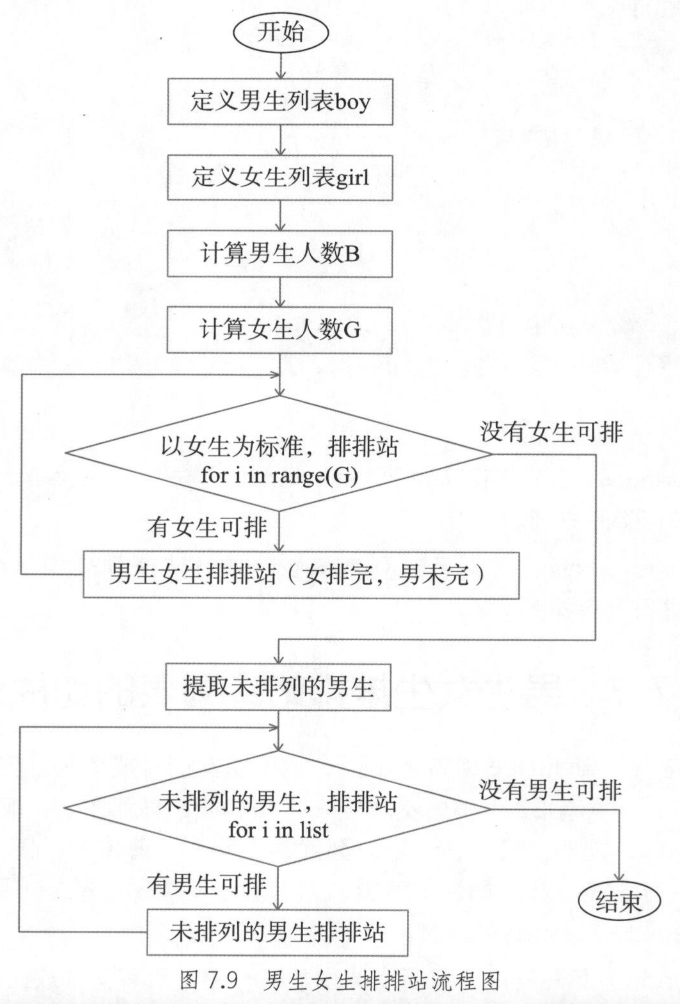

图 7.9　男生女生排排站流程图

根据流程图编写代码，实现男生女生排排站。代码如下：

```
boy=['马仁毅','冯洲龙','吕聪','郭山刚','李大伟','宋志强','张晓峰','赵韩','刘冬','吴杰','贺隆','孙武','王安军','曹伟伟','傅立','胡军','张亮','孙志军','王文冲']
girl=['李霞','郑彤彤','周慧敏','刘莉莉','赵美丽','杜娟','张蓉蓉','白鑫','赵雪云','刘乐乐','武艳飞','王萍','张改花']
B=len(boy)
G=len(girl)
print('{:<12}{:>1}'.format('---男生---','---女生---\n'))
for i in range(G):                                # 以女生的人数为准，开始排排站
      print('{:<12}{:>1}'.format(boy[i],girl[i]))
list=boy[G:B]                                     # 将剩下的男生提取出来
for i in list:
      print(i)
```

代码执行后，将班里的所有学生进行了排排站。结果如下：

```
---男生---       ---女生---

马仁毅            李霞
冯洲龙            郑彤彤
吕聪              周慧敏
郭山刚            刘莉莉
李大伟            赵美丽
宋志强            杜娟
张晓峰            张蓉蓉
赵韩              白鑫
刘冬              赵雪云
吴杰              刘乐乐
贺隆              武艳飞
孙武              王萍
王安军            张改花
曹伟伟
傅立
胡军
张亮
孙志军
王文冲
```

从输出信息可以看到，左侧的一列为男生，右侧的一列为女生。

代码解析

（1）print('{:<12}{:>1}'.format(boy[i],girl[i])) 代码可以将男生和女生依次进行排列，男生在左，女生在右。

（2）list=boy[G:B] 代码是将与女生同时排列完成后没有排列的男生提取出来，存放在列表 list 中，供下面的 for 循环排列。

扫一扫，看视频

7.8 学习小组成员名单：列表组合

学习小组有 6 名学生，分别为张晓峰、赵韩、张亮、宋志强、周慧敏、刘乐乐。在这个新学期中，学习小组又招了 4 名新成员，分别为张丽华、赵国建、李国平、谢宇。下面编写一个程序，将新来的 4 名新成员添加到原来的学习小组成员名单列表中，并显示此时学习小组的所有成员。实现该实例可以通过列表的组合完成。其实现步骤如下：

（1）创建原学习小组成员名单列表，使用 old 进行表示。

（2）创建新成员名单列表，使用 new 进行表示。

（3）将新成员名单列表加入原学习小组成员名单列表中，通过列表组合实现。

（4）输出原学习小组成员名单和现在学习小组成员名单。这里通过 for 语句实现。

根据实现步骤绘制流程图，如图 7.10 所示。

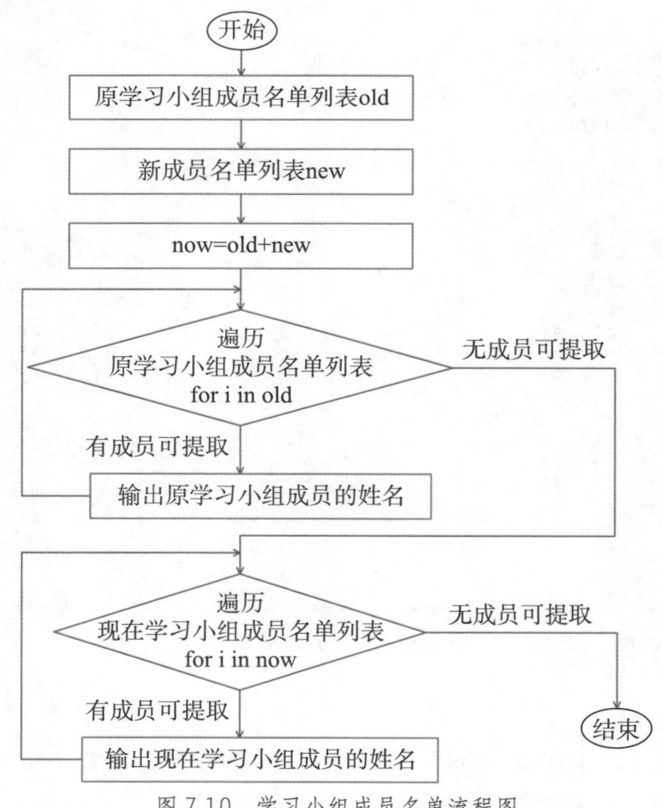

图 7.10 学习小组成员名单流程图

根据流程图编写代码，生成学习小组成员名单。代码如下：

```
old=['张晓峰','赵韩','张亮','宋志强','周慧敏','刘乐乐']
new=['张丽华','赵国建','李国平','谢宇']
now=old+new
print('---------原学习小组成员名单---------')
for i in old:
    print(i)
print('\n---------现在学习小组成员名单---------')
for i in now:
    print(i)
```

代码执行后，依次输出原学习小组成员名单和现在学习小组成员名单，结果如下：

```
---------原学习小组成员名单---------
张晓峰
赵韩
张亮
宋志强
周慧敏
刘乐乐

---------现在学习小组成员名单---------
张晓峰
赵韩
张亮
宋志强
周慧敏
刘乐乐
张丽华
赵国建
李国平
谢宇
```

代码解析

在 now=old+new 代码中，old 和 new 均表示列表。将两个列表进行了组合，组合后是一个新的列表 now。

7.9 A、B、AB、O 血型的统计：列表元素统计

扫一扫，看视频

血型是指血液成分（包括红细胞、白细胞、血小板）表面的抗原类型。常见的血型有 4 种，分别是 A 型、B 型、AB 型和 O 型。

下面编写程序，对班级的 10 名学生进行血型统计。要求依次输入每个学生的血型，并显示血型的统计结果。这里，借助列表元素的统计功能实现血型统计要求。其实现步骤如下：

（1）定义 4 个列表 listA、listB、listAB、listO，分别用来存放 A 型、B 型、AB 型和 O 型。

（2）10 名学生依次输入自己的血型，由计算机进行血型判断。这里通过 while 语句获得 10 名学生的输入，然后通过 if-elif-else 语句判断血型。

（3）对每种类型进行统计，并输出统计结果。

根据实现步骤绘制流程图，如图 7.11 所示。

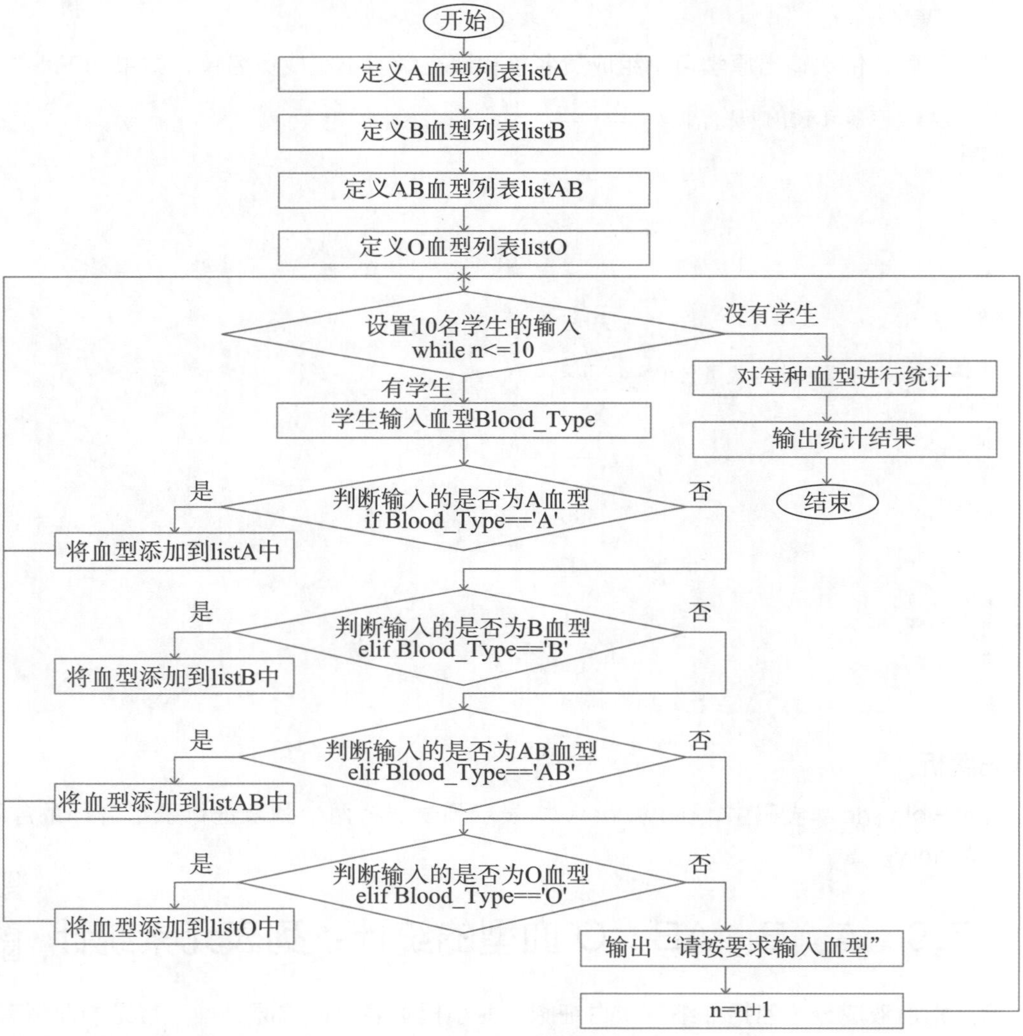

图 7.11　血型统计流程图

根据流程图编写代码，实现 A、B、AB、O 血型的统计。代码如下：

```
listA=[]                                                    # 存放 A 血型
listB=[]                                                    # 存放 B 血型
listAB=[]                                                   # 存放 AB 血型
listO=[]                                                    # 存放 O 血型
print('---------------- 可选的血型 ----------------\n'
      '                      A 血型 \n'
      '                      B 血型 \n'
      '                      AB 血型 \n'
      '                      O 血型 ')
print('------------------------------------------')
n=1
while n<=10:                                                # 统计 10 名学生的血型
    Blood_Type=input(' 请输入第 {} 个学生的血型： '.format(n))
    if Blood_Type=='A':
        listA.append(Blood_Type)                            # 将输入的 A 血型添加到 listA 中
    elif Blood_Type=='B':
        listB.append(Blood_Type)                            # 将输入的 B 血型添加到 listB 中
    elif Blood_Type=='AB':
        listAB.append(Blood_Type)                           # 将输入的 AB 血型添加到 listAB 中
    elif Blood_Type=='O':
        listO.append(Blood_Type)                            # 将输入的 O 血型添加到 listO 中
    else:
        print('*************** 请按要求输入血型 ***************')
    n=n+1
numA=len(listA)                                             # 统计 A 血型的人数
numB=len(listB)                                             # 统计 B 血型的人数
numAB=len(listAB)                                           # 统计 AB 血型的人数
numO=len(listO)                                             # 统计 O 血型的人数
print('A 血型有： ',numA,' 名 ')
print('B 血型有： ',numB,' 名 ')
print('AB 血型有： ',numAB,' 名 ')
print('O 血型有： ',numO,' 名 ')
```

代码执行后，需要 10 名同学输入自己的血型，然后计算机对血型进行统计，并给出统计结果。执行过程如下：

```
---------------- 可选的血型 ----------------
                      A 血型
                      B 血型
                      AB 血型
                      O 血型
```

```
------------------------------------------------
请输入第 1 个学生的血型：B
请输入第 2 个学生的血型：AB
请输入第 3 个学生的血型：A
请输入第 4 个学生的血型：B
请输入第 5 个学生的血型：O
请输入第 6 个学生的血型：AB
请输入第 7 个学生的血型：B
请输入第 8 个学生的血型：A
请输入第 9 个学生的血型：AB
请输入第 10 个学生的血型：AB
A 血型有：2 名
B 血型有：3 名
AB 血型有：4 名
O 血型有：1 名
```

输出信息表示，10 名同学中，有 2 名同学为 A 血型、3 名同学为 B 血型、4 名同学为 AB 血型、1 名同学为 O 血型。

代码解析

（1）在 numA=len(listA) 代码中，len(listA) 函数用来统计列表 listA 中元素的个数，即对 A 血型的人数进行统计。

（2）代码 numB=len(listB) 对 B 血型的人数进行统计。

（3）代码 numAB=len(listAB) 对 AB 血型的人数进行统计。

（4）代码 numO=len(listO) 对 O 血型的人数进行统计。

扫一扫，看视频

7.10　奥特曼放新取旧：列表元素的修改

我是一个奥特曼粉丝，自己珍藏了 15 个奥特曼，分别是赛文・奥特曼、杰克・奥特曼、艾斯・奥特曼、泰罗・奥特曼、雷欧・奥特曼、葛雷・奥特曼、乔尼亚斯・奥特曼、佐菲・奥特曼、盖亚・奥特曼、帕瓦特・奥特曼、奈欧斯・奥特曼、高斯・奥特曼、梦比优斯・奥特曼、奈克赛斯・奥特曼、麦克斯・奥特曼。我把它们保存在我的小箱子里。今天，爸爸又给我买了一个新的奥特曼（迪迦・奥特曼），想把它放在箱子里，可是箱子满了放不下了，需要取出一个其他奥特曼，才能把它放进去。可是，这些都是我喜欢的奥特曼，不知道该取出哪一个，谁可以帮帮我？

下面编写一个程序，显示我原来珍藏的 15 个奥特曼，选择要取出的奥特曼，用新的迪迦・奥特曼将其换掉。最后，显示我现在的奥特曼珍藏。实现该程序需要使用列表元素的修改功能完成。其实现步骤如下：

（1）定义原来的奥特曼珍藏列表，并使用 list 进行表示。

（2）定义新买的奥特曼，使用 new 进行表示。

（3）显示我原来珍藏的所有奥特曼。

（4）选择要取出并替换的奥特曼，通过列表元素的修改功能实现。

（5）显示替换后箱子中的所有奥特曼。

根据实现步骤绘制流程图，如图 7.12 所示。

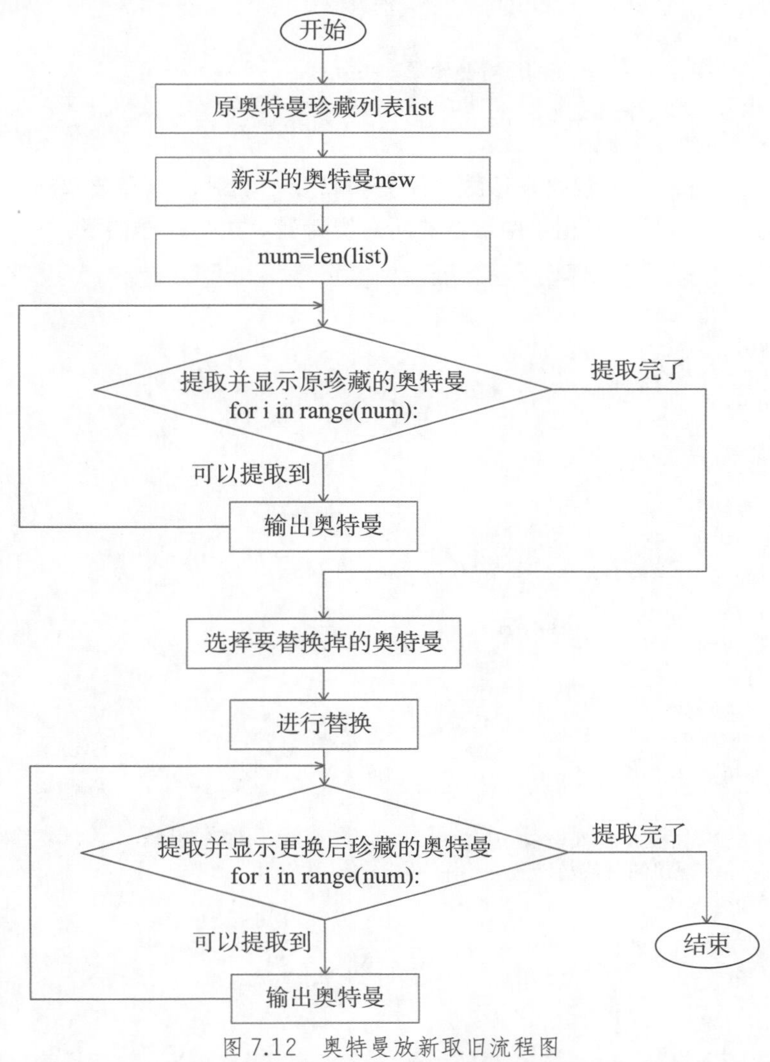

图 7.12 奥特曼放新取旧流程图

根据流程图编写代码，实现奥特曼的放新取旧。代码如下：

```
list=['赛文·奥特曼','杰克·奥特曼','艾斯·奥特曼','泰罗·奥特曼','雷欧·奥特曼',
'葛雷·奥特曼','乔尼亚斯·奥特曼','佐菲·奥特曼','盖亚·奥特曼','帕瓦特·奥特曼','
奈欧斯·奥特曼','高斯·奥特曼','梦比优斯·奥特曼','奈克赛斯·奥特曼','麦克斯·奥特曼']
new='迪迦·奥特曼'
print('--------------我的奥特曼珍藏--------------')
num=len(list)
for i in range(num):                                    # 设置提取奥特曼的数量
    print(i,list[i])                                    # 依次显示原有的奥特曼
old=int(input('请选择你要取出的奥特曼（输入编号）：'))
list[old]=new
print('--------------现在的奥特曼珍藏--------------')
for i in range(num):
    print(i,list[i])                                    # 依次显示现有的奥特曼
```

代码执行后，首先，显示我原来珍藏的所有奥特曼；然后，选择要取出的奥特曼，并由计算机将其换掉；最后，显示此时箱子中珍藏的所有奥特曼。执行过程如下：

```
--------------我的奥特曼珍藏--------------
0 赛文·奥特曼
1 杰克·奥特曼
2 艾斯·奥特曼
3 泰罗·奥特曼
4 雷欧·奥特曼
5 葛雷·奥特曼
6 乔尼亚斯·奥特曼
7 佐菲·奥特曼
8 盖亚·奥特曼
9 帕瓦特·奥特曼
10 奈欧斯·奥特曼
11 高斯·奥特曼
12 梦比优斯·奥特曼
13 奈克赛斯·奥特曼
14 麦克斯·奥特曼

请选择你要取出的奥特曼（输入编号）：3             # 手动输入编号，表示要替换掉的奥特曼
--------------现在的奥特曼珍藏--------------
0 赛文·奥特曼
1 杰克·奥特曼
2 艾斯·奥特曼
3 迪迦·奥特曼
4 雷欧·奥特曼
```

```
5 葛雷 ·奥特曼
6 乔尼亚斯 ·奥特曼
7 佐菲 ·奥特曼
8 盖亚 ·奥特曼
9 帕瓦特 ·奥特曼
10 奈欧斯 ·奥特曼
11 高斯 ·奥特曼
12 梦比优斯 ·奥特曼
13 奈克赛斯 ·奥特曼
14 麦克斯 ·奥特曼
```

输出信息表示，将泰罗·奥特曼从箱子中取出，把迪迦·奥特曼放进去了。

代码解析

（1）num=len(list) 代码用来统计箱子中奥特曼的数量，其目的是便于接下来提取奥特曼。

（2）在 list[old]=new 代码中，new 表示新的迪迦·奥特曼；old 表示要替换掉的奥特曼。该代码表示用迪迦·奥特曼替换掉 old 所表示的奥特曼。

第 8 章

元 组

在 Python 语言中，元组类似于列表。在第 7 章中感受了列表的作用，这一章让我们一起探索元组的作用吧！

8.1 最爱妈妈菜：元组的创建

我的妈妈特别会做饭，因为她能做好多种系列的菜，如川菜、粤菜、东北菜、湘菜、鲁菜、浙菜、湖北菜。我特别喜欢妈妈做的所有菜。

下面编写一个程序，输出妈妈会做的所有系列的菜名。实现该实例需要使用 Python 的元组，用来分开保存各种系列的菜名。其实现步骤如下：

（1）使用元组保存各系列菜名。例如，创建元组 chuan 保存川菜、元组 yue 保存粤菜、元组 dongbei 保存东北菜、元组 xiang 保存湘菜、元组 lu 保存鲁菜、元组 zhe 保存浙菜、元组 hubei 保存湖北菜、元组 qingzhen 保存清真菜。

（2）依次输出各系列的菜名。

根据实现步骤绘制流程图，如图 8.1 所示。

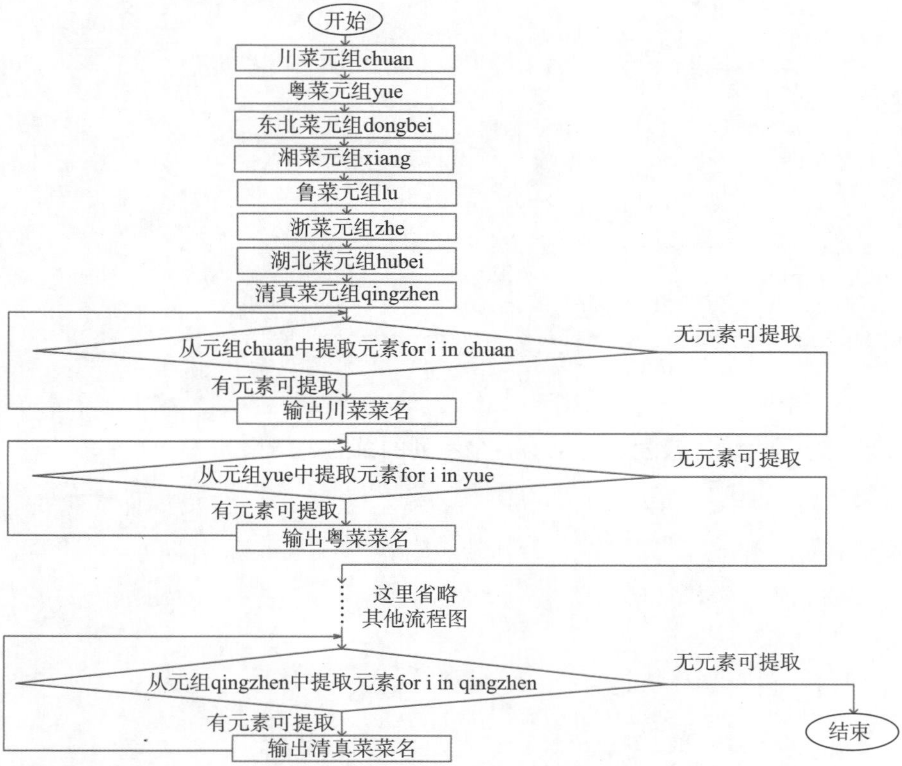

图 8.1 最爱妈妈菜流程图

根据流程图编写代码，输出妈妈会做的菜名。代码如下：

```
chuan=('鱼香肉丝','麻婆豆腐','水煮肉片','麻辣鸡丝','麻辣香锅','辣子鸡丁')
yue=('梅菜扣肉','蚝油生菜','上汤娃娃菜','白灼菜心','豉汁蒸排骨','酱爆肉末茄子煲')
dongbei=('东北乱炖','小鸡炖蘑菇','锅包肉','地三鲜','猪肉白菜炖粉条','酸菜炖排骨')
xiang=('农家小炒肉','小炒豆腐干','酸豆角炒肉末','肉末茄子','香辣炒藕片儿','金钱蛋')
lu=('京酱肉丝','酱爆鸡丁','糖醋里脊','木须肉','拔丝地瓜','香煎嫩豆腐')
zhe=('荷塘小炒','杏鲍菇炒鸡蛋','西湖牛肉羹','东坡肉','平菇炒肉片','韭菜炒河虾')
hubei=('粉蒸肉','辣椒炒半干鱼','珍珠丸子','粑粑鱼','麻辣虾球','腊肉炒豆丝')
qingzhen=('清炒草头','清炒双笋','熘肝尖','清炒西蓝花','清炒茼蒿','清真鲈鱼')
print('---------------川菜---------------')
for i in chuan:
      print('{:^30}'.format(i))
print('---------------粤菜---------------')
for i in yue:
      print('{:^30}'.format(i))
print('---------------东北菜---------------')
for i in dongbei:
      print('{:^30}'.format(i))
print('---------------湘菜---------------')
for i in xiang:
      print('{:^30}'.format(i))
print('---------------鲁菜---------------')
for i in lu:
      print('{:^30}'.format(i))
print('---------------浙菜---------------')
for i in zhe:
      print('{:^30}'.format(i))
print('---------------湖北菜---------------')
for i in hubei:
      print('{:^30}'.format(i))
print('---------------清真菜---------------')
for i in qingzhen:
      print('{:^30}'.format(i))
```

代码执行后，输出最爱妈妈菜的各个系列的菜名，结果如下：

```
---------------川菜---------------
              鱼香肉丝
              麻婆豆腐
              水煮肉片
              麻辣鸡丝
              麻辣香锅
              辣子鸡丁
---------------粤菜---------------
              梅菜扣肉
              蚝油生菜
```

```
        上汤娃娃菜
        白灼菜心
        豉汁蒸排骨
        酱爆肉末茄子煲
--------------- 东北菜 ---------------
        东北乱炖
        小鸡炖蘑菇
        锅包肉
        地三鲜
        猪肉白菜炖粉条
        酸菜炖排骨
--------------- 湘菜 ---------------
        农家小炒肉
        小炒豆腐干
        酸豆角炒肉末
        肉末茄子
        香辣炒藕片儿
        金钱蛋
--------------- 鲁菜 ---------------
        京酱肉丝
        酱爆鸡丁
        糖醋里脊
        木须肉
        拔丝地瓜
        香煎嫩豆腐
--------------- 浙菜 ---------------
        荷塘小炒
        杏鲍菇炒鸡蛋
        西湖牛肉羹
        东坡肉
        平菇炒肉片
        韭菜炒河虾
--------------- 湖北菜 ---------------
        粉蒸肉
        辣椒炒半干鱼
        珍珠丸子
        粑粑鱼
        麻辣虾球
        腊肉炒豆丝
--------------- 清真菜 ---------------
        清炒草头
        清炒双笋
        熘肝尖
        清炒西蓝花
        清炒茼蒿
        清真鲈鱼
```

代码解析

print('{:^30}'.format(i)) 代码用来输出每个系列的菜名。在输出的时候，对菜名进行了格式化处理，如居中显示。该代码进行了多次使用，所以放在了 for 循环语句中。

扫一扫，看视频

8.2 我的综合成绩：访问元组元素

期末考试各科成绩出来了，成绩还算不错，见表 8.1。

表 8.1 各科成绩

科目	语文	数学	英语	体育	音乐	美术
成绩	96 分	95 分	89 分	99 分	86 分	87 分

下面编写一个程序来计算我的期末综合成绩。该实例可以通过访问元组元素来实现。其实现步骤如下：

（1）定义元组 score，用来存放各科成绩。

（2）依次访问元组中的成绩并进行相加，计算综合成绩。通过 for 语句设置可访问的科目数，根据次数，使用访问元组元素功能依次提取各科成绩，并进行加法运算，计算出综合成绩。

根据实现步骤绘制流程图，如图 8.2 所示。

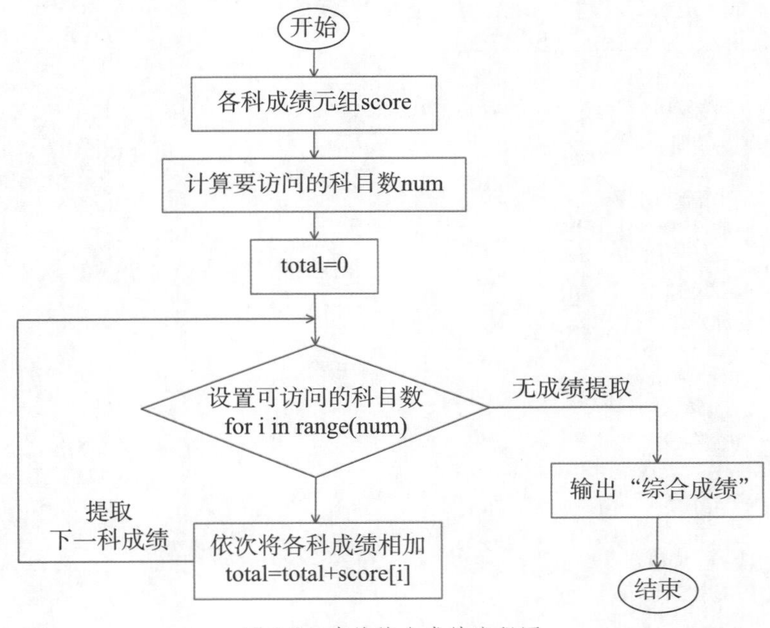

图 8.2 我的综合成绩流程图

根据流程图编写代码，计算我的综合成绩。代码如下：

```
score=(96,95,89,99,86,87)
num=len(score)
total=0
for i in range(num):
    total=total+score[i]                              # 依次将各科成绩相加
print('综合成绩为：',total,'分')
```

代码执行后，给出我的综合成绩分数，结果如下：

```
综合成绩为：552 分
```

代码解析

（1）在 num=len(score) 代码中，score 表示各科成绩的元组，len( ) 函数用于计算元组中有多少个科目成绩。

（2）代码 total=total+ score[i] 通过迭代的方式将各科成绩相加，最终的 total 为综合成绩。

8.3 查询跳绳成绩：元组元素位置查询

扫一扫，看视频

学校组织了一场“体能测试”活动，其中有一项为 1 分钟跳绳。活动结束了，同学们急切地想查询自己的成绩。参加跳绳的同学与对应的成绩如图 8.3 所示。

体能测试——跳绳成绩

姓名	成绩
马仁毅	104 个
冯洲龙	138 个
吕聪	128 个
郭山刚	96 个
周慧敏	123 个
刘莉莉	92 个
赵美丽	89 个
杜娟	112 个
张蓉蓉	108 个
刘乐乐	122 个

图 8.3 跳绳成绩

下面编写一个程序，用来查询参加体能测试的同学的跳绳成绩。用两个元组存放参赛同学的姓名和成绩，姓名和成绩要一一对应。这样，可以更方便地根据姓名查询对应的跳绳成绩。该实例主要通过查询元组中元素的位置来实现。其实现步骤如下：

（1）参赛同学的名单使用元组 names 来保存。

（2）同学对应的跳绳成绩使用元组 scores 来保存。

（3）用户输入要查询的同学的姓名。

（4）查询跳绳成绩。需要对查询姓名进行判断。如果属于参赛同学，则进行查询并输出该同学的跳绳成绩；否则，输出“无此同学”。

根据实现步骤绘制流程图，如图 8.4 所示。

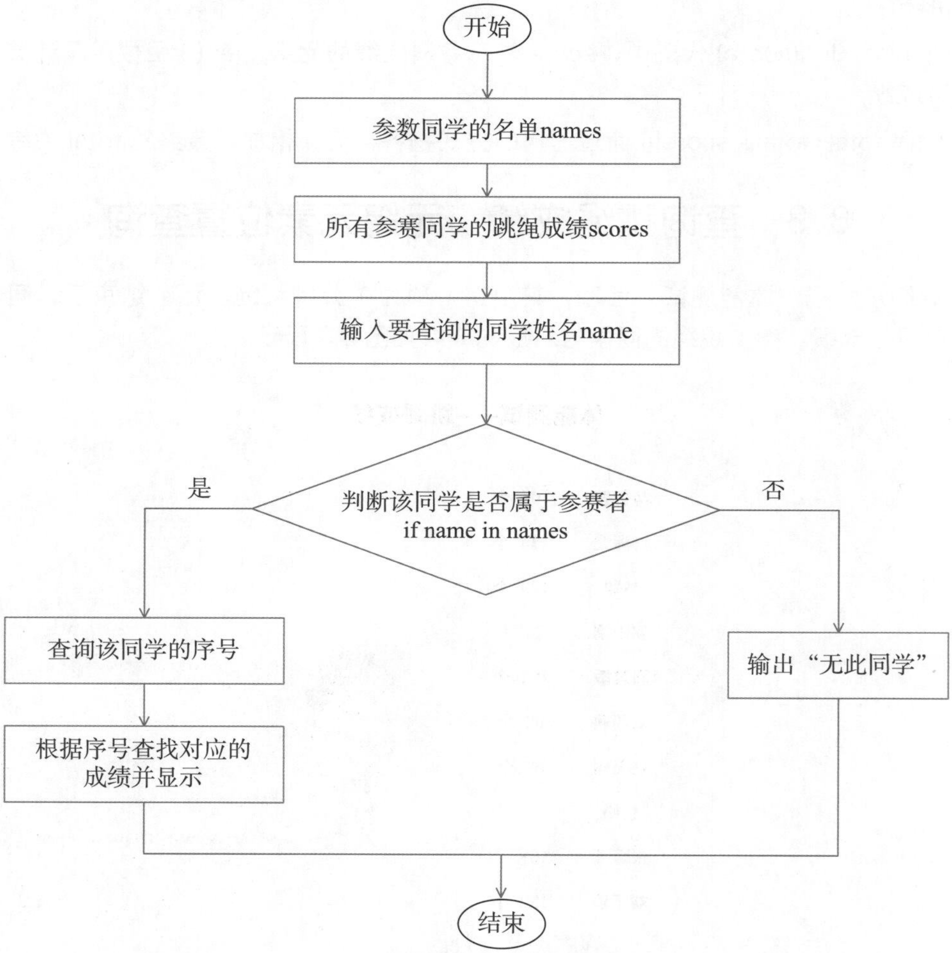

```mermaid
flowchart TD
    A([开始]) --> B[参数同学的名单names]
    B --> C[所有参赛同学的跳绳成绩scores]
    C --> D[输入要查询的同学姓名name]
    D --> E{判断该同学是否属于参赛者<br>if name in names}
    E -- 是 --> F[查询该同学的序号]
    F --> G[根据序号查找对应的<br>成绩并显示]
    E -- 否 --> H[输出“无此同学”]
    G --> I([结束])
    H --> I
```

图 8.4 查询跳绳成绩流程图

根据流程图，编写代码实现跳绳成绩查询。代码如下：

```
names=('马仁毅','冯洲龙','吕聪','郭山刚','周慧敏','刘莉莉','赵美丽','杜娟',
'张蓉蓉','刘乐乐')
scores=(104,138,128,96,123,92,89,112,108,122)
name=input('请输入要查询同学的姓名：')
if name in names:                              # 判断要查询的同学是否参加了活动
    n=names.index(name)                        # 查询同学在 names 中的索引值
    print('--------- 跳绳成绩 ---------')
    print(name,scores[n],'个')
else:
    print('无此同学')
```

代码执行后，需要用户输入要查询跳绳成绩的同学的姓名，然后计算机查询并给出结果。执行过程如下：

```
请输入要查询同学的姓名：周慧敏                    # 查询周慧敏的跳绳成绩
--------- 跳绳成绩 ---------
周慧敏 123 个
```

输出信息表示，周慧敏的跳绳成绩为 123 个。

代码解析

（1）在 n=names.index(name) 代码中，name 表示要查询的同学的姓名，而 names 为参赛同学的名单。该代码用来获取要查询同学在参赛同学名单中的位置 n，其目的是查询对应跳绳成绩作铺垫。

（2）在 print(name,scores[n],' 个 ') 代码中，scores[n] 表示 n 位置同学的跳绳成绩。该代码用来输出要查询同学的跳绳成绩。

扫一扫，看视频

8.4 十二生肖：遍历元组

十二生肖是中国与十二地支相配以人出生年份的十二种动物，即子（鼠）、丑（牛）、寅（虎）、卯（兔）、辰（龙）、巳（蛇）、午（马）、未（羊）、申（猴）、酉（鸡）、戌（狗）、亥（猪）。十二生肖如图 8.5 所示。

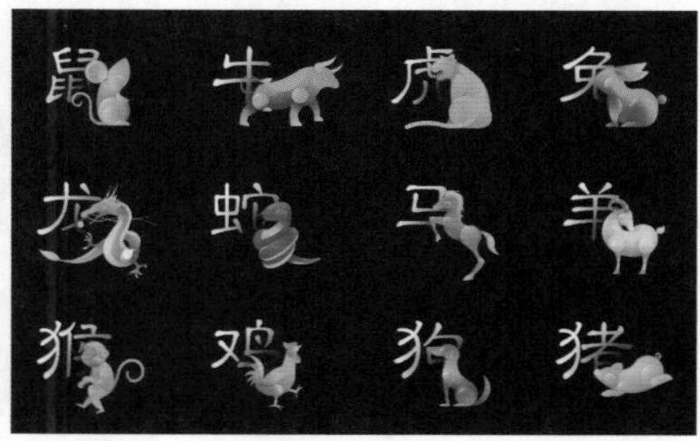

图 8.5 十二生肖

下面编写一个程序，依次输出十二生肖。该程序通过遍历元组实现。其实现步骤如下：

（1）创建元组 Tup，用来保存十二生肖。

（2）依次输出十二生肖，使用 for 语句对 Tup 进行遍历。

根据实现步骤绘制流程图，如图 8.6 所示。

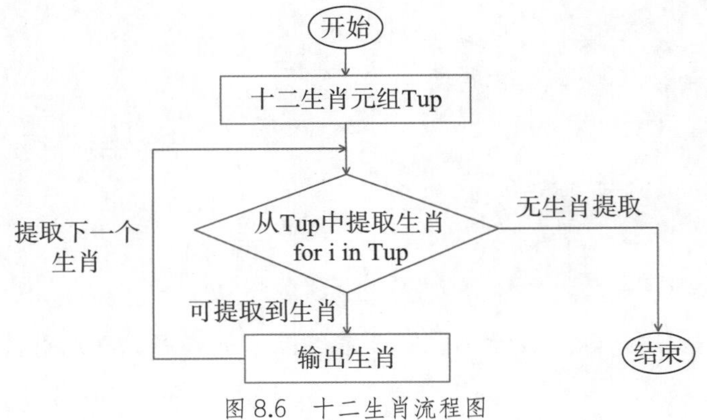

图 8.6　十二生肖流程图

根据流程图编写代码，输出十二生肖。代码如下：

```
Tup=('子鼠','丑牛','寅虎','卯兔','辰龙','巳蛇','午马','未羊','申猴','酉鸡',
'戌狗','亥猪')
print('---------------十二生肖---------------')
for i in Tup:
      print(i)
```

代码执行后，依次输出十二生肖，结果如下：

```
---------------十二生肖---------------
子鼠
丑牛
寅虎
卯兔
辰龙
巳蛇
午马
未羊
申猴
酉鸡
戌狗
亥猪
```

代码解析

for i in Tup: 是一个 for 语句，用于从 Tup 中遍历元素。这里，从十二生肖元组中依次提取生肖。

第9章

字典

我们经常会将一组信息与另外一组信息关联起来。例如，在存储联系方式的时候，会将姓名和电话关联起来，并且可以进行修改、删除等操作。在 Python 语言中，则使用字典来实现信息的关联，并可以对这些关联的信息进行查询和处理。下面让我们一起体会它的好处吧！

扫一扫，看视频

9.1 四大名著作者查询：获取指定键对应的值

四大名著是中国文学中的经典作品，是世界宝贵的文化遗产，包括《水浒传》《三国演义》《西游记》和《红楼梦》。

下面编写一个小程序用来查询四大名著的作者。该实例通过获取键对应的值来实现。实现步骤如下：

（1）创建“四大名著的书名与作者”对应的字典 masterwork。将四大名著的书名作为键，作者名作为值。

（2）用户输入书名，然后计算机查询该书的作者。通过获取键对应值的方式，实现名著作者的查询。

根据实现步骤绘制流程图，如图 9.1 所示。

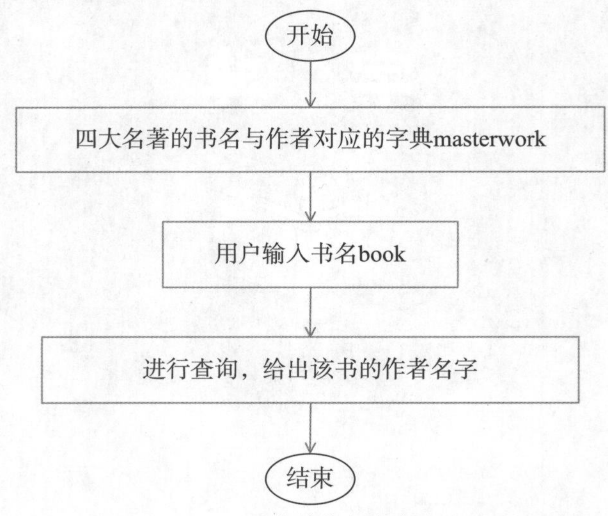

图 9.1 四大名著作者查询流程图

根据流程图编写代码，实现作者查询功能。代码如下：

```
masterwork={'水浒传':'施耐庵','三国演义':'罗贯中','西游记':'吴承恩','红楼梦':
'曹雪芹'}
book=input('请输入书名：')
print('作者        :', masterwork.get(book))
```

代码执行后，用户输入要查询的书名，计算机给出该书名对应的作者。例如，查询《西游记》的作者，执行过程如下：

```
请输入书名：西游记
作者        ：吴承恩
```

输出信息显示，《西游记》的作者是吴承恩。

代码解析

在 print(' 作者　　　　：', masterwork.get(book)) 代码中，get( ) 是字典的一个方法，用来获取指定键对应的值；book 为要查询作者的书名，因此可以输出 book 对应的作者。

9.2　爱心捐款：获取字典的所有值

扫一扫，看视频

小明因为家境贫寒即将辍学。为了能够让他继续读书，学校组织了捐款献爱心的募捐活动，如图 9.2 所示。

图 9.2　爱心捐款

我班的 32 名学生都进行了捐款，献出了自己一份爱心。捐款学生的姓名与捐款数见表 9.1。

表 9.1　捐款学生的姓名与捐款数

姓名	马仁毅	冯洲龙	吕聪	郭山刚	李大伟	宋志强	张晓峰	赵韩
捐款数（元）	8	1	3	2	6	8	10	12
姓名	刘冬	吴杰	贺隆	孙武	王安军	曹伟伟	傅立	胡军
捐款数（元）	15	16	10	5	9	3	2	20
姓名	张亮	孙志军	王文冲	李霞	郑彤彤	周慧敏	刘莉莉	赵美丽
捐款数（元）	6	5	4	12	9	2	6	7
姓名	杜娟	张蓉蓉	白鑫	赵雪云	刘乐乐	武艳飞	王萍	张改花
捐款数（元）	16	8	6	5	18	8	14	6

下面编写一个程序，统计这次爱心捐款我班一共捐了多少钱？完成该实例可以通过获取字典的所有值来实现。其实现步骤如下：

（1）创建“捐款学生的姓名与捐款数”对应的字典 love。将捐款学生的姓名作为键，捐款数作为值。

（2）提取所有的捐款数，可以通过获取字典的所有值实现。

（3）统计捐款总数。

根据实现步骤绘制流程图，如图 9.3 所示。

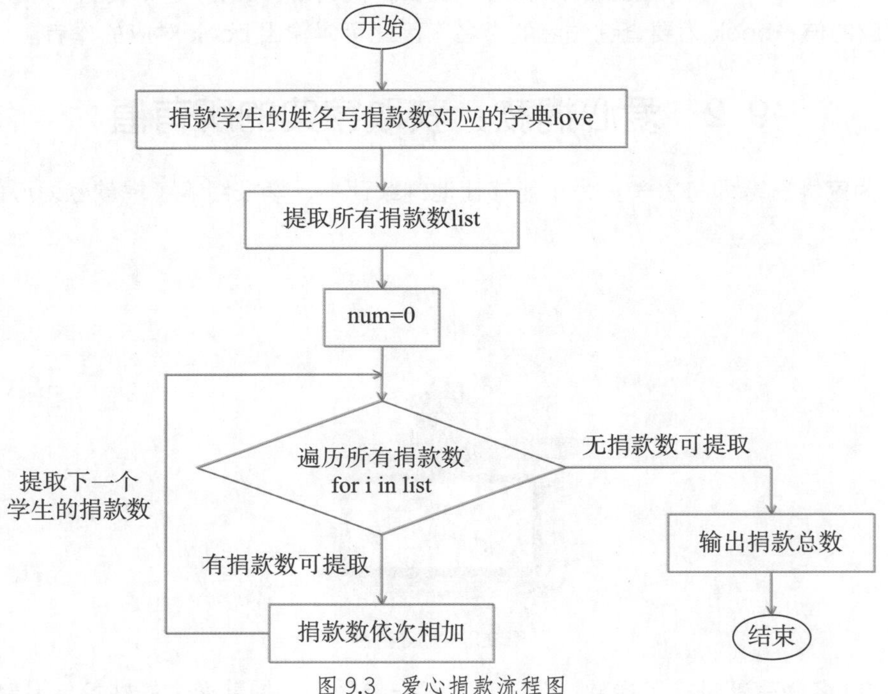

图 9.3 爱心捐款流程图

根据流程图编写代码，实现爱心捐款统计功能。代码如下：

```
love={'马仁毅':8,'冯洲龙':1,'吕聪':3,'郭山刚':2,'李大伟':6,'宋志强':8,'张晓
      峰':10,'赵韩':12,'刘冬':15,'吴杰':16,'贺隆':10,'孙武':5,'王安军':9,
      '曹伟伟':3,'傅立':2,'胡军':20,'张亮':6,'孙志军':5,'王文冲':4,'李霞':
      12,'郑彤彤':9,'周慧敏':2,'刘莉莉':6,'赵美丽':7,'杜娟':16,'张蓉蓉':8,
      '白鑫':6,'赵雪云':5,'刘乐乐':18,'武艳飞':8,'王萍':14,'张改花':6}
list=love.values( )
num=0                                    # 捐款总数的初始值
for i in list:
      num=num+i
print('我班在本次爱心捐款中，共捐款：',num,'元')
```

代码执行后，输出我班在本次爱心捐款中捐款的总数，结果如下：

```
我班在本次爱心捐款中，共捐款：262 元
```

输出信息显示，我班共捐了 262 元。

代码解析

（1）在 list=love.values( ) 代码中，values( ) 是字典的一个方法，用来返回字典中所有键值对的值。这里用来提取所有学生的捐款数，获得一个可迭代的列表对象。

（2）代码 num=0 设置捐款总数的初始值。

（3）代码 num=num+i 通过迭代的方式，将学生的捐款数依次进行相加，用来计算捐款总数。

9.3　我的卡路里：获取字典所有键

扫一扫，看视频

卡路里（calorie）简称卡，缩写为 cal，是一种热量单位。我们往往将卡路里与食物联系在一起，因为每天吃的主食和蔬菜都会在人体中产生热量。常见的主食与蔬菜热量对照如图 9.4 所示。

图 9.4　主食与蔬菜热量对照

下面根据图中的主食和蔬菜编写一个程序，计算自己每天吃饭会产生多少卡路里的热量。用户输入吃过的东西，然后由计算机计算产生的热量。其实现步骤如下：

（1）创建“主食和蔬菜与产生的热量”对应的字典 food。将主食和蔬菜作为键，产生的热量作为值。

（2）用户依次输入食物名称和重量，计算机计算产生的热量；当不再输入时，使用 Q 键结束。通过 while 语句实现循环，并要求用户输入的食物名称必须是图中包含的，这里通过 if 语句进行判断。

（3）显示所吃的所有食物产生的热量。

根据实现步骤绘制流程图，如图 9.5 所示。

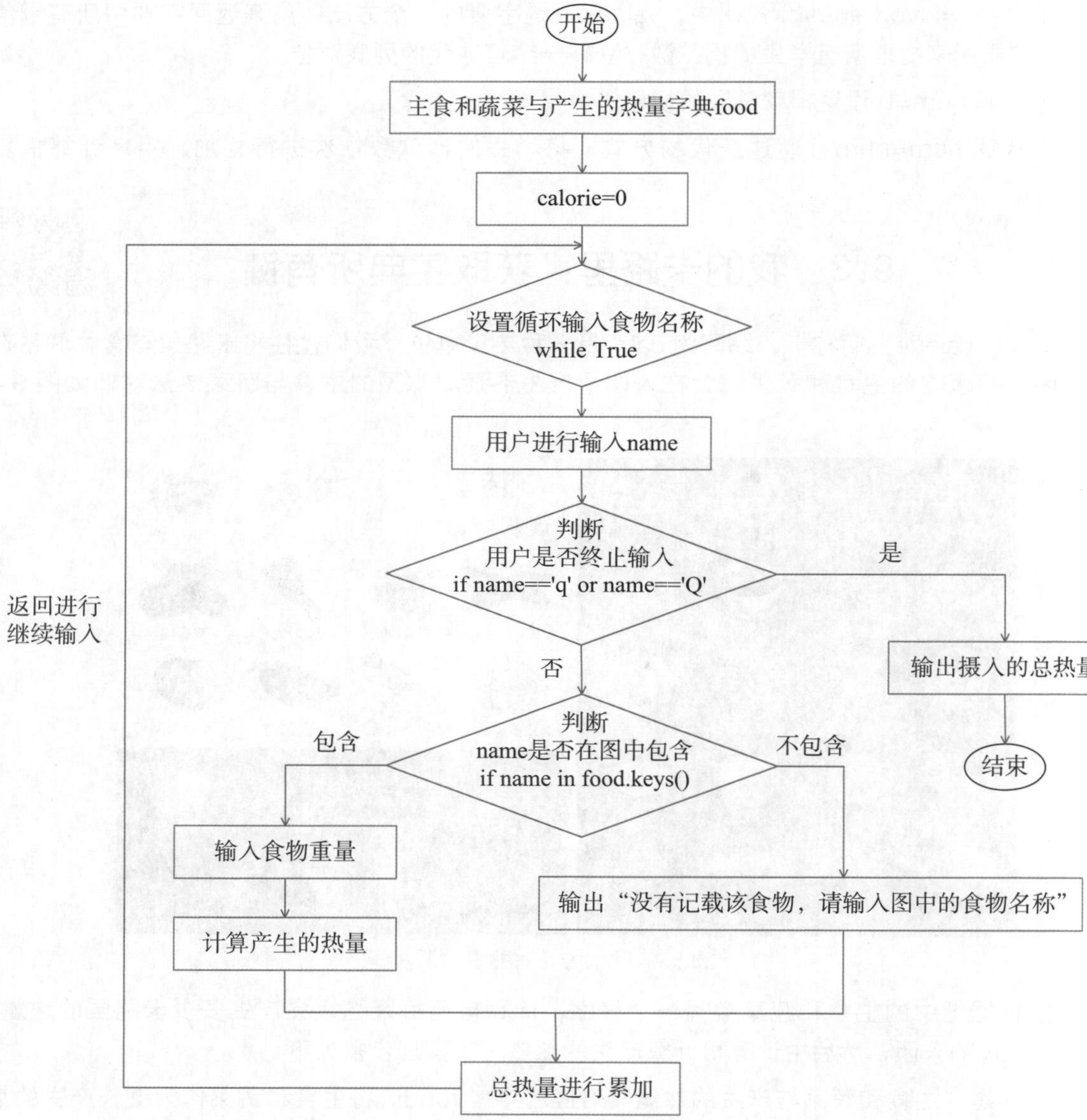

图 9.5　我的卡路里流程图

根据流程图编写代码，实现卡路里计算功能。代码如下：

```
food={'豚骨拉面':348,'鸡肉三明治':252,'煎饺':290,'小笼包':210,'八宝粥':85,
      '炒面':194,'油条':388,'芝麻汤圆':311,'苹果派':368,'粉丝汤':70,'方便
      面':473,'燕麦片':338,'米饭':116,'豆腐':84,'肉丸汤':62,'煎饼':354,
      '馒头':223,'汉堡':320,'胡萝卜':39,'香菜':33,'豆角':34,'木瓜':30,'韭
      菜':25,'茄子':23,'南瓜':23,'白萝卜':16,'黄瓜':16,'冬瓜':12,'生姜':4,
      '香菇':26,'竹笋':23,'大蒜':128,'莲藕':47,'土豆':81,'芋头':56,'山
      药':57}
calorie=0                                                    # 摄入热量的初始值
while True:
    name=input('请输入你吃的食物名称（输入Q终止）：')
    if name=='q' or name=='Q':
        break
    if name in food.keys( ):
        weight=int(input('请输入食物重量（克/位）'))
        cal=weight/100.0*food[name]
    else:
        print('没有记载该食物，请输入图中的食物名称')
    calorie=calorie+cal
print('你当前摄入的总热量为：',calorie,'卡路里')
```

代码执行后，提示用户输入食物名称。例如，早餐我吃了小笼包（200g）、八宝粥（100g）和汉堡（100g），计算产生的热量，执行过程如下：

```
请输入你吃的食物名称（输入Q终止）：小笼包
请输入食物重量（克/位）200
请输入你吃的食物名称（输入Q终止）：八宝粥
请输入食物重量（克/位）100
请输入你吃的食物名称（输入Q终止）：汉堡
请输入食物重量（克/位）100
请输入你吃的食物名称（输入Q终止）：q
你当前摄入的总热量为：825.0 卡路里
```

输出信息显示，我的早餐可以产生825.0卡路里的热量。

代码解析

（1）代码 calorie=0 对总热量值进行初始化。

（2）在 if name in food.keys( ): 代码中，keys( ) 是字典的一个方法，用来获取字典所有键。这里，获取所有的食物名称。该代码主要用来判断用户输入的食物名称是否是图中包含的食物名称。

（3）代码 cal=weight/100.0*food[name] 计算用户每次输入的食物所产生的热量。

扫一扫，看视频

9.4 大小写 1 到 10：获取字典所有“键值对”

1、2、3、4、5、6、7、8、9、10 是阿拉伯数字的写法，常用在数学计算上，属于小写数字。而大写数字是中国特有的数字书写方式。它利用与数字同音的汉字取代数字。大写数字为壹、贰、叁、肆、伍、陆、柒、捌、玖、拾，常用于防止人为涂改支票、银行存提单、欠条收据的数额书写，如图 9.6 所示。

壹	贰	叁	肆	伍
1	2	3	4	5
陆	柒	捌	玖	拾
6	7	8	9	10

图 9.6 大小写 1 到 10

下面编写一个程序，输出 1～10 的大小写的对应信息。完成该实例可以通过获取字典中所有键值对来实现。其实现步骤如下：

（1）创建“小写数字与大写数字”对应的字典 number。将小写数字作为键，大写数字作为值。

（2）提取数字的小写与大写对应信息，可以通过获取字典所有键值对实现。

（3）显示 1～10 的小写与大写的对应信息。

根据实现步骤绘制流程图，如图 9.7 所示。

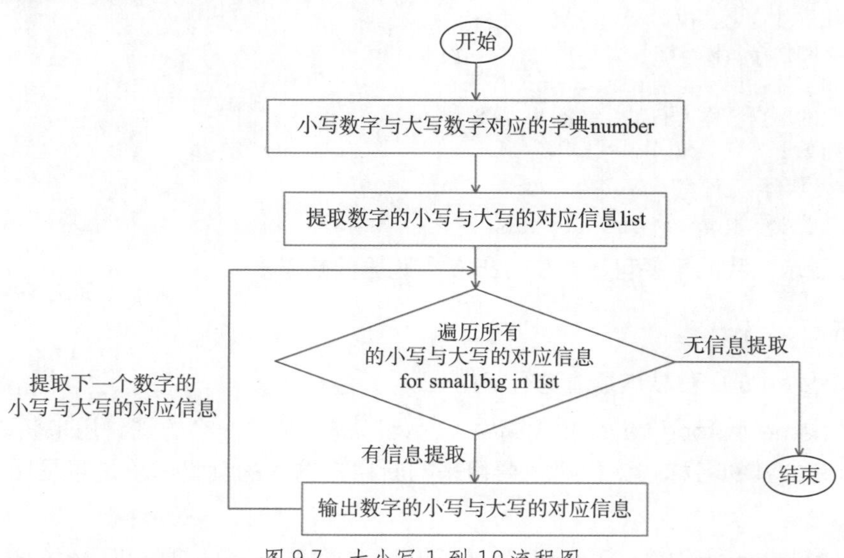

图 9.7 大小写 1 到 10 流程图

根据流程图编写代码，实现小写数字与大写数字对应功能。代码如下：

```
number={1:'壹',2:'贰',3:'叁',4:'肆',5:'伍',6:'陆',7:'柒',8:'捌',9:
'玖',10:'拾'}
list=number.items( )
for small,big in list:
    print(small,big)
```

代码执行后，输出 1～10 的大小写对应信息，结果如下：

```
1 壹
2 贰
3 叁
4 肆
5 伍
6 陆
7 柒
8 捌
9 玖
10 拾
```

代码解析

（1）在 list=number.items( ) 代码中，items( ) 是字典的一个方法，将字典中的键值对作为元组序列，然后重新组成新的列表序列。这里，用来提取所有数字 1～10 的小写与大写的对应信息，是一个可迭代的列表对象。

（2）代码 for small,big in list: 是一个 for 循环语句，这里用来遍历 list，提取数字的小写形式与大写形式。其中，小写使用 small 表示，大写使用 big 表示。

9.5 水果单词：添加字典元素

扫一扫，看视频

在学校里，我学会了苹果、香蕉、葡萄、橙子、梨的英文单词。今天，妈妈又教会了我其他的水果单词。下面编写一个程序，显示我在学校里学会的和妈妈教会的水果单词。完成该程序可以借助字典的添加元素功能实现。其实现步骤如下：

（1）创建字典 fruit，用来存放之前学会的水果单词，使用水果的中文名作为键，使用水果的英文名作为值。

（2）显示在学校里学会的所有水果单词。

（3）将妈妈教会的水果单词记录在字典中。这里，通过字典添加元素的功能实现。

（4）显示我现在学会的所有水果单词。

根据实现步骤绘制流程图，如图 9.8 所示。

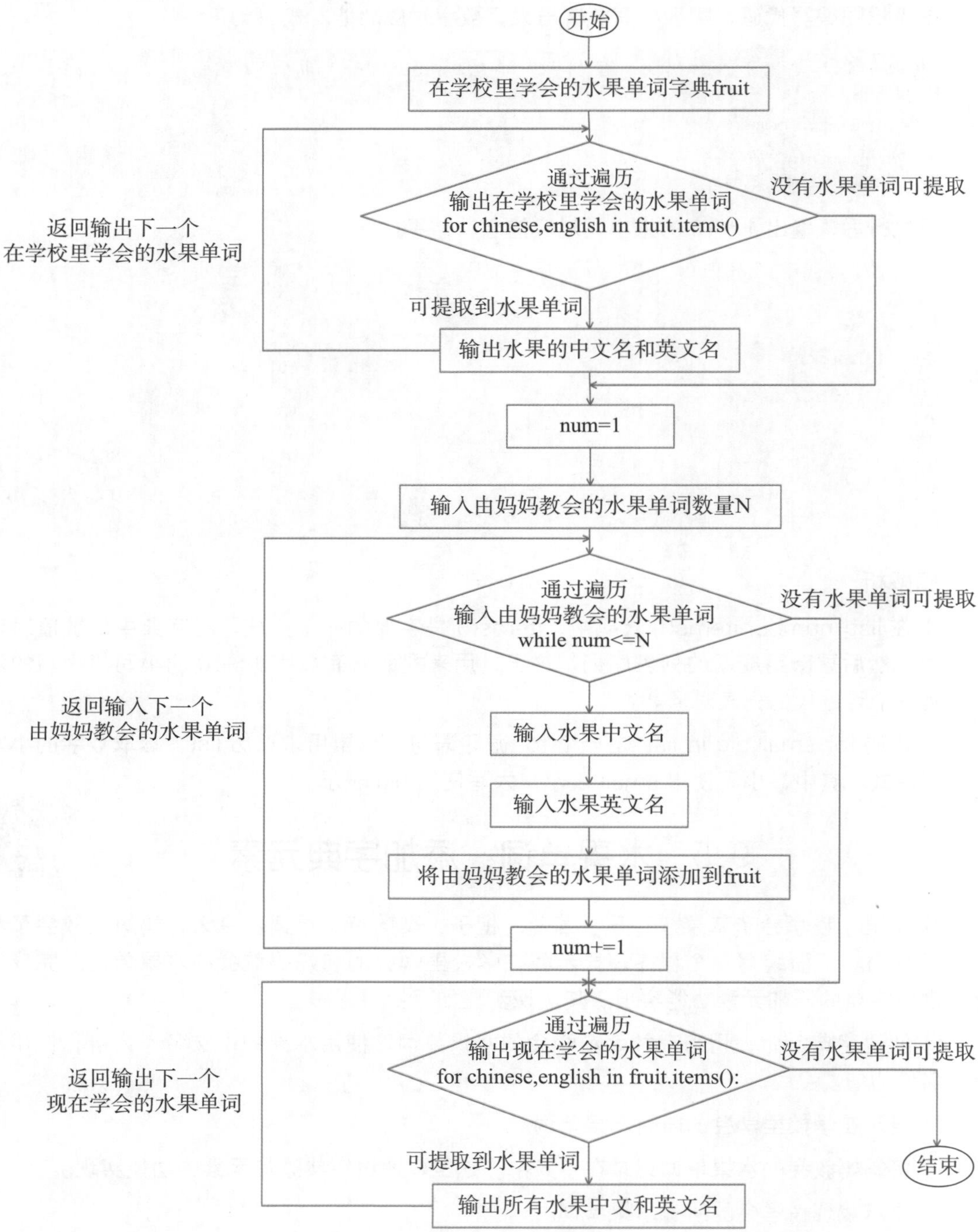

开始

在学校里学会的水果单词字典fruit

通过遍历
输出在学校里学会的水果单词
for chinese,english in fruit.items()

没有水果单词可提取

返回输出下一个
在学校里学会的水果单词

可提取到水果单词

输出水果的中文名和英文名

num=1

输入由妈妈教会的水果单词数量N

通过遍历
输入由妈妈教会的水果单词
while num<=N

没有水果单词可提取

返回输入下一个
由妈妈教会的水果单词

输入水果中文名

输入水果英文名

将由妈妈教会的水果单词添加到fruit

num+=1

通过遍历
输出现在学会的水果单词
for chinese,english in fruit.items():

没有水果单词可提取

返回输出下一个
现在学会的水果单词

可提取到水果单词

结束

输出所有水果中文和英文名

图 9.8　水果单词流程图

根据流程图编写代码，实现统计我学会的水果单词个数。代码如下：

```
fruit={'苹果':'Apple','香蕉':'Banana','葡萄':'Grape','橙子':'Orange',
'梨':'Pear'}                                    #水果单词字典
print('---------------在学校里学会的---------------')
for chinese,english in fruit.items( ):          #提取键值对组成新的序列，并遍历序列信息
    print(chinese,'',english)
num=1
N=int(input('妈妈教会了多少个水果单词（请输入）：'))
while num<=N:
    print('\n***第',num,'个***水果单词')
    C_New=input('请输入中文名：')
    E_New=input('请输入英文名：')
    fruit[C_New]=E_New                          #将由妈妈教会的水果单词添加到字典中
    num+=1
print('---------------现在学会的---------------')
for chinese,english in fruit.items( ):
    print(chinese,'',english)
```

代码执行后，首先，显示在学校里学会的水果单词；然后，计算机要求用户输入由妈妈教会的水果单词数量，并提示输入水果的中文名和英文名；最后，显示我现在学会的所有水果单词。执行过程如下：

```
---------------在学校里学会的---------------
苹果  Apple
香蕉  Banana
葡萄  Grape
橙子  Orange
梨  Pear
妈妈教会了多少个水果单词（请输入）：3              #输入由妈妈教会的水果单词的数量

***第 1 个***水果单词
请输入中文名：桃子                              #由妈妈教会的第1个水果单词
请输入英文名：Peach

***第 2 个***水果单词
请输入中文名：草莓                              #由妈妈教会的第2个水果单词
请输入英文名：Strawberry

***第 3 个***水果单词
请输入中文名：柠檬                              #由妈妈教会的第3个水果单词
请输入英文名：Lemon
```

```
--------------- 现在学会的 ---------------
苹果  Apple
香蕉  Banana
葡萄  Grape
橙子  Orange
梨  Pear
桃子  Peach
草莓  Strawberry
柠檬  Lemon
```

代码解析

在 fruit[C_New]=E_New 代码中，fruit 是一个字典，保存了在学校里学会的所有水果单词；C_New 表示由妈妈教会的水果单词的中文名；E_New 表示由妈妈教会的水果单词的英文名。该代码用来将由妈妈教会的水果单词添加到在学校里学会的水果单词字典中。

扫一扫，看视频

9.6 神秘的宝藏之谜：字典的合并

一位王公贵族生前拥有大量的金银珠宝，临终时，他把这些金银珠宝埋藏在了某个地方。他把地方的关键字分为 4 部分，以谜语的形式写在了 3 张藏宝图上，如图 9.9 所示。只有拿到这 3 张藏宝图，猜出谜底，并将谜底连起来，才能知道宝藏真正埋藏的地方。

图 9.9　神秘的宝藏

下面编写代码帮助用户猜测宝藏的埋藏地址。计算机给出开启宝藏的方法，用户根据谜语猜测谜底。如果全猜对，给出宝藏的埋藏之处；反之，输出“你所猜测的地方没有宝藏”。该实例可以通过字典的合并功能实现。其实现步骤如下：

（1）创建字典 map1、map2、map3 分别用来保存第 1 张藏宝图、第 2 张藏宝图、第 3 张藏宝图中地方关键字的谜语。

（2）合并 3 张藏宝图的谜语。

（3）显示谜语，用户根据谜语猜测谜底，使用 ack1、ack2、ack3、ack4 表示猜测的谜底。

（4）计算机判断用户的猜测，如果猜对，给出藏宝地点；如果猜错，告诉用户猜测的地方没有宝藏。

根据实现步骤绘制流程图，如图 9.10 所示。

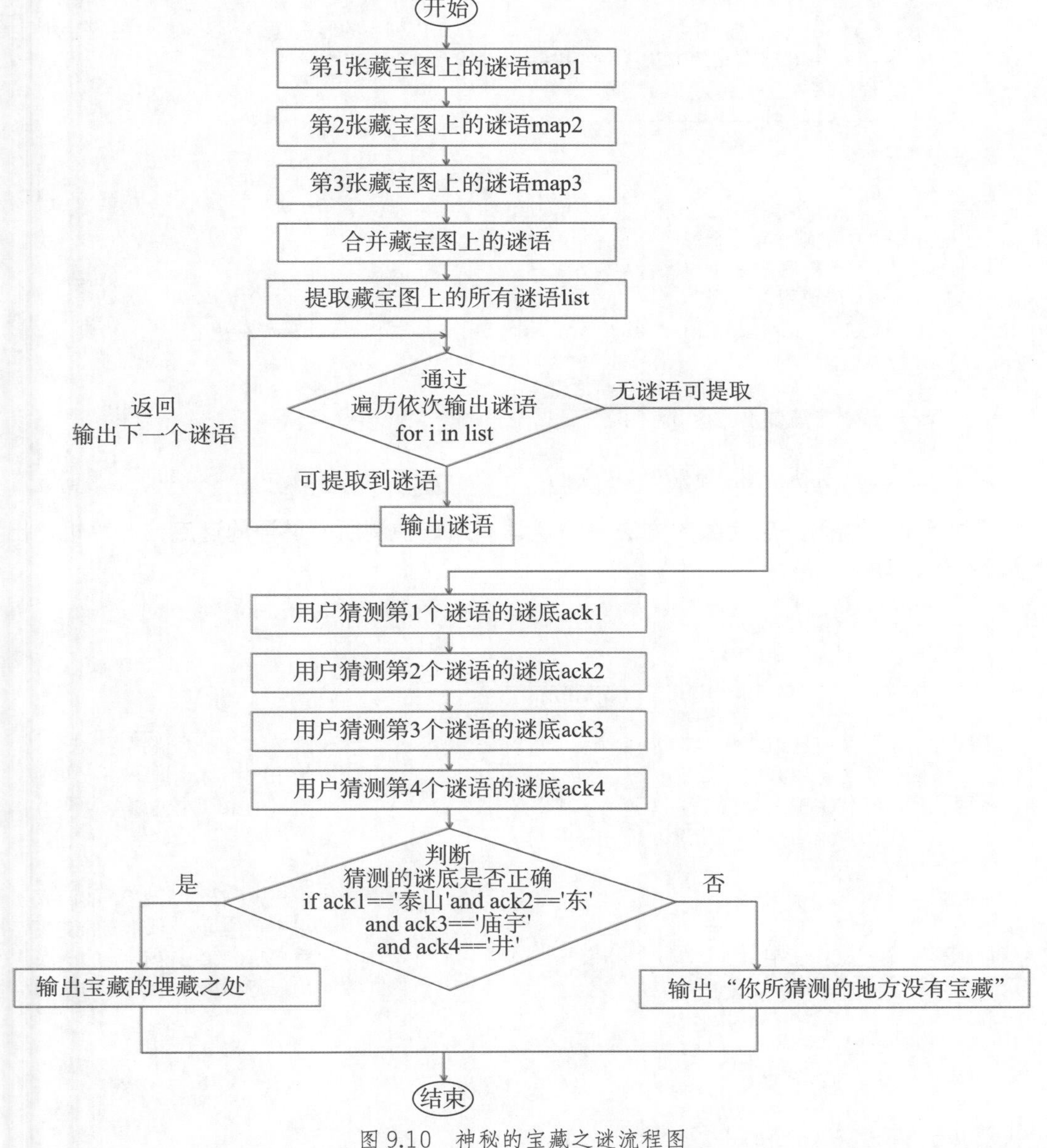

图 9.10　神秘的宝藏之谜流程图

根据流程图编写代码如下：

```
map1={1:'三人同在水上行（打一事物）',2:'向西走，回头看（打一方向）'}
map2={3:'由外西北广，于代宝玉来（打一事物）'}
map3={4:'一个字，八个头，里面有水不外流（打一字）'}
map2.update(map3)                          #将字典 map3 添加到字典 map2 中
map1.update(map2)                          #将字典 map2 添加到字典 map1 中
list=map1.values( )                        #以列表的形式返回字典 map1 中所有键值对的值
print('--------开启宝藏的方法--------\n'
      '下面谜底连在一起为宝藏之谜\n'
      '------------------------------\n')
for i in list:
        print(i)
ack1=input('\n请猜测第1个谜底：')
ack2=input('请猜测第2个谜底：')
ack3=input('请猜测第3个谜底：')
ack4=input('请猜测第4个谜底：')
if ack1=='泰山'and ack2=='东' and ack3=='庙宇' and ack4=='井':
        print('\n**********恭喜你********,\n'
              '      成功揭开了宝藏之谜\n      ')
        print('宝藏位于：泰山东侧庙宇的井中')
else:
        print('你所猜测的地方没有宝藏')
```

代码执行后，给出开启宝藏的方法——谜语；用户猜测所有谜语的谜底，计算机给出猜测结果。执行过程如下：

```
--------开启宝藏的方法--------
下面谜底连在一起为宝藏之谜
------------------------------

三人同在水上行（打一事物）                       #给出的第1个谜语
向西走，回头看（打一方向）                       #给出的第2个谜语
由外西北广，于代宝玉来（打一事物）               #给出的第3个谜语
一个字，八个头，里面有水不外流（打一字）         #给出的第4个谜语

请猜测第1个谜底：泰山                           #用户猜测第1个谜语的谜底
请猜测第2个谜底：东                             #用户猜测第2个谜语的谜底
请猜测第3个谜底：庙宇                           #用户猜测第3个谜语的谜底
请猜测第4个谜底：井                             #用户猜测第4个谜语的谜底

**********恭喜你********,
      成功揭开了宝藏之谜

宝藏位于：泰山东侧庙宇的井中
```

输出信息表示，该宝藏被埋藏在泰山东侧庙宇的井中。

代码解析

（1）在 map2.update(map3) 代码中，map2 和 map3 均表示字典，表示将字典 map3 中的元素添加到字典 map2 中，即将第 3 张藏宝图中的谜语添加到第 2 张藏宝图中。

（2）在 map1.update(map2) 代码中，map1 和 map2 均表示字典，表示将字典 map2 中的元素添加到字典 map1 中，即将第 2 张藏宝图中的谜语添加到第 1 张藏宝图中。

（3）在 list=map1.values( ) 代码中，values( ) 方法提取字典 map1 中所有值，即提取所有谜语，并组成新的列表，便于输出显示。

第10章

内置函数

“养兵千日，用兵一时”，意思是平时不用，到了关键时刻再用。Python 提供的内置函数就是在需要时进行调用。下面让我们来一起点兵（调用函数）解决问题吧！

扫一扫，看视频

10.1 三照白骨精：type( )

在《西游记》中，有一位白骨夫人想吃唐僧肉，但又害怕被孙悟空的火眼金睛识破本相。于是她分别变化为村姑、老妇和老翁（见图 10.1），尝试抓住唐僧，但每次都被悟空使用火眼金睛识破并打死。

图 10.1 三照白骨精

下面编写 Python 程序来讲解三照白骨精的故事。使用 Python 提供的内置函数 type( ) 判断村姑、老妇和老翁是否为白骨精。如果是白骨精，就显示部分对话情景。其实现步骤如下：

（1）定义白骨精，使用变量 monster 表示，为字符串类型。

（2）定义白骨精变化的 3 个角色：村姑、老妇、老翁分别使用变量 role1、role2 和 role3 表示。这 3 个变量都是字符串类型。

（3）悟空一照白骨精，并将其打死。使用 type( ) 函数判断角色村姑与白骨精是否为同一个类型。如果是同一个类型，输出部分对话情形。

（4）悟空二照白骨精，并将其打死。使用 type( ) 函数判断角色老妇与白骨精是否为同一个类型。如果是同一个类型，输出部分对话情形。

（5）悟空三照白骨精，并将其打死。使用 type( ) 函数判断角色老翁与白骨精是否为同一个类型。如果是同一个类型，输出部分对话情形。

根据实现步骤绘制流程图，如图 10.2 所示。

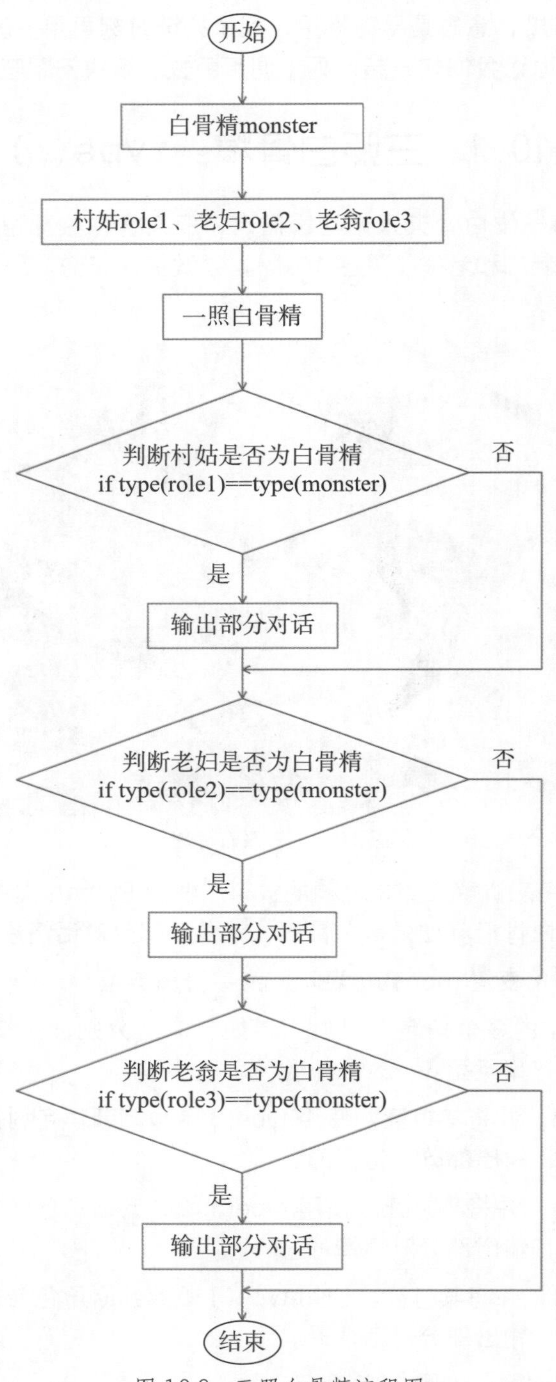

图 10.2　三照白骨精流程图

根据流程图编写代码，讲述三照白骨精的故事。代码如下：

```
monster='白骨精'
role1='村姑'
role2='老妇'
role3='老翁'
print('——————<< 一照 >>———————')
print(role1,'对唐僧：长老，就随我同去吧！')
if type(role1)==type(monster):
        print('此时，悟空回来\n'
              '大喊：妖怪')
        print('随后，打死了',role1)
        print('悟空对师父说：师父，我用火眼金睛照了，这个',role1,'是妖怪',monster)
print('\n——————<< 二照 >>———————')
print(role2,'对唐僧：请问长老，你可曾看见一个送饭的女子？')
if type(role2)==type(monster):
        print('此时，悟空回来\n'
              '说道：哼哼，妖怪')
        print('随后，一棒子打死了',role2)
        print('悟空对师父说：师父，你肉眼凡胎，人妖不辨。我用火眼金睛照了，这个',role2,
        '是妖怪',monster)
print('\n——————<< 三照 >>———————')
print(role3,'对唐僧：长老，打从山上来可见我妻小？')
if type(role3)==type(monster):
        print('此时，悟空听后\n'
              '说道：哼哼，你这妖精两番变化被我识破，如今竟敢又来骗人，看打')
        print('随后，愤怒的悟空，一棒子打死了',role3)
        print('悟空对师父说：师父，那白骨精是个妖魔，它几次变化，为的是加害于你。我用火眼
        金睛照了，这个',role3,'是妖怪',monster)
```

代码执行后，依次输出一照、二照、三照白骨精的对话，结果如下：

```
——————<< 一照 >>———————
村姑对唐僧：长老，就随我同去吧！
此时，悟空回来
大喊：妖怪
随后，打死了村姑
悟空对师父说：师父，我用火眼金睛照了，这个村姑是妖怪白骨精

——————<< 二照 >>———————
老妇对唐僧：请问长老，你可曾看见一个送饭的女子？
此时，悟空回来
说道：哼哼，妖怪
```

```
随后，一棒子打死了老妇
悟空对师父说：师父，你肉眼凡胎，人妖不辨。我用火眼金睛照了，这个老妇是妖怪白骨精

——————————<< 三照 >>——————————
老翁对唐僧：长老，打从山上来可见我妻小？
此时，悟空听后
说道：哼哼，你这妖精两番变化被我识破，如今竟敢又来骗人，看打
随后，愤怒的悟空，一棒子打死了老翁
悟空对师父说：师父，那白骨精是个妖魔，它几次变化，为的是加害于你。我用火眼金睛照了，这个老翁是妖怪白骨精
```

代码解析

（1）if type(role1)==type(monster): 是一个 if 语句，用来判断变量 role1 与变量 monster 是否为同一类型，为同一个类型，表示村姑就是白骨精。

（2）if type(role2)==type(monster): 是一个 if 语句，用来判断变量 role2 与变量 monster 是否为同一类型，为同一个类型，表示老妇就是白骨精。

（3）if type(role3)==type(monster): 是一个 if 语句，用来判断变量 role3 与变量 monster 是否为同一类型，为同一个类型，表示老翁就是白骨精。

扫一扫，看视频

10.2　1+2+3+⋯+100：range( )

1+2+3+⋯+100 等于多少？计算数字从 1 到 100 的和的方法可以依次做加法运算，数字 1 与数字 2 相加，再与数字 3 相加，再与数字 4 相加，以此类推，直到与数字 100 相加，得出的结果就是最终结果。数字 1～100 可以通过 range( ) 函数进行提供，然后通过 for 循环依次遍历数字进行加法运算。其实现步骤如下：

（1）运算之和初始值，使用 sum 进行表示，sum=0。

（2）依次使用数字 1～100。使用 range( ) 指定进行相加的数字范围 1～100，然后使用 for 循环遍历数字 1～100。

（3）计算之和并输出。

根据实现步骤绘制流程图，如图 10.3 所示。

根据流程图编写代码，实现数字 1～100 之和。代码如下：

```
sum=0
for i in range(1,101):
      sum=sum+i
print('1+2+3+...+100=',sum)
```

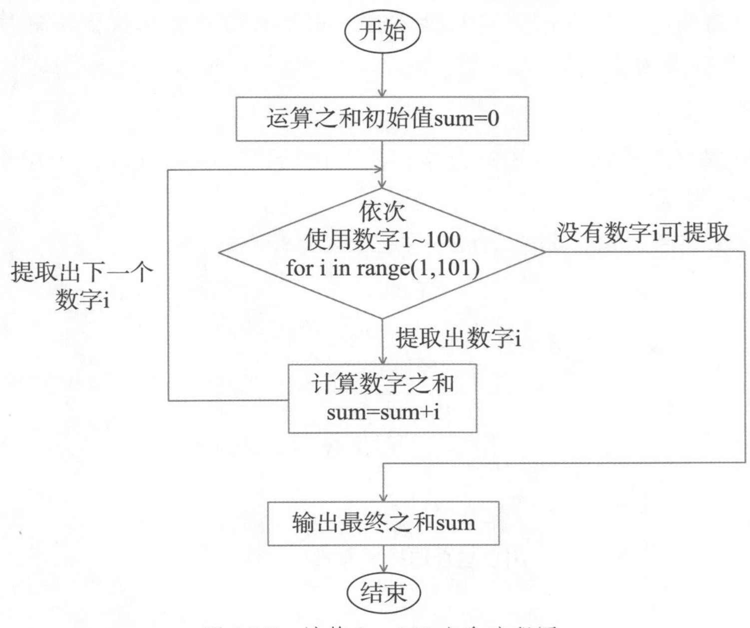

图 10.3 计算 1～100 之和流程图

代码执行后，输出数字 1～100 之和的结果。

```
1+2+3+...+100= 5050
```

输出信息表示从数字 1 加到数字 100 的和为 5050。

代码解析

（1）在 for i in range(1,101): 代码中，range(1,101) 用来表示数字 1～100，通过 for 依次遍历这些数字。

（2）sum=sum+i 是 for 语句中的一个迭代语句，用来依次计算提取到的数字之和。

10.3 温度转换器：eval( )

小明的父亲带他去美国游玩，去了美国后他发现，那里的天气预报中显示的温度数值有些奇怪，和中国使用的不一样。于是他问爸爸这是怎么回事？爸爸回答说，美国使用的是华氏温度，符号为℉；而中国使用的是摄氏温度，符号为℃，因此不一样。

下面编写一个程序，实现华氏温度与摄氏温度之间的转换。输入华氏或摄氏温度，计算机将其转换为摄氏或华氏温度。完成该功能可以借助 Python 提供的内置 eval( ) 函数，用来接收输入信息并进行处理。其实现步骤如下：

（1）提供可以转换的方式。这里有两种方式。第 1 种方式是华氏温度转换为摄氏温度；第 2 种方式是摄氏温度转换为华氏温度。

（2）用户选择转换的方式。

（3）计算机根据用户选择的方式进行相应的温度转换。在转换时，用户输入温度值，计算机将其转换为另一种温度值。

根据实现步骤绘制流程图，如图 10.4 所示。

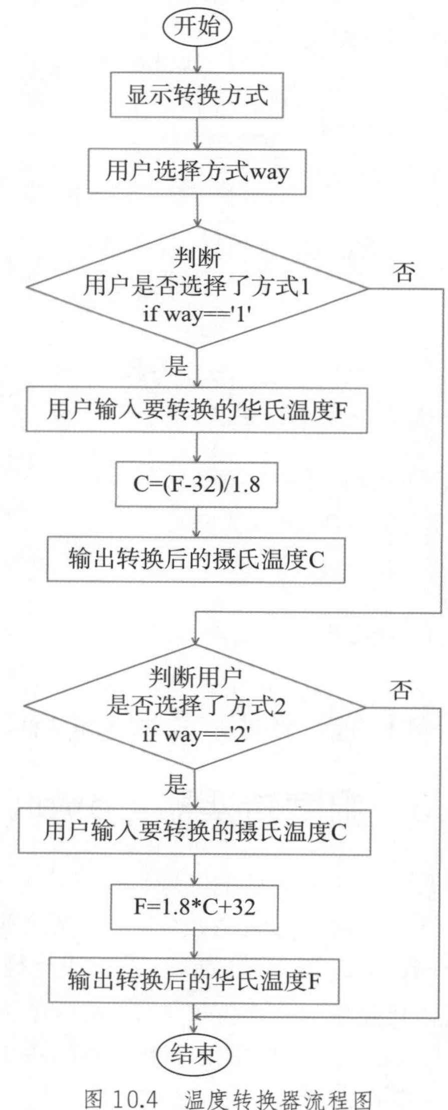

图 10.4　温度转换器流程图

根据流程图编写代码，实现温度的转换。代码如下：

```
print('-------- 温度转换方式 --------\n'
      '1. 华氏温度→→摄氏温度 \n'
      '2. 摄氏温度→→华氏温度 \n')
way=input(' 请选择转换方式：')
if way=='1':                                    # 判断是否将华氏温度转换为摄氏温度
    F=eval(input(' 请输入华氏温度 :'))
    C=(F-32)/1.8
    print(' 对应的摄氏温度为：',C)
if way=='2':                                    # 判断是否将摄氏温度转换为华氏温度
    C=eval(input(' 请输入摄氏温度 :'))
    F=1.8*C+32
    print(' 对应的华氏温度为：',F)
```

代码执行后，用户选择转换方式，然后根据提示输入温度值，计算机为其进行转换。例如，将华氏温度 53.6 转换为摄氏温度，执行过程如下：

```
-------- 温度转换方式 --------
1. 华氏温度→→摄氏温度
2. 摄氏温度→→华氏温度

请选择转换方式：1                              # 选择了转换方式 1
请输入华氏温度：53.6                           # 输入华氏温度值
对应的摄氏温度为：12.0                         # 转换后摄氏温度值
```

代码解析

（1）在 F=eval(input(' 请输入华氏温度 :')) 代码中，使用 input( ) 函数接收用户的输入信息，返回的是字符串类型。由于要进行温度转换，不可以是字符串类型，因此使用 eval( ) 函数进行处理。

（2）在 C=(F−32)/1.8 代码中，F 表示华氏温度，C 表示摄氏温度。该代码是华氏温度转换为摄氏温度的方式。

（3）代码 F=1.8*C+32 是摄氏温度转换为华氏温度的公式。

10.4 结账程序：round( )

扫一扫，看视频

今天和妈妈一起逛街，路过一家“旺旺超市”，该超市今天搞促销全场七五折。正好我和妈妈都口渴了，就进去买了 7 瓶冰糖雪梨。结账时，妈妈给了收银员 100 元，收银员找了妈妈 84.2 元。

下面编写一个程序，模拟收银员结账。用户输入商品名称、单价、数量、折扣，计算机算出应付金额。然后用户输入整钱，实现找零功能，并显示购物小票。完成该程序可以借助 Python 提供的内置 round( ) 函数实现取整。其实现步骤如下：

（1）用户输入的商品名称、单价、数量、折扣，分别使用变量 name、price、count、discount 表示。

（2）计算机计算应付金额，使用 pay 进行表示，然后进行显示。

（3）用户输入整钱，代表收银员从用户那里收到的钱，使用 get 进行表示。

（4）计算机计算出找零的钱，使用 ret 进行表示。

（5）显示购物小票信息。

根据实现步骤绘制流程图，如图 10.5 所示。

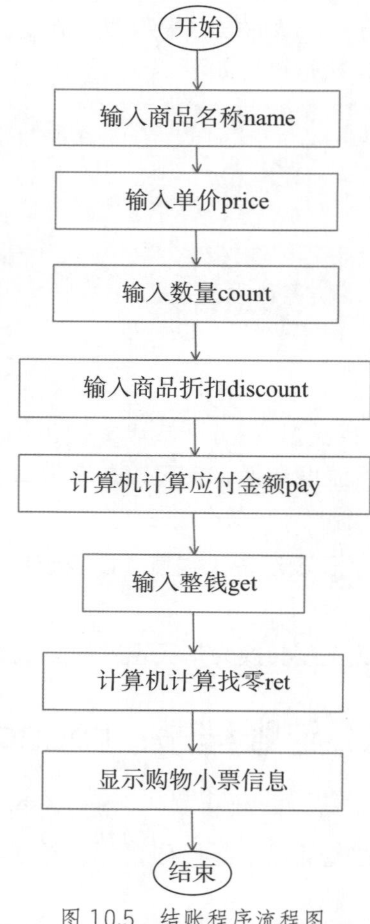

图 10.5　结账程序流程图

根据流程图编写代码，实现结账程序。代码如下：

```
name=input("商品名称：")
price=input('单价：')
count=input('数量：')
discount=input('商品折扣：')
pay=round(float(price)*int(count)*float(discount),1)
print('应付金额：',pay)
get=float(input('实收：'))
ret=get-pay
print('***************旺旺超市***************\n'
     '       欢  迎  您  的  光  临   \n'
     '=========================================\n'
     '商品名称         单 价         数 量         折扣')
print(name,'            ',price,'    ',count,'    ',discount)
print('应付：',pay)
print('实收：',get)
print('找零：',ret)
```

代码执行后，用户根据提示进行输入。输入完成后显示购物小票信息。执行过程如下：

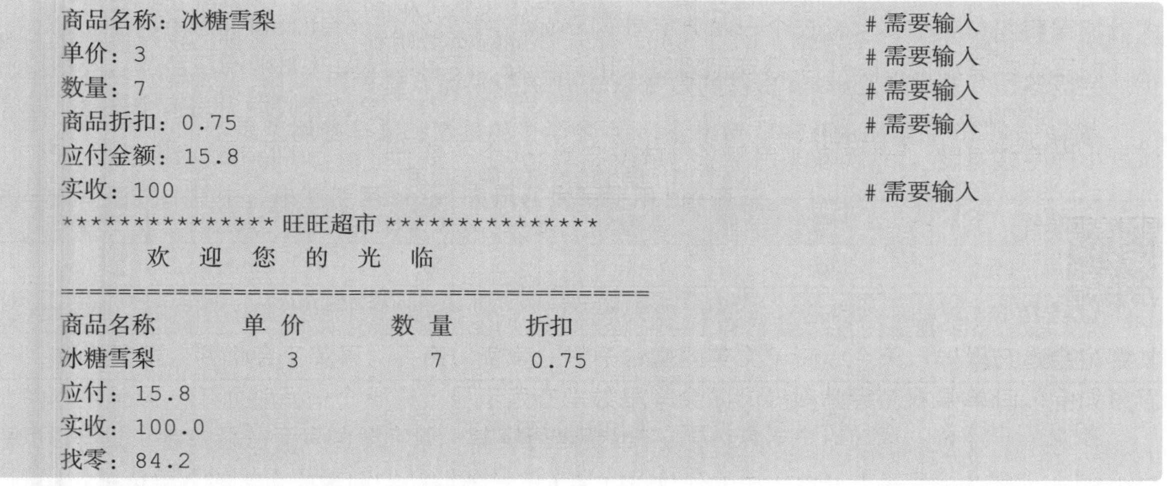

```
商品名称：冰糖雪梨                                    #需要输入
单价：3                                              #需要输入
数量：7                                              #需要输入
商品折扣：0.75                                        #需要输入
应付金额：15.8
实收：100                                            #需要输入
***************旺旺超市***************
       欢  迎  您  的  光  临
=========================================
商品名称         单 价       数 量       折扣
冰糖雪梨            3           7        0.75
应付：15.8
实收：100.0
找零：84.2
```

代码解析

在 pay=round(float(price)*int(count)*float(discount),1) 代码中，pay 为计算机计算出应收用户的金额，为了避免应收金额出现类似几分钱这种不好结算的金额，这里使用了 round ( ) 函数进行四舍五入。

扫一扫，看视频

10.5 校车收费系统：sum( )

校车是用来接送学生上下学的汽车，如图 10.6 所示。由于学生家离学校的远近不同、学生的坐车次数不同，收取的费用也不同。

图 10.6 校车

为了方便计算收取学生的校车费用，下面编写一个校车收费系统。该系统包括三部分：第一部分，登记学生的校车费用；第二部分，显示学生的交费明细；第三部分，统计收取的总费用。完成该程序要用到 Python 提供的内置 sum( ) 函数来计算总费用。

编写一个 10 名学生的校车收费系统，10 名学生的姓名和乘车费用见表 10.1。

表 10.1 学生的姓名及乘车费用

姓名	李霞	周慧敏	赵美丽	白鑫	赵韩
乘车费用 （元）	120	100	200	150	80
姓名	刘乐乐	李大伟	杜娟	王安军	张蓉蓉
乘车费用 （元）	230	260	180	90	110

根据表中内容，设计校车收费系统，其实现步骤如下：

（1）创建一个空字典 dict，用来存放每位学生的姓名以及他们需要支付的乘车费用。

（2）登记每位学生的交费情况。使用 name 表示学生姓名，使用 money 表示交的费用。

（3）显示学生们的交费明细。

（4）统计收取的总金额，使用 total 进行表示。

根据实现步骤绘制流程图，如图 10.7 所示。

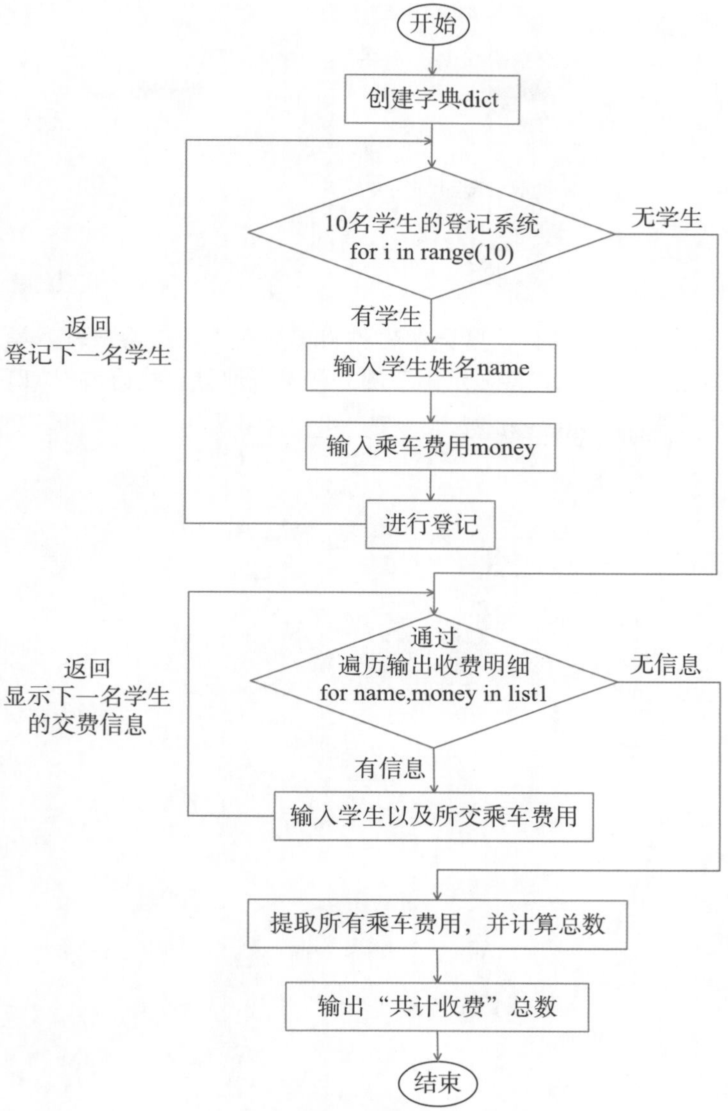

开始
创建字典dict
10名学生的登记系统
for i in range(10)
无学生
有学生
返回
登记下一名学生
输入学生姓名name
输入乘车费用money
进行登记
通过
遍历输出收费明细
for name,money in list1
无信息
返回
显示下一名学生
的交费信息
有信息
输入学生以及所交乘车费用
提取所有乘车费用，并计算总数
输出“共计收费”总数
结束

图 10.7　校车收费系统流程图

根据流程图编写代码，实现校车收费系统。代码如下：

```
dict={}
print('-------------校车收费登记系统-------------')
for i in range(10):                                  # 依次对学生乘车交费进行登记
    name=input('姓名：')
    money=int(input('所交乘车费用：'))
```

```
        dict[name]=money
print('\n------------- 交费明细 -------------')
list1=dict.items( )
for name,money in list1:                          # 依次显示学生乘车交费明细
        print(name,money)
print('\n------------- 收费总金额 -------------')
list2=dict.values( )
total=sum(list2)
print('共计收费：',total,'元')                    # 显示收取的总费用
```

代码执行后，进入到第一部分，登记学生的乘车交费情况。用户输入学生姓名和乘车费用即可。第一部分完成后，计算机直接显示第二部分和第三部分。执行过程如下：

```
------------- 校车收费登记系统 -------------
姓名：李霞
所交乘车费：120
姓名：周慧敏
所交乘车费：100
姓名：赵美丽
所交乘车费：200
姓名：白鑫
所交乘车费：150
姓名：赵韩
所交乘车费：80
姓名：刘乐乐
所交乘车费：230
姓名：李大伟
所交乘车费：260
姓名：杜娟
所交乘车费：180
姓名：王安军
所交乘车费：90
 姓名：张蓉蓉
所交乘车费：110

------------- 交费明细 -------------
李霞 120
周慧敏 100
赵美丽 200
白鑫 150
赵韩 80
刘乐乐 230
李大伟 260
```

```
杜娟 180
王安军 90
张蓉蓉 110

------------- 收费总金额 -------------
共计收费：1520 元
```

代码解析

（1）dict[name]=money 代码将每位学生的姓名以及乘车费用记录到字典 dict 中。

（2）list1=dict.items( ) 代码从字典 dict 中提取每位学生的乘车费用明细。

（3）list2=dict.values( ) 代码从字典 dict 中提取所有学生的乘车费用，将费用放在列表 list2 中。

（4）total=sum(list2) 代码对列表 list2 中的所有学生的乘车费用进行相加，计算总费用。

第11章

自定义函数

在 Python 语言中，函数就是组织好可重复使用的，用来实现某一特定功能的代码段。下面让我们一起定义函数来解决实际中的问题吧！

扫一扫，看视频

11.1 声母与韵母：函数的定义与调用

声母是使用在韵母前面的辅音，跟韵母一起构成一个完整的音节。声母有 23 个，如图 11.1 所示。韵母有 24 个，如图 11.2 所示。

图 11.1　声母表

图 11.2　韵母表

下面编写一个程序输出 23 个声母或 24 个韵母。用户可以选择输出声母还是韵母。为了使代码清晰简洁，可以将声母和韵母分别封装在两个函数中，然后通过调用对应的函数进行输出。其实现步骤如下：

（1）定义声母函数，函数名为 Sheng_Mu( )。

（2）定义韵母函数，函数名为 Yun_Mu( )。

（3）计算机给出选项，供用户进行选择。计算机根据用户的选择调用对应的函数，输出声母或韵母。

根据实现步骤绘制流程图，如图 11.3 所示。

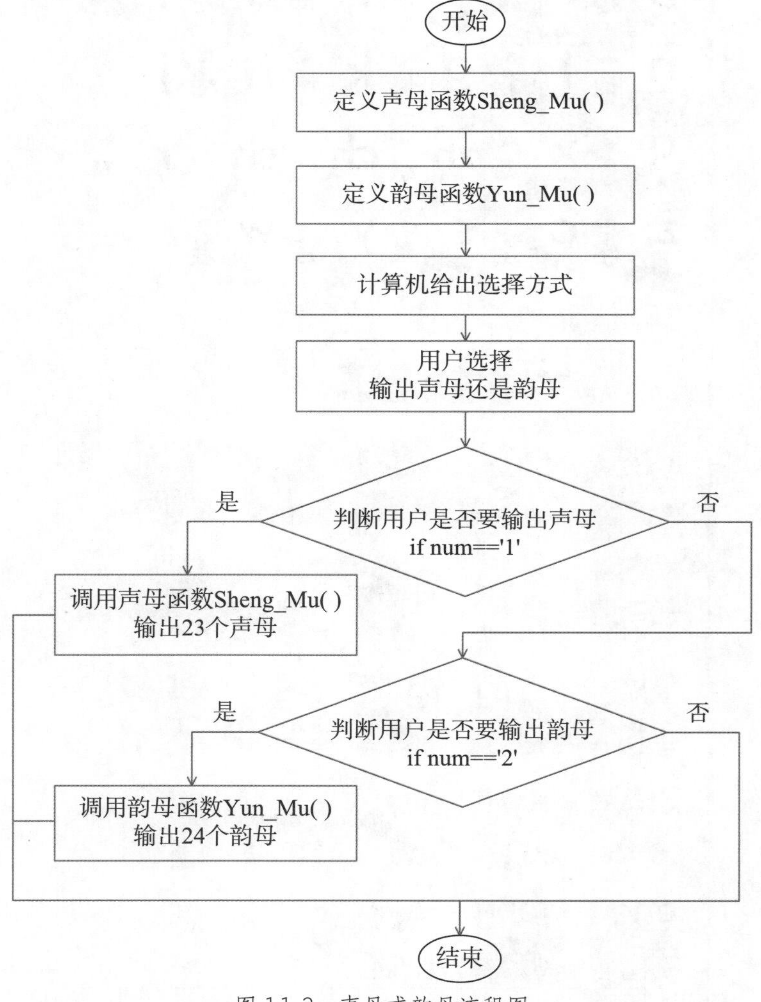

图 11.3　声母或韵母流程图

根据流程图编写代码，输出声母或韵母。代码如下：

```
def Sheng_Mu( ):                                          # 声母函数
    print('------声母（23个）------')
    print('b    p    m    f    d    t\n'
          'n    l    g    k    h    j\n'
          'q    x    zh   ch   sh   r\n'
          'z    c    s    y    w')
def Yun_Mu( ):                                            # 韵母函数
    print('-----------韵母（24个）-----------')
    print('a      o      e      i      u      ü\n'
          'ai     ei     ui     ao     ou     iu\n'
          'ie     üe     er     an     en     in\n'
          'un     ün     ang    eng    ing    ong')
print('----------汉语拼音的声母与韵母----------\n'
      '1.显示声母\n'
      '2.显示韵母\n')
num=input('请选择：')
if num=='1':                                              # 判断用户是否需要输出声母
     Sheng_Mu( )
if num=='2':                                              # 判断用户是否需要输出韵母
     Yun_Mu( )
```

代码执行后，用户根据需要选择输出声母还是韵母，例如，显示韵母，执行过程如下：

```
----------汉语拼音的声母与韵母----------
1.显示声母
2.显示韵母

请选择：2                                                  # 用户选择显示韵母
-----------韵母（24个）-----------
a      o      e      i      u      ü
ai     ei     ui     ao     ou     iu
ie     üe     er     an     en     in
un     ün     ang    eng    ing    ong
```

输出信息成功显示了24个韵母。

代码解析

（1）def Sheng_Mu( )代码通过def关键字定义了一个函数，函数名为Sheng_Mu，表示声母函数。

（2）Sheng_Mu( )代码表示调用声母函数Sheng_Mu( )。

（3）def Yun_Mu( ) 代码通过 def 关键字定义了一个函数，函数名为 Yun_Mu，表示韵母函数。

（4）Yun_Mu( ) 代码表示调用韵母函数 Yun_Mu( )。

扫一扫，看视频

11.2 计算梯形面积：参数的传递

今天，小明在学校里学习了梯形面积的计算方法，其计算公式为：（上底 + 下底）× 高 ÷ 2，每次计算不同的梯形时，都需要自己计算一遍。为了能够快速地求出梯形的面积，小明编写一个程序，只需要输入梯形的上底、下底和高，自动计算出该梯形的面积。

实现该程序，可以定义一个计算梯形面积的函数，当计算不同梯形的面积时，直接传递梯形的实际数值（上底、下底和高的值）即可。其实现步骤如下：

（1）定义计算梯形面积的函数，使用形参 a、b、h 分别表示梯形的上底、下底和高。函数级参数为 area(a,b,h)。

（2）用户输入梯形的上底、下底和高的实际值，调用函数 area( ) 计算梯形面积。

根据实现步骤绘制流程图，如图 11.4 所示。

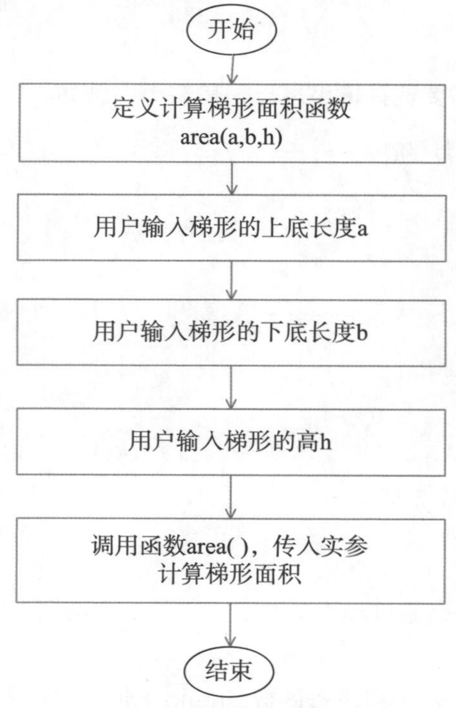

图 11.4 计算梯形面积流程图

根据流程图编写代码，计算梯形面积。代码如下：

```
def area(a,b,h):                                     # 带有形参的函数
    S=(a+b)*h/2
    print('梯形面积为：',S)
a=int(input('请输入梯形上底长度：'))
b=int(input('请输入梯形下底长度：'))
h=int(input('请输入梯形的高：'))
area(a,b,h)                                          # 调用函数，传递实参
```

代码执行后，用户依次输入梯形的上底、下底和高的值。输入后，计算机给出该梯形的面积。例如，计算上底为 15，下底为 26，高为 7 的梯形面积，执行过程如下：

```
请输入梯形上底长度：15
请输入梯形下底长度：26
请输入梯形的高：7
梯形面积为：143.5
```

输出信息表示该梯形面积为 143.5。

代码解析

（1）def area(a,b,h): 代码定义了函数 def area( )，其中，a、b、c 为该函数的形参。

（2）area(a,b,h) 代码调用函数 def area( )，此时的 a、b、c 为实参，也就是用户输入的上底、下底和高的值。

11.3 计算 *n*!（*n* 的阶乘）：函数的返回值

扫一扫，看视频

阶乘是基斯顿·卡曼于 1808 年发明的运算符号。一个正整数的阶乘是所有小于及等于该数的正整数的积。例如，自然数 *n* 的阶乘写作 *n*!，即 $n!=1\times2\times3\times\cdots\times(n-1)\times n$。编写一个程序计算 *n*!，实现该程序，可以定义一个计算阶乘的函数，通过函数的返回值给出计算结果。其实现步骤如下：

（1）定义计算阶乘的函数，定义形参 n，用来表示计算数字 n 的阶乘，函数及参数为 factorial(n)。

（2）用户输入要计算阶乘的正整数，使用 num 表示这个数。

（3）计算机进行计算，并输出计算结果。

根据实现步骤绘制流程图，如图 11.5 所示。

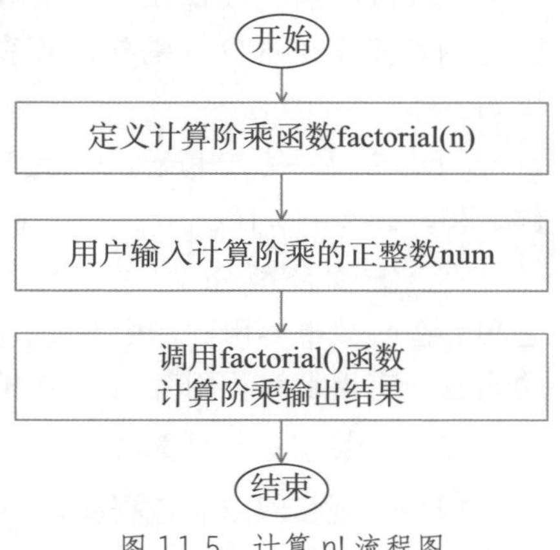

图 11.5 计算 n! 流程图

根据流程图编写代码，计算 n!。代码如下：

```
def factorial(n):                                   # 阶乘函数
    if n == 0 or n == 1:
         return 1
    else:
         return (n*factorial(n-1))
num=int(input('输入一个正整数：'))                   # 输入一个数 num
s=factorial(num)                                    # 计算数 num 的阶乘
print(num,'的阶乘是：',s)
```

代码执行后，由用户输入一个正整数，然后计算机给出该数阶乘的结果值。例如，计算数字 8 的阶乘，执行过程如下：

```
输入一个正整数：8
8 的阶乘是：40320
```

输出信息表示，8 的阶乘为 40320。

代码解析

（1）if n == 0 or n == 1: 是一个 if 语句，用来判断计算阶乘的数是否为 0 或 1。

（2）return 1 代码返回函数值。当计算阶乘的数字 n 为 0 或 1 时，直接返回结果为 1。

（3）return (n*factorial(n−1)) 代码返回函数值。当计算阶乘的数字 n 不为 0 或 1 时，通过计算，返回数字 n 的阶乘计算结果。

扫一扫，看视频

11.4 100 以内的偶数之和：变量的作用域

100 以内的偶数有 0、2、4、6、…、96、98、100。下面编写一个程序计算 100 以内的偶数之和。实现该程序，需要注意变量的作用域。其实现步骤如下：

（1）定义一个变量 sum，表示计算的是 100 以内的偶数之和，即 sum=100。

（2）定义函数 S( )，该函数用来计算 100 以内的偶数之和。在函数中要用到两个变量，变量 i 用来表示依次相加的偶数；变量 sum 用来表示每次相加后的和。

（3）计算机进行计算并输出结果。

根据实现步骤绘制流程图，如图 11.6 所示。

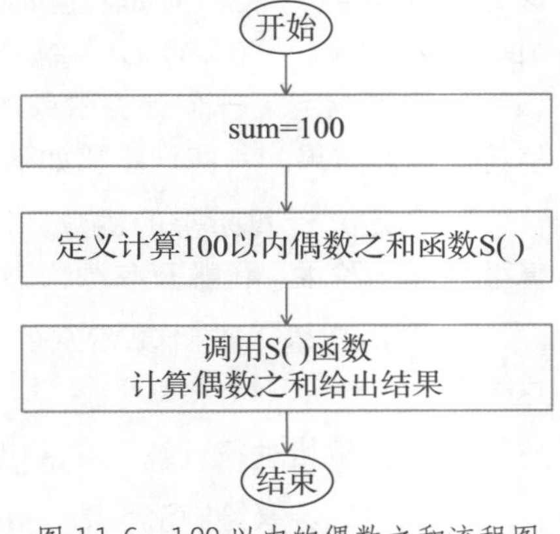

图 11.6　100 以内的偶数之和流程图

根据流程图编写代码，求 100 以内的偶数之和。代码如下：

```
sum=100
def S( ):
    i=2
    sum=0                                        # 和的初始值
    while i<=100:
        sum=sum+i
        i=i+2                                    # 通过迭代，使得每次相加的数为偶数
    return sum
print(sum,'以内的偶数之和为：',S( ))
```

代码执行后，给出 100 以内的偶数之和，结果如下：

```
100 以内的偶数之和为：2550
```

输出信息表示 100 以内的偶数之和为 2550。

代码解析

（1）在 sum=100 代码中，sum 是一个全局变量，在函数 S( ) 之外。

（2）在 i=2 和 sum=0 代码中，变量 i 和变量 sum 均为局部变量，只能在函数 S( ) 内部使用。

（3）return sum 代码通过 return 语句返回 100 以内的偶数之和，这里的 sum 为局部变量。

11.5 好玩的汉诺塔：递归

扫一扫，看视频

汉诺塔游戏是一个益智游戏，它有 3 根柱子，依次编号为 A、B、C。在柱子 A 上叠放着 *N* 个大小不同的圆盘，并且从上往下圆盘大小依次逐渐变大。按照游戏规则，玩家需要将柱子 A 上的圆盘移动到柱子 C 上，在移动时可以借助 B 柱子。但移动的过程中，每次只能移动一个圆盘，并且大圆盘不能放在小圆盘上面。成功移动到柱子 C 上时，从上往下圆盘大小仍然是逐渐变大。汉诺塔游戏如图 11.7 所示。

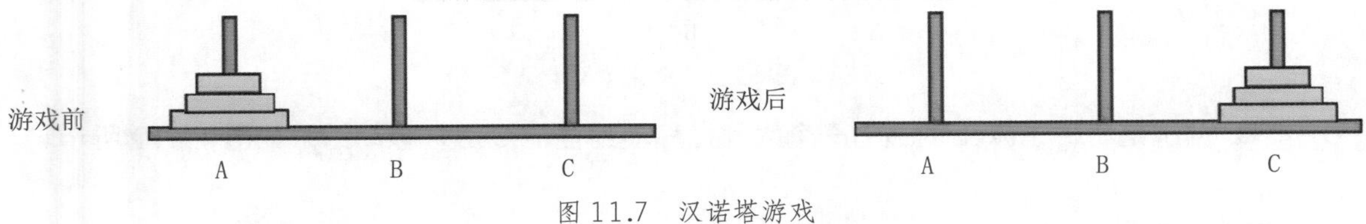

图 11.7 汉诺塔游戏

下面编写程序，要求用户可以手动设置柱子 A 上的圆盘数 N，并输出具体的移动方法。由于每次移动只能移动一个圆盘，完成游戏需要重复多次移动。实现汉诺塔游戏的移动方法可以

借助函数的递归机制，其实现步骤如下：

（1）定义移动函数 move(N,A,B,C)。其中，N 表示柱子 A 上的圆盘数。该函数表示将 N 个圆盘从柱子 A 借助柱子 B 移动到柱子 C 上。A 为起点，C 为终点，B 为借助点。

（2）如果柱子 A 上只有一个圆盘，即 N=1，则可以直接将圆盘从柱子 A 移动到柱子 C。这时需要通过 if 语句判断 N 的值。

（3）如果柱子 A 上的圆盘数大于 1 个，即 N>1。需要先将柱子 A 上 N–1 个圆盘借助柱子 C 移动到柱子 B 上。N–1 个圆盘不能作为整体进行移动，而是需要一个一个地移动，此时，可以递归调用移动函数 move(N–1, A, C, B)。A 为起点，B 为终点，C 为借助点。

（4）将柱子 A 上剩下的第 N 个圆盘移动到柱子 C 上，继续调用移动函数 move(1, A, B, C)。A 为起点，C 为终点，B 为借助点。

（5）将柱子 B 上的 N–1 个圆盘借助柱子 A 移动到柱子 C 上，调用移动函数 move(N–1, B, A, C)。B 为起点，C 为终点，A 为借助点。

（6）给出每一次的移动方法。

为了方便对步骤的理解，下面以示意图的方式对步骤进行说明。假设柱子 A 上有 4 个圆盘，步骤（1）只是定义了一个移动函数，未开始进行移动，如图 11.8 所示。

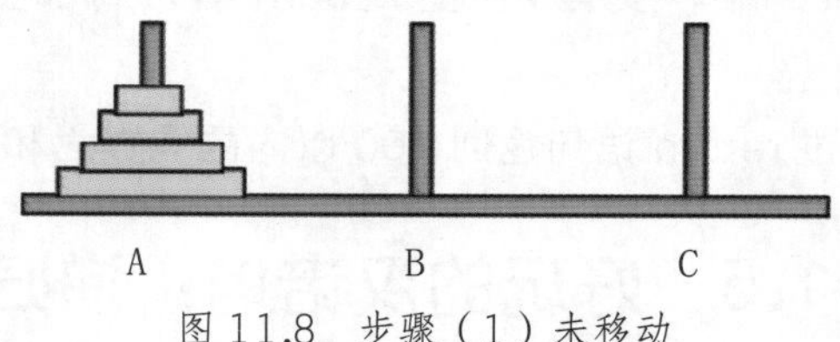

图 11.8 步骤（1）未移动

步骤（2）指的是只有一个圆盘的情况，这里假设了 4 个，起始为 4 个圆盘，因此目前不用考虑。

步骤（3）是将柱子 A 上的 3 个圆盘移动到柱子 B 上，移动结果如图 11.9 所示。

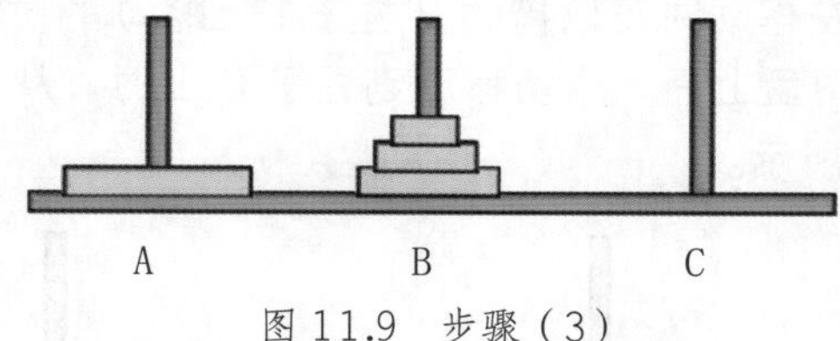

图 11.9 步骤（3）

步骤（4）是将柱子 A 上的最后一个大圆盘移动到柱子 C 上，移动结果如图 11.10 所示。

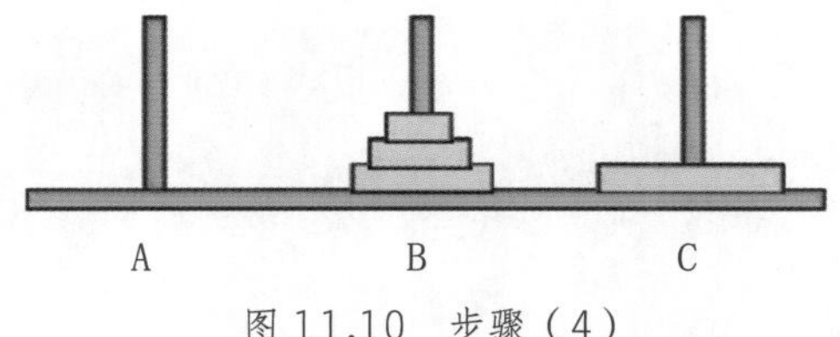

图 11.10 步骤（4）

步骤（5）是将柱子 B 上的 3 个圆盘移动到柱子 C 上，移动结果如图 11.11 所示。

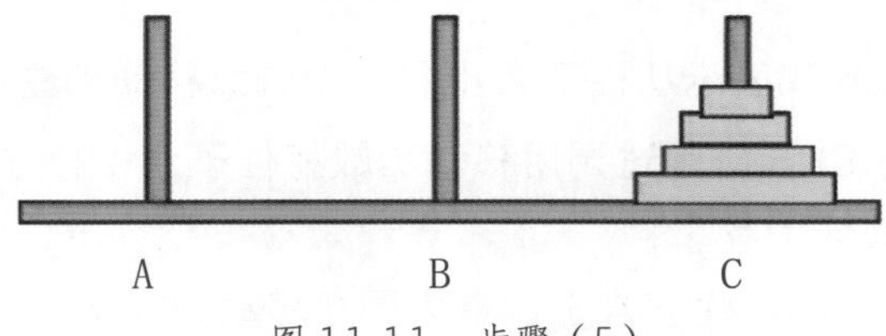

图 11.11 步骤（5）

根据实现步骤编写代码，求汉诺塔的移动步骤。代码如下：

```
def move(N, A, B, C):                          # 定义的移动函数 move( )
    if N == 1:
        print(A, '-->', C)
    else:
        move(N-1, A, C, B)                     # 进行递归调用移动函数 move( )
        move(1, A, B, C)                       # 进行递归调用移动函数 move( )
        move(N-1, B, A, C)                     # 进行递归调用移动函数 move( )
num = input('请输入柱子 A 上圆盘的个数：')
num = int(num)
print('把柱子 A 上的',num,'个圆盘全部移到柱子 C 上的顺序为：')
move(num, 'A', 'B', 'C')
```

代码执行后，需要用户设置柱子 A 上圆盘的数量，计算机将给出每个圆盘的移动方法。例如，设置柱子 A 上有 4 个圆盘，执行过程如下：

```
请输入柱子 A 上圆盘的个数：4
把柱子 A 上的 4 个圆盘全部移到柱子 C 上的顺序为：
A --> B
A --> C
B --> C
A --> B
C --> A
C --> B
A --> B
A --> C
B --> C
```

```
B --> A
C --> A
B --> C
A --> B
A --> C
B --> C
```

代码解析

（1）print(A, '-->', C) 代码表示从柱子 A 上将一个圆盘移动到柱子 C 上。

（2）move(N-1, A, C, B) 代码通过调用移动函数将柱子 A 上除了下面最大的圆盘以外的其他圆盘，借助柱子 C 移动到柱子 B 上。

（3）move(1, A, B, C) 代码将柱子 A 上的最大圆盘移动到柱子 C 上。

（4）move(N-1, B, A, C) 代码通过调用移动函数将柱子 B 上所有圆盘（除了最大的圆盘）借助柱子 A 移动到柱子 C 上。

第 12 章

类与对象

在日常生活中要想清楚地描述一个事物，不仅需要描述其特性，还需要描述它可以做的事情。在 Python 语言中，使用类将这些特征和可以做的事情封装起来，然后通过实例化对象清楚地描述一个事物。下面让我们体验类与对象的作用吧！

扫一扫，看视频

12.1 万能的土豆：定义类

最近，妈妈手机中经常传来一首好听的歌曲："一起来切土豆，土豆土豆土豆块，土豆土豆土豆片，土豆土豆土豆丝，土豆土豆土豆丁，土豆块，土豆片，土豆丝，土豆丁……" 这首歌曲轻松地讲到了土豆的多种吃法，可以切成土豆块、土豆片、土豆丝、土豆丁来吃。

在日常生活中会经常见到万能的土豆。下面通过一段代码形容土豆的形状、外观，以及土豆可以切成的形状。由于都是用来描述土豆的，因此可以通过定义类来实现。土豆是一个类，使用静态变量描述形状、外观；使用成员函数表示 4 种切法。其实现步骤如下：

（1）定义土豆类，类名为 potato。

（2）定义静态员变量 name 描述名称。这里将名称设为"万能的土豆"。

（3）定义静态员变量 shape 描述形状。

（4）定义静态员变量 exterior 描述外观。

（5）定义成员函数 cut1、cut2、cut3、cut4 描述每种切法。

根据实现步骤绘制流程图，如图 12.1 所示。

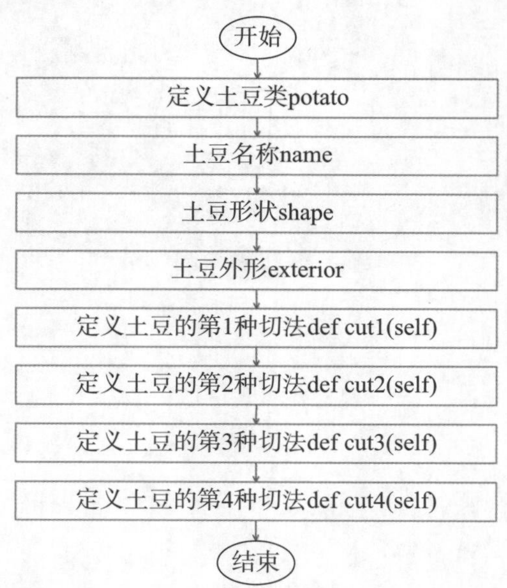

图 12.1 万能的土豆流程图

根据流程图编写以下代码。

```
class potato:                                          # 土豆类
    name='万能的土豆'                                   # 静态变量
    shape='呈椭圆形'                                    # 静态变量
    exterior='无毛、外皮呈白色、淡红色或紫色'              # 静态变量
    def cut1(self):                                    # 成员函数
        print('可以将我切成块状来吃')
    def cut2(self):                                    # 成员函数
        print('可以将我切成片状来吃')
    def cut3(self):                                    # 成员函数
        print('可以将我切成丝状来吃')
    def cut4(self):                                    # 成员函数
        print('可以将我切成丁状来吃')
```

代码解析

（1）def cut1(self) 通过 def 语句定义了一个名称为 cut1 的函数，其中，self 为该函数的参数。该函数是一个成员函数，用来表示土豆的一种切法，这里表示可以将土豆切成块状来吃。

（2）def cut2(self) 定义成员函数 cut2( )，表示土豆的一种切法，这里表示可以将土豆切成片状来吃。

（3）def cut3(self) 定义成员函数 cut3( )，表示土豆的一种切法，这里表示可以将土豆切成丝状来吃。

（4）def cut4(self) 定义成员函数 cut4( )，表示土豆的一种切法，这里表示可以将土豆切成丁状来吃。

12.2 神奇的冰淇淋：实例化对象

扫一扫，看视频

炎热的夏天，我的汗水直流，正好看见卖冰淇淋的。这冰淇淋真好看，五颜六色的，如图 12.2 所示。看着冰淇淋不断地冒“烟”，想着吃上一口，我的热劲肯定就降下来了。

下面编写一个程序，描述图中的冰淇淋。它的 5 种颜色属于它的特征；吃它一口可以降温，还有冒“烟”，这属于可以对它的一种操作。因此，这里可以通过类实例化对象，用对象进行描述。其具体步骤如下：

（1）定义冰淇淋类，类名为 Ice_Cream。

（2）表示特征，定义静态变量 name 表示名称；定义静态变量 Color_Number 表示颜色数；定义静态变量 list 表示颜色。

图 12.2 神奇的冰淇淋

（3）表示操作。定义成员函数 eat，表示吃它时拥有的操作；定义成员函数 look，表示看它时拥有的操作。

（4）实例化对象，借助对象进行描述。

根据实现步骤绘制流程图，如图 12.3 所示。

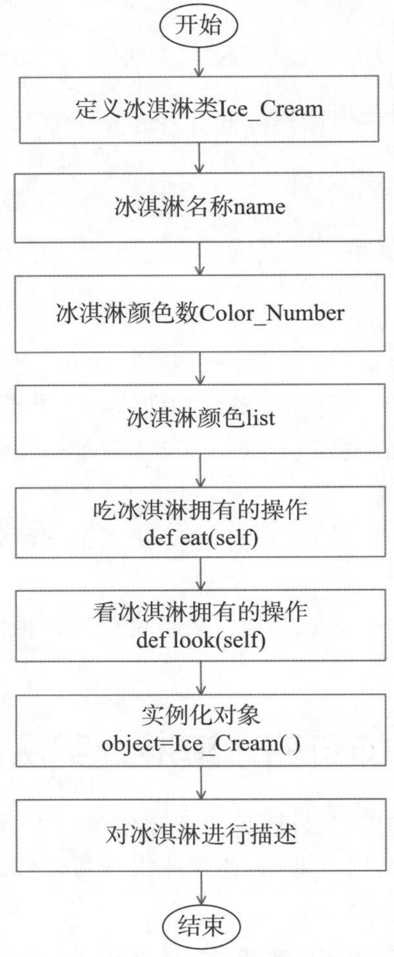

图 12.3　神奇的冰淇淋流程图

根据流程图编写代码，描述神奇的冰淇淋。代码如下：

```
class Ice_Cream:                                    # 冰淇淋类
    name='冰淇淋'
    Color_Number=5                                  # 颜色数量
    list=['黄','红','蓝','绿','紫']                  # 冰淇淋颜色列表
```

```
    def eat(self):                              # 成员函数（吃冰淇淋时调用）
        return '吃我一口，凉劲十足'
    def look(self):                             # 成员函数（看着冰淇淋时调用）
        return '我可是会冒烟的噢!'
object=Ice_Cream( )                             # 实例化对象
print(object.name,'有',object.Color_Number,'种颜色')
print('颜色分别为：',object.list)
print('吃冰淇淋时，它会说：',object.eat( ))
print('你看着它时，它会说：',object.look( ))
```

代码执行后，显示出对冰淇淋的描述信息，结果如下：

```
冰淇淋 有 5 种颜色
颜色分别为：['黄', '红', '蓝', '绿', '紫']
吃冰淇淋时，它会说：吃我一口，凉劲十足
你看着它时，它会说：我可是会冒烟的噢!
```

代码解析

（1）object.name 代码通过对象调用静态变量，实现对名称的描述。

（2）object.Color_Number 代码通过对象调用静态变量，实现对颜色数量的描述。

（3）object.list 代码通过对象调用静态变量，实现对颜色的描述。

（4）object.eat( ) 代码通过对象调用成员函数，实现对吃它时，它会怎样描述。

（5）object.look( ) 代码通过对象调用成员函数，实现对看它时，它会怎样描述。

12.3　人类的共同行为：类的继承

人类分为男人和女人两种性别，但是他们都有共同的行为，都需要吃饭、睡觉、上厕所。编写一段代码，描述男人和女人拥有的行为。由于男人和女人拥有的行为都是人类拥有的行为，因此，可以通过类的继承实现。其实现步骤如下：

（1）定义一个人类类，类名为 People，并使用成员函数描述吃饭、睡觉、上厕所的行为。

（2）定义一个男人类，类名为 Man，继承 People 类中的行为。

（3）男人类实例化对象，并输出男人的行为。

（4）定义一个女人类，类名为 Woman，继承 People 类中的行为。

（5）女人类实例化对象，并输出女人的行为。

根据实现步骤绘制流程图，如图 12.4 所示。

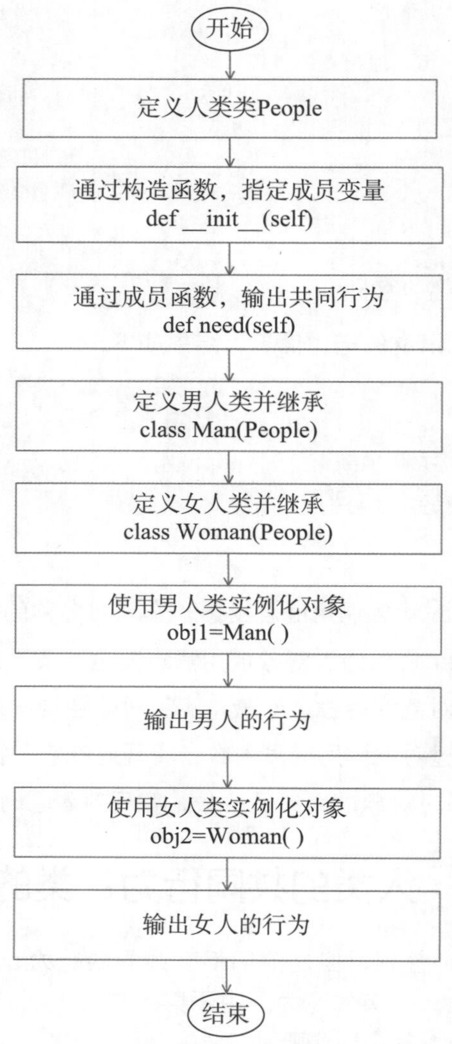

图 12.4　人类的共同行为流程图

根据流程图编写代码，表现人类的共同行为。代码如下：

```
class People:                                 # 定义类 People
    def __init__(self):
        self.str="需要"                        # People 类中的成员变量 str
    def need(self):                           # People 类中的成员函数 need( )
        print(self.str+"吃饭")
        print(self.str+"睡觉")
        print(self.str+"上厕所")
```

```
class Man(People):                        # 定义了 Man 类，它继承了 People 类
    name='男人'
    pass
class Woman(People):                      # 定义了 Woman 类，它继承了 People 类
    name='女人'
    pass
obj1=Man( )                               # 实例化 Man 类对象
print('------',obj1.name,'------')
obj1.need( )                              # 通过 Man 类对象调用 People 类的成员函数
obj2=Woman( )                             # 实例化 Woman 类对象
print('------',obj2.name,'------')
obj2.need( )
```

代码执行后，显示出男人和女人的行为，结果如下：

```
------ 男人 ------
需要吃饭
需要睡觉
需要上厕所
------ 女人 ------
需要吃饭
需要睡觉
需要上厕所
```

输出信息表示，男人和女人的行为是一样的，这是因为男人类 Man 和女人类 Woman 都继承了人类类 People。

代码解析

（1）在 class Man(People) 代码中，People 是一个类，该代码表示 Man 类继承了 People 类。

（2）在 class Woman(People) 代码中，Woman 是一个类，该代码表示 Woman 类继承了 People 类。

12.4 男女有别：类的重写

扫一扫，看视频

虽然男人和女人可以拥有共同的行为，需要吃饭，需要睡觉，但是有些行为只能是特有的。例如，男人得上男厕所，女人得上女厕所。这属于他们自己特有的行为，也是男女有别之处。下面编写程序，分别输出男女之间共同和特有的行为。完成该程序可以通过类的重写实现。其实现步骤如下：

（1）定义人类类 People。在类中，成员函数 need1( ) 定义共同的行为；成员函数 need2( ) 定义不同的行为。

（2）定义男人类 Man，重写成员函数 need2( )，重新定义男人特有的行为。

（3）定义女人类 Woman，重写成员函数 need2()，重新定义女人特有的行为。

（4）男人类实例化对象，并输出男人的行为（共同行为和特有行为）。

（5）女人类实例化对象，并输出女人的行为（共同行为和特有行为）。

根据实现步骤绘制流程图，如图 12.5 所示。

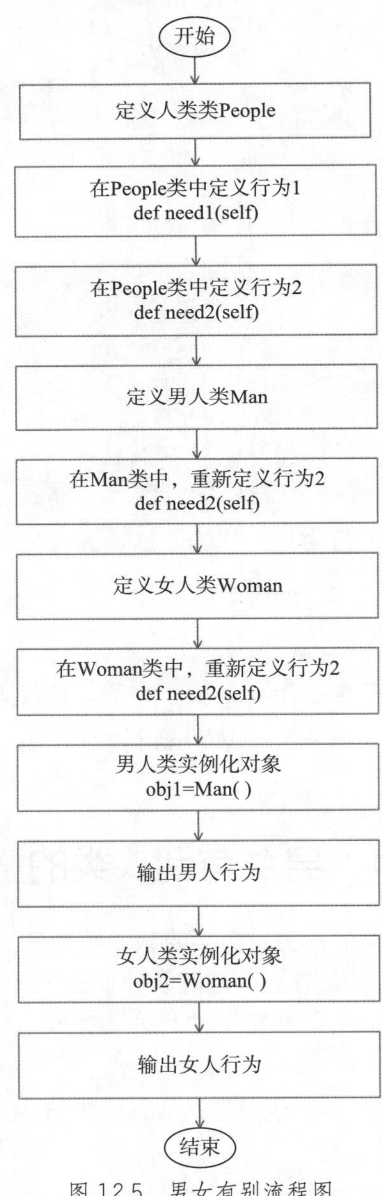

图 12.5　男女有别流程图

根据流程图编写代码，表现男女有别的行为。代码如下：

```
class People( ):                                    # 定义的父类 People
    def __init__(self):
        self.str="需要"
    def need1(self):                                # 父类成员函数 need1( )
        print(self.str+"吃饭")
        print(self.str+"睡觉")
    def need2(self):                                # 父类成员函数 need2( )
        print(self.str+"上厕所")
class Man(People):                                  # Man 类继承父类 People
    name='男人'
    def need2(self):                                # 重写父类成员函数 need2( )
        print("需要上男厕所")
class Woman(People):                                # Woman 类继承父类 People
    name='女人'
    def need2(self):                                # 重写父类成员函数 need2( )
        print("需要上女厕所")
obj1=Man( )
print('------',obj1.name,'------')
obj1.need1( )
print('------但是------')
obj1.need2( )
obj2=Woman( )
print('------',obj2.name,'------')
obj2.need1( )
print('------但是------')
obj2.need2( )
```

代码执行后，输出男人和女人的行为，结果如下：

```
------ 男人 ------
需要吃饭
需要睡觉
------但是------
需要上男厕所
------ 女人 ------
需要吃饭
需要睡觉
------但是------
需要上女厕所
```

代码解析

def need2(self) 代码出现了 3 次。第 1 次在 People 类中，它定义了该类的成员函数；第 2 次在 Man 类中，重写了 People 类中的函数 need2( )；第 3 次在 Woman 类中，也是重写了 People 类中的函数 need2( )。

第13章

文件

养成做课堂笔记的习惯是提高学习效果的一个方法。通过再次阅读笔记可以起到巩固和复习的作用。在 Python 语言中，提供了文件操作功能，可以实现类似课堂笔记的作用。下面让我们一起记录和读取笔记信息吧！

扫一扫，看视频

13.1 我的暑假计划：文件的写入

暑假来了，不能浪费大好时光，我要为自己制订一份暑假计划。计划分为三部分：第一部分为“学习计划”；第二部分为“玩耍计划”；第三部分为“睡觉计划”。每部分的计划中包含 5 个小计划，用来记录具体计划或要做的事情。

下面编写一个程序，帮助我实现暑假计划的制订，并将计划内容保存在文件中。完成该程序可以借助文件的写入功能来实现，将每个计划依次写入到文件中。其实现步骤如下：

（1）创建一个文件，用来存储暑假计划。这里使用 PLAN.txt 文件。

（2）用户输入“学习计划”中的每一个小计划，并将计划写入 PLAN.txt 文件中，使用 Learn 表示学习计划。

（3）用户输入“玩耍计划”中的每一个小计划，并将计划写入 PLAN.txt 文件中，使用 Play 表示玩耍计划。

（4）用户输入“睡觉计划”中的每一个小计划，并将计划写入 PLAN.txt 文件中，使用 Sleep 表示睡觉计划。

（5）关闭暑假计划的文件。

根据实现步骤绘制流程图，如图 13.1 所示。

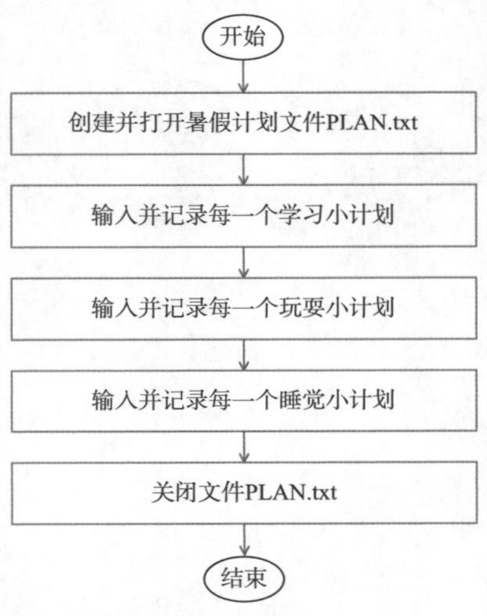

图 13.1　我的暑假计划流程图

根据流程图编写代码，实现暑假计划的制订。代码如下：

```
f=open('PLAN.txt','w')                                  # 创建并打开文件 PLAN.txt
print('************************* 暑假三大计划 *************************')
Learn='学习计划'
print('-------------- 学习计划 --------------')
f.write('{:*^30}'.format(Learn))
Learn_One=input('请输入计划一：')
f.write('\n1.'+Learn_One)                               # 将学习计划一写入 PLAN.txt 中
Learn_Two=input('请输入计划二：')
f.write('\n2.'+Learn_Two)                               # 将学习计划二写入 PLAN.txt 中
Learn_Three=input('请输入计划三：')
f.write('\n3.'+Learn_Three)                             # 将学习计划三写入 PLAN.txt 中
Learn_Four=input('请输入计划四：')
f.write('\n4.'+Learn_Four)                              # 将学习计划四写入 PLAN.txt 中
Learn_Five=input('请输入计划五：')
f.write('\n5.'+Learn_Five)                              # 将学习计划五写入 PLAN.txt 中
Play='玩耍计划'
print('\n-------------- 玩耍计划 --------------')
f.write('\n{:*^30}'.format(Play))
Play_One=input('请输入计划一：')
f.write('\n1.'+Play_One)                                # 将玩耍计划一写入 PLAN.txt 中
Play_Two=input('请输入计划二：')
f.write('\n2.'+Play_Two)                                # 将玩耍计划二写入 PLAN.txt 中
Play_Three=input('请输入计划三：')
f.write('\n3.'+Play_Three)                              # 将玩耍计划三写入 PLAN.txt 中
Play_Four=input('请输入计划四：')
f.write('\n4.'+Play_Four)                               # 将玩耍计划四写入 PLAN.txt 中
Play_Five=input('请输入计划五：')
f.write('\n5.'+Play_Five)                               # 将玩耍计划五写入 PLAN.txt 中
Sleep='睡觉计划'
print('\n-------------- 睡觉计划 --------------')
f.write('\n{:*^30}'.format(Sleep))
Sleep_One=input('请输入计划一：')
f.write('\n1.'+Sleep_One)                               # 将睡觉计划一写入 PLAN.txt 中
Sleep_Two=input('请输入计划二：')
f.write('\n2.'+Sleep_Two)                               # 将睡觉计划二写入 PLAN.txt 中
Sleep_Three=input('请输入计划三：')
f.write('\n3.'+Sleep_Three)                             # 将睡觉计划三写入 PLAN.txt 中
Sleep_Four=input('请输入计划四：')
f.write('\n4.'+Sleep_Four)                              # 将睡觉计划四写入 PLAN.txt 中
Sleep_Five=input('请输入计划五：')
f.write('\n5.'+Sleep_Five)                              # 将睡觉计划五写入 PLAN.txt 中
f.close( )                                                    # 关闭文件
print('********************* 暑假计划文件 PLAN.txt*********************')
```

代码执行后，需要依次输入学习计划、玩耍计划、睡觉计划。输入完成后，这些计划将被保存在 PLAN.txt 文件中。执行过程如下：

```
************************** 暑假三大计划 **************************
-------------- 学习计划 --------------
请输入计划一：按时完成家庭作业                          # 输入学习计划一
请输入计划二：坚持每天练钢琴                            # 输入学习计划二
请输入计划三：每天学一个小时的英语                      # 输入学习计划三
请输入计划四：温习学过的知识                            # 输入学习计划四
请输入计划五：摘录知识点                                # 输入学习计划五

-------------- 玩耍计划 --------------
请输入计划一：去看望姥姥                                # 输入玩耍计划一
请输入计划二：去游乐场玩一次                            # 输入玩耍计划二
请输入计划三：找小朋友好好玩耍几天                      # 输入玩耍计划三
请输入计划四：看一部喜欢的动画片                        # 输入玩耍计划四
请输入计划五：和爸爸妈妈一起做一次爱心晚餐              # 输入玩耍计划五

-------------- 睡觉计划 --------------
请输入计划一：赖床 10 天                                # 输入睡觉计划一
请输入计划二：每天午休一小时                            # 输入睡觉计划二
请输入计划三：睡觉要关灯                                # 输入睡觉计划三
请输入计划四：晚上按时睡觉                              # 输入睡觉计划四
请输入计划五：睡觉前做眼保健操                          # 输入睡觉计划五
********************* 暑假计划文件 PLAN.txt*********************
```

输出信息表示输入了所有的暑假计划。这些计划都可以在 PLAN.txt 文件中进行查看，如图 13.2 所示。

PLAN.txt - 记事本
文件(F) 编辑(E) 格式(O) 查看(V) 帮助(H)

```
*************学习计划*************
1. 按时完成家庭作业
2. 坚持每天练钢琴
3. 每天学一个小时的英语
4. 温习学过的知识
5. 摘录知识点
*************玩耍计划*************
1. 去看望姥姥
2. 去游乐场玩一次
3. 找小朋友好好玩耍几天
4. 看一部喜欢的动画片
5. 和爸爸妈妈一起做一次爱心晚餐
*************睡觉计划*************
1. 赖床10天
2. 每天午休一小时
3. 睡觉要关灯
4. 晚上按时睡觉
5. 睡觉前做眼保健操
```

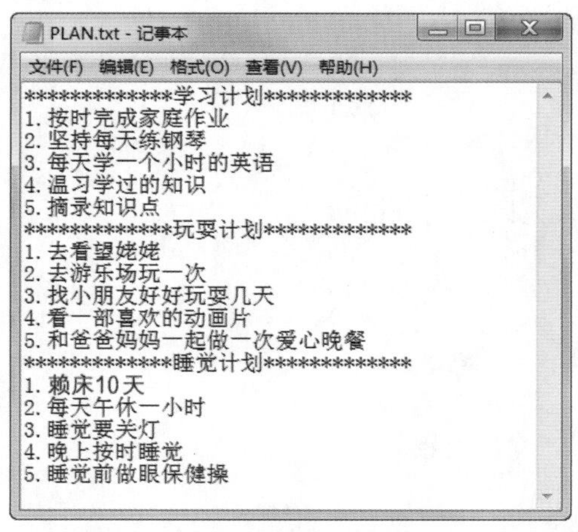

图 13.2　暑假计划

代码解析

（1）f=open('PLAN.txt','w') 代码表示通过 open( ) 方法打开 PLAN.txt 文件。其中，'w' 表示打开模式，这里为写入模式；f 是一个文件对象。

（2）f.write('\n1.'+Learn_One) 代码使用 write( ) 方法，向 PLAN.txt 文件中写入计划。

（3）f.close( ) 代码使用 close( ) 方法关闭 PLAN.txt 文件。

13.2 查看默写的《三字经》：文件的读取

扫一扫，看视频

《三字经》是中国的传统启蒙教材。在中国古代经典作品当中，《三字经》是最浅显易懂的读本之一。《三字经》取材典范，包括中国传统文化的文学、历史、哲学、天文地理、人伦义理、忠孝节义等，而核心思想又包括了“仁、义、诚、敬、孝”。背诵《三字经》的同时，就了解了常识、传统国学、历史故事，以及故事内涵中的做人做事的道理。

今天，在学校里学习了这篇《三字经》，并且用整整一天的时间背会并默写下来，放在了 file.txt 文件中。下面编写一个程序，查看我默写的《三字经》内容。完成该程序可以借助文件的读取功能，读出默写的《三字经》内容。其实现步骤如下：

（1）以只读模式打开《三字经》文件 file.txt。

（2）读取文件中默写的《三字经》内容，把读取出来的内容赋值给变量 content。

（3）输出显示内容。

（4）关闭 file.txt 文件。

根据实现步骤绘制流程图，如图 13.3 所示。

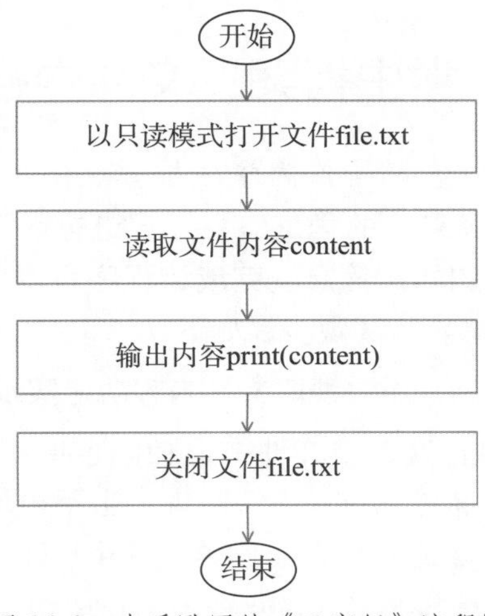

图 13.3 查看默写的《三字经》流程图

根据流程图编写代码，实现查看默写的《三字经》。代码如下：

```
f=open('file.txt','r')                                    # 打开文件
content=f.read( )                                         # 读取文件内容
print(content)                                            # 输出文件内容
f.close( )                                                # 关闭文件
```

代码执行后，直接输出我在 file.txt 文件中默写的《三字经》内容，结果如下：

```
        三字经
人之初，性本善。性相近，习相远。
苟不教，性乃迁。教之道，贵以专。
昔孟母，择邻处。子不学，断机杼。
窦燕山，有义方。教五子，名俱扬。
养不教，父之过。教不严，师之惰。
…（…省略部分输出内容）
幼而学，壮而行。上致君，下泽民。
扬名声，显父母。光于前，裕于后。
人遗子，金满赢。我教子，唯一经。
勤有功，戏无益。戒之哉，宜勉力。
```

代码解析

（1）f=open('file.txt','r') 代码使用 open( ) 方法打开 file.txt 文件。其中，'r' 表示打开模式，这里为只读模式；f 是一个文件对象。

（2）content=f.read( ) 代码使用 read( ) 方法，读取文件中默认的《三字经》内容。

（3）f.close( ) 代码使用 close( ) 方法关闭 file.txt 文件。

扫一扫，看视频

13.3　学生档案：文件内容追加

班里要登记学生的姓名和身份证号作为学生档案。由于之前登记过一些同学，保存在 dossier.txt 文件中。现在还需要将剩下的学生信息登记进去。下面编写一个程序用来补充登记学生信息，并显示补充前后学生的档案信息。完成该程序可以借助文件内容追加功能，在原来内容的基础上，添加新的内容信息。其实现步骤如下：

（1）显示原有的学生档案信息，通过读取文件内容功能实现。

（2）增加新的学生档案信息，通过往文件中追加内容功能实现。在增加学生档案信息时，由于需要不断地增加，因此可以通过 while 语句实现。当不再增加时，需要终止。这里可以通过 if-else 语句判断用户是否进行了终止增加。这里允许用户输入 q 或 Q 进行终止。

（3）显示现在的学生档案信息，通过读取文件内容功能实现。

根据实现步骤绘制流程图，如图 13.4 所示。

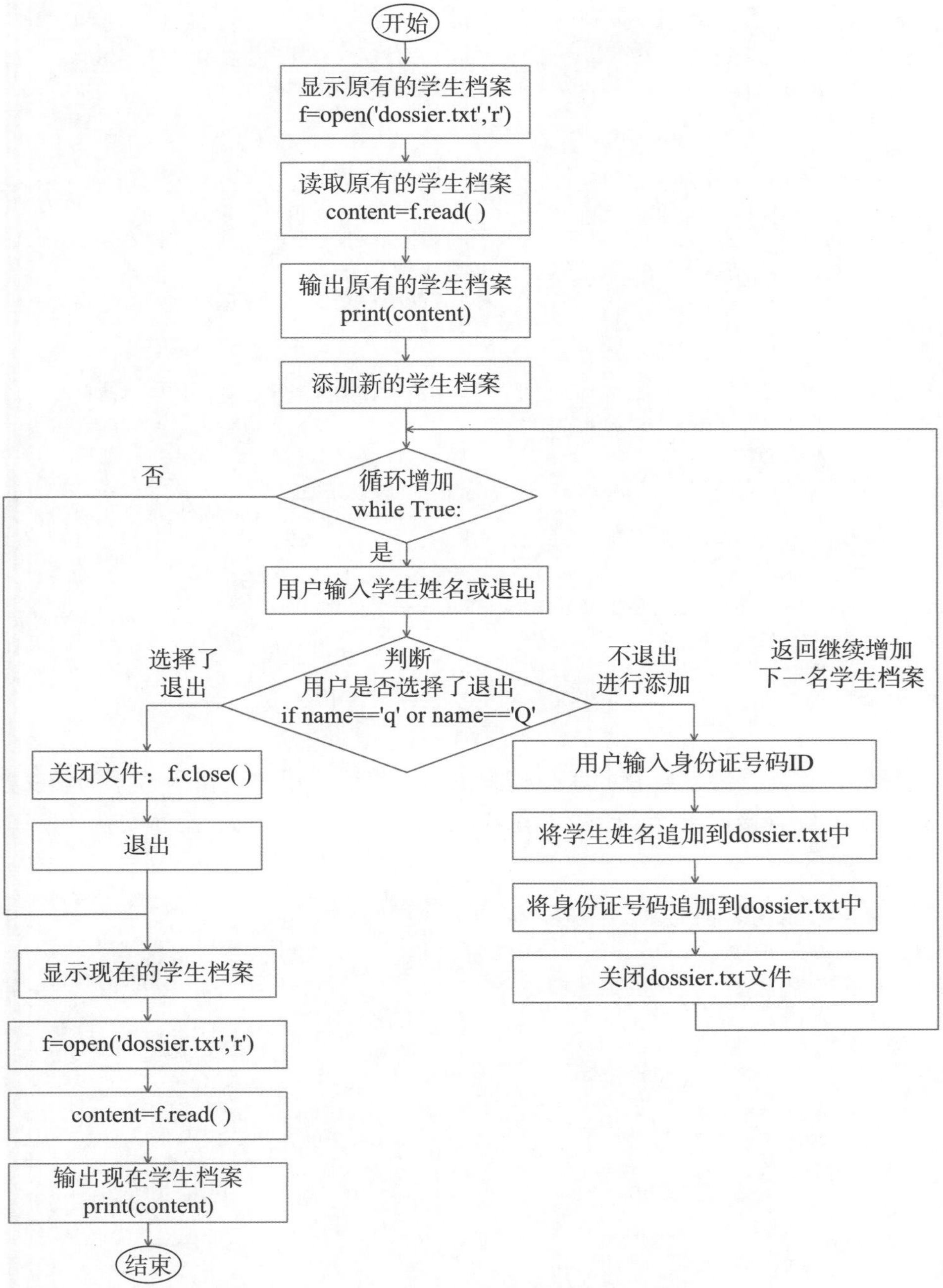

图 13.4　学生档案流程图

根据流程图编写代码，实现增加学生档案信息。代码如下：

```
print('----------- 原有的学生档案 -----------')
f=open('dossier.txt','r')            # 以只读模式打开学生档案文件 dossier.txt
content=f.read( )                    # 读取原有学生档案
print(content)
f.close( )
print('----------- 添加学生档案 -----------')
while True:
    f=open('dossier.txt','a')        # 以追加模式打开学生档案文件 dossier.txt
    name=input(' 请输入学生姓名（退出，输入 q 或 Q）：')
    if name=='q'or name=='Q':        # 判断用户是否选择了退出
        f.close( )
        break
    else:                            # 用户没有选择退出，则添加档案信息
        ID=input(' 请输入身份证号：')
        f.write(name)                # 往文件 dossier.txt 中追加学生姓名
        f.write('\n')
        f.write(ID)                  # 往文件 dossier.txt 中追加学生身份证号码
        f.write('\n')
        f.close( )
print('----------- 现在的学生档案 -----------')
f=open('dossier.txt','r')
content=f.read( )
print(content)
f.close( )
```

代码执行后，首先，显示原有的学生档案信息；然后，用户选择是否添加学生档案信息。用户可以输入 q 或 Q 直接退出，或者输入姓名添加档案信息；最后，显示现在的所有学生档案信息。执行过程如下：

```
----------- 原有的学生档案 -----------
冯洲龙
1*****20090203****
吕聪
1*****20080915****
郭山刚
1*****20101007****
李大伟
1*****20110311****
杜娟
1*****20091126****
刘乐乐
1*****20100116****
```

```
------------ 添加学生档案 ------------
请输入学生姓名（退出，输入 q 或 Q）：张晓峰                    # 添加的第 1 名学生档案
请输入身份证号：1*****20120325****
请输入学生姓名（退出，输入 q 或 Q）：曹伟伟                    # 添加的第 2 名学生档案
请输入身份证号：1*****20110518****
请输入学生姓名（退出，输入 q 或 Q）：赵雪云                    # 添加的第 3 名学生档案
请输入身份证号：1*****20101204****
请输入学生姓名（退出，输入 q 或 Q）：张蓉蓉                    # 添加的第 4 名学生档案
请输入身份证号：1*****20091209****
请输入学生姓名（退出，输入 q 或 Q）：周慧敏                    # 添加的第 5 名学生档案
请输入身份证号：1*****20100809****
请输入学生姓名（退出，输入 q 或 Q）：Q
------------ 现在的学生档案 ------------
冯洲龙
1*****20090203****
吕聪
1*****20080915****
郭山刚
1*****20101007****
李大伟
1*****20110311****
杜娟
1*****20091126****
刘乐乐
1*****20100116****
张晓峰
1*****20120325****
曹伟伟
1*****20110518****
赵雪云
1*****20101204****
张蓉蓉
1*****20091209****
周慧敏
1*****20100809****
```

输出信息表示，原来有 6 名学生的档案信息，新添加了 5 名学生的档案信息。这样，一共有 11 名学生的档案信息。

代码解析

（1）在 f=open('dossier.txt','a') 代码中，'a' 表示以追加模式打开学生档案文件 dossier.txt。

（2）在 f.write(name) 代码中，name 表示学生的姓名。该代码将该学生姓名追加到学生档案文件 dossier.txt 中。

（3）在 f.write(ID) 代码中，ID 表示学生的身份证号码。该代码将该学生的身份证号码追加到学生档案文件 dossier.txt 中。

扫一扫，看视频

13.4　计算机系统信息查询程序：获取系统信息

今天，我们家里的电脑不能用了，妈妈打电话叫来了维修师傅，他一会就修好了。我好奇地问："妈妈，怎么这么快就修好了？"妈妈回答我说："只是操作系统坏了，重新装下系统就好了。"于是我又问："什么是操作系统？"妈妈回答说："操作系统是管理计算机硬件与软件资源的计算机程序，不同的电脑，其操作系统可能会不同。"谁可以教教我如何查看电脑的操作系统呢？

下面编写程序，查询电脑的操作系统信息并显示。完成该程序可以借助 Python 的内置模块 platform 实现，该模块可以查询操作系统的相关信息。其实现步骤如下：

（1）导入模块 platform。

（2）查询并显示操作系统的相关信息，包含操作系统、版本信息、计算机类型、操作系统位数、网络名称、处理器信息。

根据实现步骤绘制流程图，如图 13.5 所示。

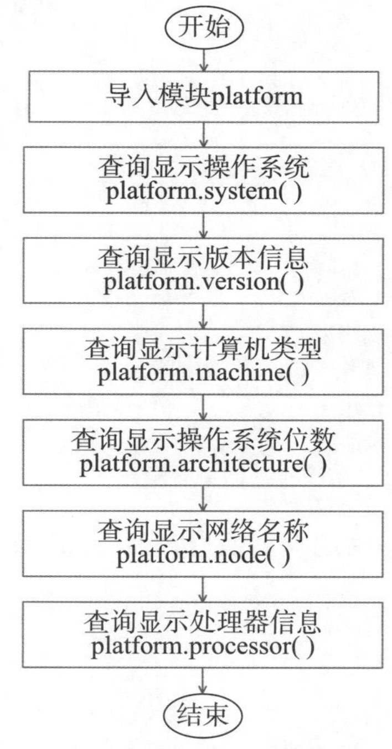

图 13.5　计算机系统信息查询程序流程图

根据流程图编写代码，获取计算机的配置信息。代码如下：

```
import platform                                          # 导入模块 platform
print('-------------操作系统信息-------------')
print('操作系统          : ',platform.system( ))
print('版本信息          : ',platform.version( ))
print('计算机类型:       : ',platform.machine( ))
print('操作系统位数      : ',platform.architecture( ))
print('网络名称          : ',platform.node( ))
print('处理器信息        : ',platform.processor( ))
```

代码执行后，显示出当前使用的计算机相关配置信息，结果如下：

```
-------------操作系统信息-------------
操作系统          : Windows
版本信息          : 6.1.7601
计算机类型:       : AMD64
操作系统位数      : ('64bit', 'WindowsPE')
网络名称          : Windows7
处理器信息        :  Intel64 Family 6 Model 58 Stepping 9, GenuineIntel
```

第 14 章

时间与日期

生活中我们离不开时间，上课有上课的时间，年龄的增长也离不开时间。Pyhton 语言提供了相关模块，可以获取和查询时间。下面让我们一起学会使用时间吧！

14.1 年龄计算器：时间的获取与转换

年龄计算器可以计算自己到目前活了多久，计算方式包括秒龄、分龄、时龄、天龄、周龄、月龄、年龄。为了能够快速地计算这些值，下面编写一个程序进行计算。完成该程序可以通过 time 模块的时间获取与转换功能来实现。其实现步骤如下：

（1）导入 time 模块。

（2）显示计算方式。

（3）用户选择方式。

（4）用户输入自己的出生日期。

（5）计算到目前活了多少秒，使用 Second 进行表示。因为计算出秒以后，再计算分、时、天、周、月、年就方便多了。

（6）计算机根据选择计算方式和出生日期进行计算并输出结果。

根据实现步骤绘制流程图，如图 14.1 所示。

根据流程图编写代码，实现年龄计算器。代码如下：

```
import time                                                    # 导入 time 模块
print('--------计算方式--------\n'
      '1.计算秒龄\n'
      '2.计算分龄\n'
      '3.计算时龄\n'
      '4.计算天龄\n'
      '5.计算周龄\n'
      '6.计算月龄\n'
      '7.计算年龄\n')
Way=input('请选择查询方式：')
Date=input('请输入出生日期（如2005-01-20）：')
Now=time.time( )                                               # 获取当前时间戳
Live=time.mktime(time.strptime(Date,'%Y-%m-%d'))    # 将用户输出的日期转换为时间戳格式
Second=Now-Live                                     # 计算当前时间戳与输入的时间戳之差
if Way=='1':
    print('你已经活了',int(Second),'秒')
if Way=='2':
    Minute=int(Second/60)
    print('你已经活了',Minute,'分钟')
```

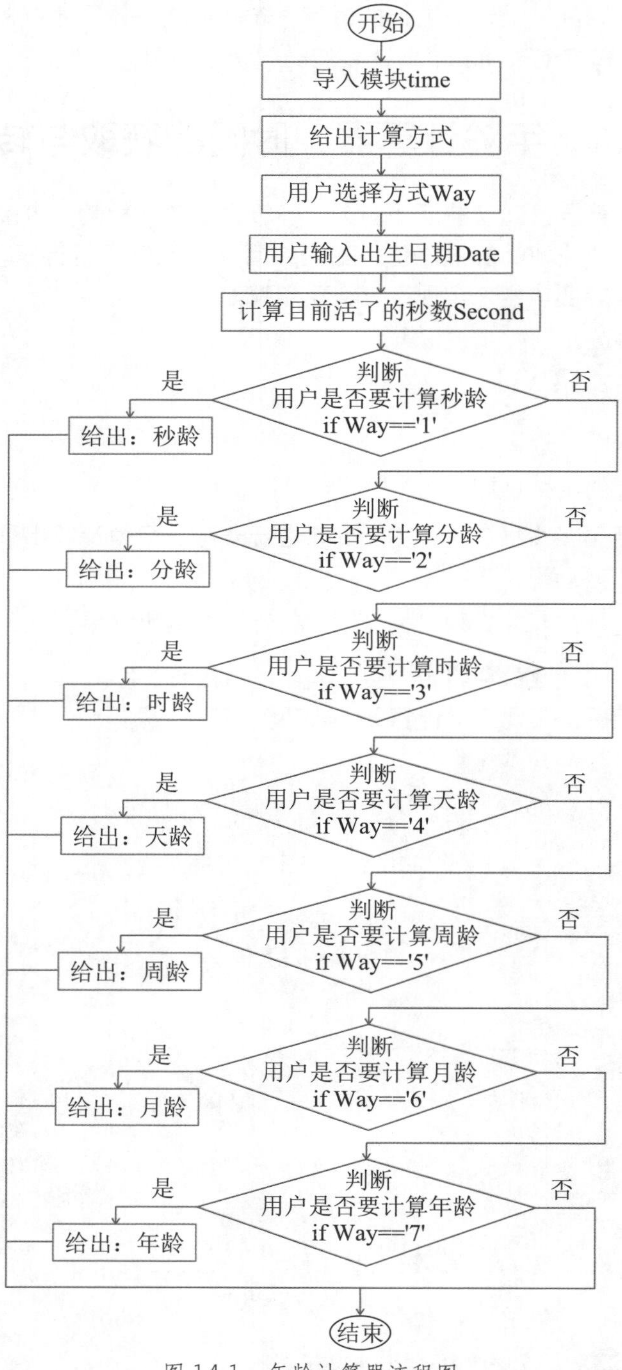

开始

导入模块time

给出计算方式

用户选择方式Way

用户输入出生日期Date

计算目前活了的秒数Second

判断 用户是否要计算秒龄 if Way=='1'　是：给出：秒龄　否

判断 用户是否要计算分龄 if Way=='2'　是：给出：分龄　否

判断 用户是否要计算时龄 if Way=='3'　是：给出：时龄　否

判断 用户是否要计算天龄 if Way=='4'　是：给出：天龄　否

判断 用户是否要计算周龄 if Way=='5'　是：给出：周龄　否

判断 用户是否要计算月龄 if Way=='6'　是：给出：月龄　否

判断 用户是否要计算年龄 if Way=='7'　是：给出：年龄　否

结束

图 14.1　年龄计算器流程图

```
if Way=='3':
    Hour=int(Second/3600)
    print('你已经活了',Hour,'小时')
if Way=='4':
    Day=int(Second/3600/24)
    print('你已经活了',Day,'天')
if Way=='5':
    Week=int(Second/3600/24/7)
    print('你已经活了',Week,'周')
if Way=='6':
    Month=int(Second/3600/24/31)
    print('你已经活了',Month,'月')
if Way=='7':
    Year=round(Second/3600/24/365,2)
    print('你已经活了',Year,'年')
```

代码执行后，给出7种计算方式。用户根据需要选择一种计算方式，然后输入出生日期，计算机计算到目前已经活了多久。执行过程如下：

```
--------计算方式--------
1.计算秒龄
2.计算分龄
3.计算时龄
4.计算天龄
5.计算周龄
6.计算月龄
7.计算年龄

请选择查询方式：5                                    #选择计算自己的周龄
请输入出生日期（如2005-01-20）：2006-05-26          #输入出生日期
你已经活了 765 周
```

代码解析

（1）在Now=time.time( )代码中，time为模块名，time( )为函数名，用来获取当前时间戳，单位为秒。

（2）在Live=time.mktime(time.strptime(Date,'%Y-%m-%d'))代码中，strptime (Date,'%Y-%m-%d')用来将用户输入的生日日期格式转换为struct_time对象格式的时间，再由mktime( )函数将其转换为时间戳，以表示出生日期的秒数。

（3）Second=Now-Live代码用当前时间的秒数与出生日期的秒数做减法运算，计算出活了多少秒数。

（4）Year=round(Second/3600/24/365,2) 代码使用 round( ) 函数对计算出来的年进行四舍五入，并且保留 2 位小数。

扫一扫，看视频

14.2 日期计算器：日期的获取

日期计算器可以用来计算当前日期距离指定日期有多少天？编写一个程序实现日期计算器，用户输入日期（年、月、日），计算机进行计算，给出当前日期与输入日期相距的天数。完成该程序需要使用 datetime 模块提供的 date 类，该类提供了日期获取功能。其实现步骤如下：

（1）导入 datetime 模块的 date 类。

（2）获取当天的日期，通过 date.today( ) 方法实现，用 Now_Date 表示当天日期。

（3）用户输入指定的年、月、日，分别用 Year、Month、Day 进行表示。

（4）计算日期相距天数。由于用户输入的日期可能是过去的日期，也可能是将来的日期，所以这里使用 if-else 语句进行判断后再计算相距的天数。

根据实现步骤绘制流程图，如图 14.2 所示。

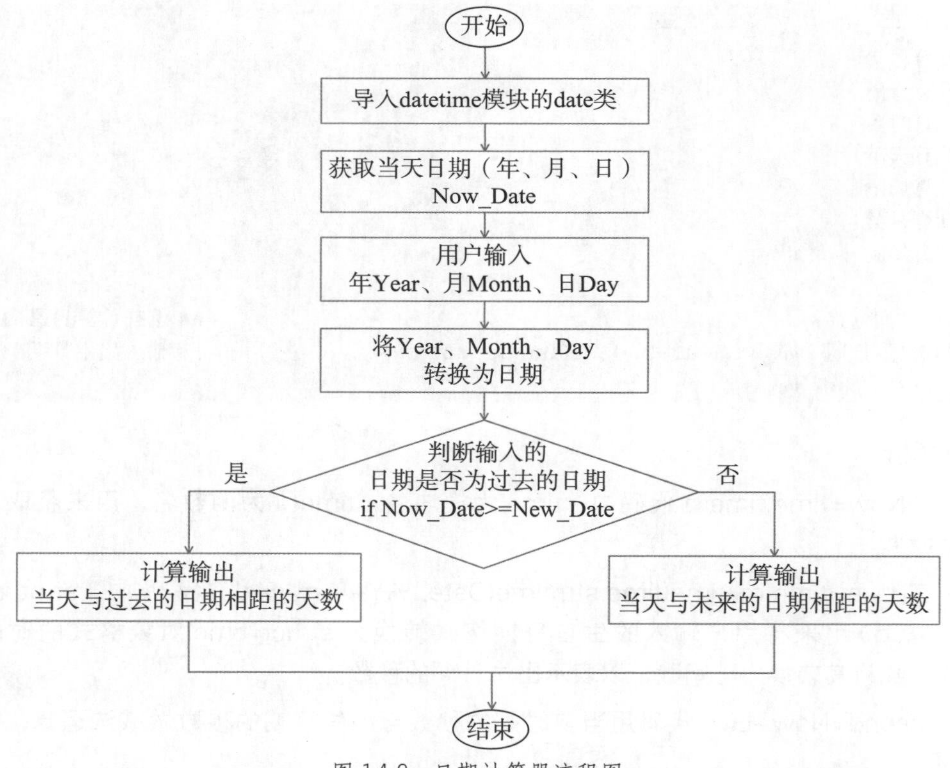

图 14.2 日期计算器流程图

根据流程图编写代码，实现日期计算器。代码如下：

```
from datetime import date
Now_Date=date.today( )
Year=int(input('输入年：'))
Month=int(input('输入月：'))
Day=int(input('输入日：'))
New_Date=date(Year,Month,Day)
if Now_Date>=New_Date:
    print('****** 当前日期为：',Now_Date)
    print('------- 距离 {} 年 {} 月 {} 日 -------'.format(Year,Month,Day))
    print('已经过去：',(Now_Date-New_Date).days,'天')
else:
    print('****** 当前日期为：',Now_Date)
    print('------- 距离 {} 年 {} 月 {} 日 -------'.format(Year,Month,Day))
    print('还差：',(New_Date-Now_Date).days,'天')
```

代码执行后，要求用户依次输入年、月、日。输入完成后，显示距离的天数。输入一个未来日期，执行过程如下：

```
输入年：2025
输入月：5
输入日：5
****** 当前日期为：2022-01-05
------- 距离 2025 年 5 月 5 日有 -------
还差：1216 天
```

输入一个过去日期，执行过程如下：

```
输入年：2020
输入月：12
输入日：12
****** 当前日期为：2022-01-05
------- 距离 2020 年 12 月 12 日 -------
已经过去：389 天
```

代码解析

（1）Now_Date=date.today( ) 代码通过 date 类中的 today( ) 方法获取当天的日期。

（2）New_Date=date(Year,Month,Day) 代码将用户输入的年、月、日转换为日期。

14.3 母亲节 / 父亲节查询器：日历显示

扫一扫，看视频

母亲节是每年 5 月份的第 2 个星期日，父亲节是每年 6 月份的第 3 个星期日。但是，每一年的母亲节和父亲节日期是不同的。为了能够快速知道指定年份的母亲节和父亲节到底是几号，下面编写一个程序查询母亲节和父亲节。该程序主要借助 calendar 模块实现。其实现步骤如下：

（1）导入 calendar 模块。

（2）给出查询方式。第一种是查询母亲节，第二种是查询父亲节。

（3）用户选择查询方式。

（4）计算机判断用户选择了哪种查询方式，要求用户输入要查询的年份，给出该年份中的哪天是母亲节或父亲节。其中，通过 if 语句实现判断，通过 calendar 模块的方法实现查询。

根据实现步骤绘制流程图，如图 14.3 所示。

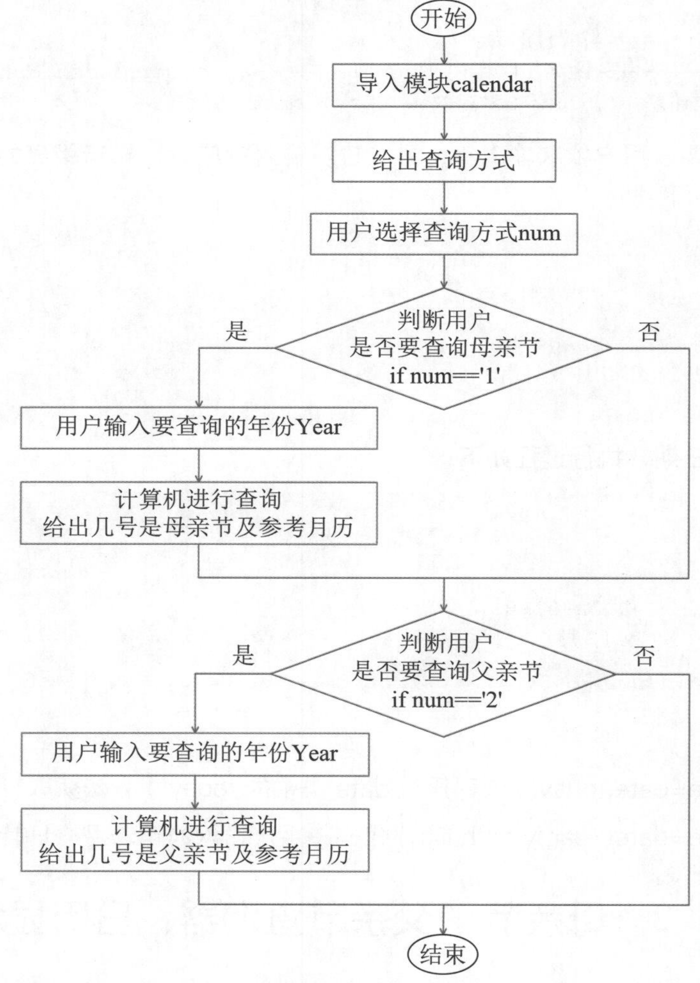

图 14.3　母亲节/父亲节查询器流程图

根据流程图编写代码，实现母亲节 / 父亲节查询器。

```
import calendar                                    # 导入 calendar 模块
print('-------- 查询谁的节日 --------\n'
      '1. 母亲节 \n'
      '2. 父亲节 \n')
num=input(' 请选择：')
if num=='1':
    Year=int(input(' 输入年份（要查询哪一年的母亲节）：'))
    list=calendar.monthcalendar(Year,5)    # 获取母亲节 5 月份的每个星期的嵌套列表
    Week=list[1]                           # 提取母亲节 5 月份的第 2 个星期
    Mother_Day=Week[6]                     # 提取母亲节是第 2 个星期的星期日对应的几号
    print('\n******{} 年的母亲节 ******'.format(Year))
    print('          5 月 {} 号 , 星期日 '.format(Mother_Day))
    print('\n****** 参考月份 ******\n')
    print(calendar.month(Year,5))
if num=='2':
    Year=int(input(' 输入年份（要查询哪一年的父亲节）：'))
    list=calendar.monthcalendar(Year,6)    # 获取父亲节 6 月份的每个星期的嵌套列表
    Week=list[2]                           # 提取父亲节 6 月份的第 3 个星期
    Father_Day=Week[6]                     # 提取父亲节是第 3 个星期的星期日对应的几号
    print('\n******{} 年的父亲节 ******'.format(Year))
    print('          6 月 {} 号 , 星期日 '.format(Father_Day))
    print('\n****** 参考月份 ******\n')
    print(calendar.month(Year,6))
```

代码执行后，首先由用户选择查询方式，然后输入要查询的年份，最后计算机给出查询结果，同时给出当月的月历参考信息。例如，查询 2020 年母亲节是哪一天，执行过程如下：

```
-------- 查询谁的节日 --------
1. 母亲节
2. 父亲节

请选择：1                                         # 选择方式 1，查询母亲节
输入年份（要查询哪一年的母亲节）：2020             # 查询 2020 年的母亲节

******2020 年的母亲节 ******
     5 月 10 日 , 星期日

****** 参考月份 ******
```

```
        May 2020
Mo Tu We Th Fr Sa Su
             1  2  3
 4  5  6  7  8  9 10
11 12 13 14 15 16 17
18 19 20 21 22 23 24
25 26 27 28 29 30 31
```

输出信息表示，2020 年的母亲节是 5 月 10 日。

例如，查询 2021 父亲节是哪一天，执行过程如下：

```
--------查询谁的节日--------
1.母亲节
2.父亲节

请选择：2                                        # 选择方式 2，查询父亲节
输入年份（要查询哪一年的父亲节）：2021               # 查询 2021 年的父亲节

******2021 年的父亲节******
        6 月 20 日，星期日

******参考月份******

      June 2021
Mo Tu We Th Fr Sa Su
    1  2  3  4  5  6
 7  8  9 10 11 12 13
14 15 16 17 18 19 20
21 22 23 24 25 26 27
28 29 30
```

输出信息表示，2021 年的父亲节是 6 月 20 日。

代码解析

（1）在 list=calendar.monthcalendar(Year,5) 代码中，monthcalendar( ) 是 calendar 模块的方法，用来返回一个嵌套列表，每个子列表是一个星期。这里，代码返回的是 Year 中 5 月份的每个星期的嵌套列表。

（2）Week=list[1] 代码用来提取 5 月份中每个星期嵌套列表的第 2 个列表，因为母亲节在 5 月份的第 2 个星期。

（3）Mother_Day=Week[6] 代码从母亲节所在的第 2 个星期中提取星期日对应的数，也就是几号。由于母亲节是第 2 个星期的星期日，索引序号为 6，因此使用的是 Week[6]。

（4）list=calendar.monthcalendar(Year,6) 代码表示返回的是 Year 中 6 月份的每个星期的嵌套列表。

（5）Week=list[2] 代码用来提取 6 月份中每个星期嵌套列表的第 3 个列表，因为父亲节在 6 月份的第 3 个星期。

（6）Father_Day=Week[6] 代码从父亲节所在的第 3 个星期中，提取星期日对应的数，也就是几号。由于父亲节是第 3 个星期的星期日，索引序号为 6，因此使用的是 Week[6]。

第15章

随机性

生活中很多事件是不确定的，存在随机性，事件的成功与否都有一定的几率。Python 语言提供了相关的模块，可以产生随机事件。下面让我们一起使用随机事件体验生活中的刺激和乐趣吧！

扫一扫，看视频

15.1 猜数字游戏：获取随机整数

猜数字游戏是指一方出数字，另一方去猜。出数字的一方给出范围提示，猜数字的一方去猜这个数字，看能否猜对。

下面编写一个猜数字游戏，数字的范围为 1～100。计算机作为出数字方，玩家作为猜数字方。当玩家猜的数字与计算机出的数字很接近时（相差不超过 5），提示“接近了，再努力一点”；当猜的数字远小于出的数字，提示“太小了，离我好远呀！加油，请继续猜”；当猜的数字远大于出的数字，提示“太大了，离我好远呀！加油，请继续猜”；当猜的数字与出的数字相同时，提示“好准呦！猜对了”，猜对时游戏结束。由于所猜数字要为整数，该程序需要通过 random 模块的生成随机整数功能实现。其实现步骤如下：

（1）导入模块 random。

（2）计算机出数字，使用 random 模块的 randint( ) 方法获取 1～100 范围内的随机整数。

（3）设置玩家循环猜数字，通过 while 语句实现。

（4）玩家进行猜数字，输入要猜的数字，计算机对数字进行判断，并给出结果。通过 if-elif-else 语句实现。

根据实现步骤绘制流程图，如图 15.1 所示。

根据流程图编写代码，实现猜数字游戏。代码如下：

```
import random                                   # 导入 random 模块
Computer=random.randint(1,100)                  # 随机生成 1～100 之间的整数
while True:                                     # 无限循环
    Player=int(input('请输入猜的数字（1 到 100 之间）：'))
    if Player>Computer+5:                       # 判断猜测的数字是否太大了
        print('\n---------太大了---------\n'
              '离我好远呀！加油，请继续猜\n')
    elif Computer+5 >= Player > Computer:       # 判断猜测的数字比出的数字大，且不超过 5
        print('\n---------接近了---------\n'
              '再努力一点\n')
    elif Computer-5 <= Player < Computer:       # 判断猜测的数字比出的数字小，且不超过 5
        print('\n---------接近了---------\n'
              '再努力一点\n')
    elif Player < Computer-5:                   # 判断猜测的数字是否太小了
```

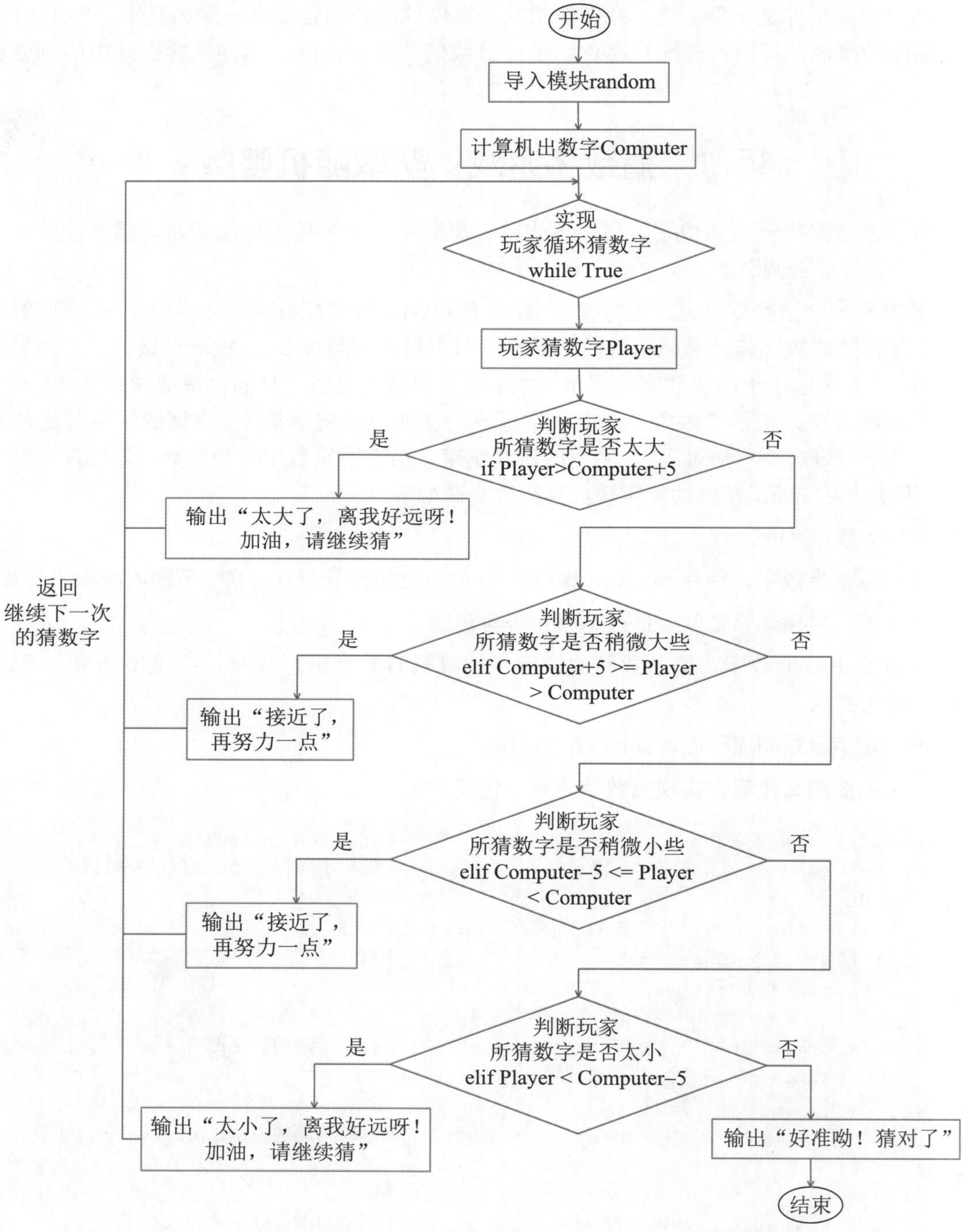

开始

导入模块random

计算机出数字Computer

实现
玩家循环猜数字
while True

玩家猜数字Player

判断玩家
所猜数字是否太大
if Player>Computer+5

是

输出“太大了，离我好远呀！
加油，请继续猜”

否

判断玩家
所猜数字是否稍微大些
elif Computer+5 >= Player
> Computer

是

输出“接近了，
再努力一点”

否

判断玩家
所猜数字是否稍微小些
elif Computer–5 <= Player
< Computer

是

输出“接近了，
再努力一点”

否

判断玩家
所猜数字是否太小
elif Player < Computer–5

是

输出“太小了，离我好远呀！
加油，请继续猜”

否

输出“好准哟！猜对了”

结束

返回
继续下一次
的猜数字

图 15.1　猜数字游戏流程图

```
        print('\n--------- 太小了 ---------\n'
              '离我好远呀！加油，请继续猜 \n')
    else:                                              # 判断猜测的数字正确
        print('\n 好准呦！ ------ 猜对了 ------')
        break
```

代码执行后，即可进行猜数字游戏。执行过程如下：

```
请输入猜的数字（1 到 100 之间）：30

--------- 太小了 ---------
离我好远呀！加油，请继续猜

请输入猜的数字（1 到 100 之间）：80

--------- 太大了 ---------
离我好远呀！加油，请继续猜

请输入猜的数字（1 到 100 之间）：60

--------- 接近了 ---------
再努力一点

请输入猜的数字（1 到 100 之间）：65

--------- 接近了 ---------
再努力一点

请输入猜的数字（1 到 100 之间）：63

好准呦！ ------ 猜对了 ------
```

代码解析

（1）在 Computer=random.randint(1,100) 代码中，random.randint(1,100) 表示从整数 1～100 之间随机选取一个整数，作为计算机出的数字。

（2）while True 是一个 while 循环语句，这里条件为 True，表示无限循环，玩家可以一直进行猜数字游戏。

（3）break 语句放在了 if-elif-else 中的 else 语句中，当玩家猜对以后，退出循环，游戏结束。

15.2　成语填填乐：随机提取

扫一扫，看视频

成语填填乐游戏是给出一个包含空格的成语，由玩家进行填写补全。下面通过 Python 语言实现该游戏。设置关卡为 10 关，每一个关卡都有一个包含空格的成语，玩家进行填写。如果填写正确，得分为 10。所有关卡的成语都填写后，给出最终得分情况。该程序可需要借助 random 模块的随机提取功能来实现。其实现步骤如下：

（1）导入模块 random。

（2）创建一个列表 list 用来保存成语，这些成语是为了使计算机随机产生成语使用。

（3）设置关卡为 10 关，通过 while 语句实现。

（4）计算机给出成语。

（5）用户填写缺少的字。

（6）计算机进行判断，看是否正确，并给出结果。如果正确，则记录分数。

（7）计算机给出最终得分。

根据实现步骤绘制流程图，如图 15.2 所示。

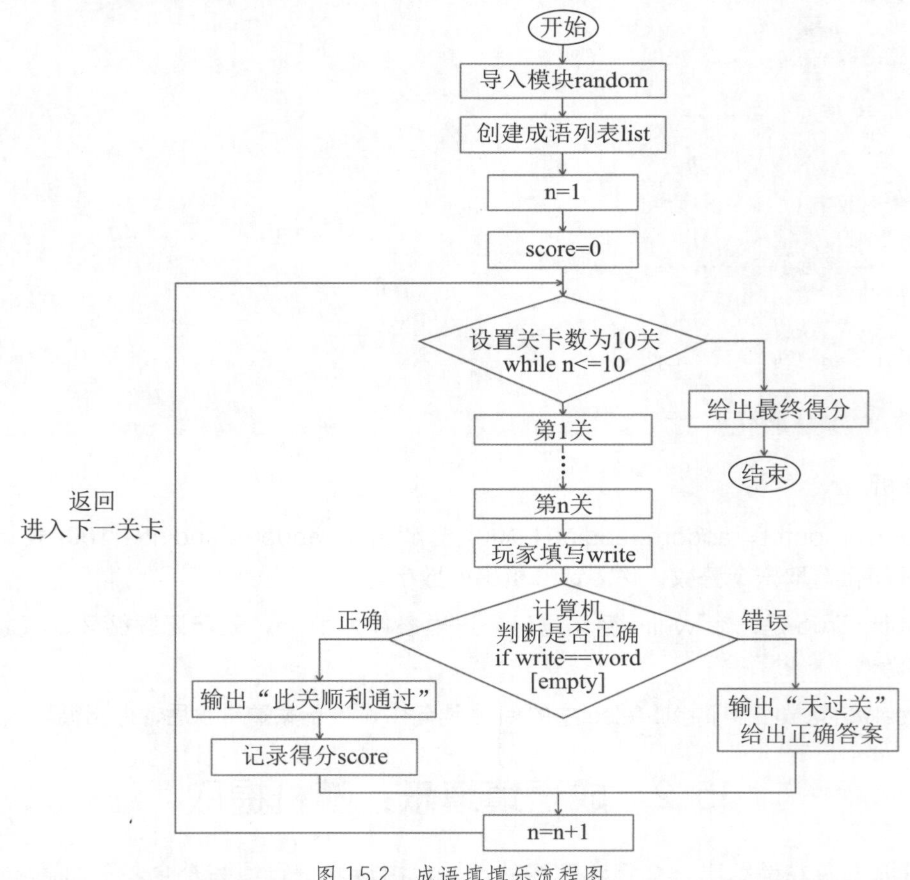

图 15.2　成语填填乐流程图

根据流程图编写代码，实现这个游戏。代码如下：

```
import random                                                    # 导入 random 模块
list=['铺天盖地','心急如焚','朝思暮想','肝胆相照','随遇而安','指鹿为马',
      '负荆请罪','四面楚歌','杯水车薪','一叶知秋','心照不宣','三山五岳',
      '无独有偶','约法三章','历历在目','呕心沥血','金碧辉煌','风起云涌',
      '前仆后继','声东击西','眉清目秀','焕然一新','模棱两可','开诚布公',
      '举世无双','出其不意','应接不暇','义不容辞','波光粼粼','心悦诚服']

print('************** 成语填填乐 **************\n'
      '          共 10 关，答对 1 关得 10 分     ')
n=1                                                              # 初始关卡为 1
score=0
while n<=10:                                                     # 限制为 10 个关卡
    print('\n---------- 第 {} 关 ----------'.format(n))
    word=random.choice(list)                                     # 随机提取一个成语
    empty=random.randint(0,3)                                    # 随机选择成语中的需要填写的位置
    new=word[:empty]+'__'+word[empty+1:]                         # 包含空格的成语
    print(new)
    write=input('\n 请填写补充的字：')
    if write==word[empty]:
        print('\n****** 此关顺利通过 *****\n')
        score=score+10
    else:
        print('\n****** 未过关 ******，正确答案为：',word[empty])
    n=n+1
print('最终过关得分为：',score,'分')
```

代码执行后，进入关卡，计算机输出未完成的成语，玩家将缺少的字补全。执行过程如下：

```
************** 成语填填乐 **************
          共 10 关，答对 1 关得 10 分


---------- 第 1 关 ----------
焕然 __ 新
请填写补充的字：一                                               # 关卡 1，填写了“一”字

****** 此关顺利通过 *****


---------- 第 2 关 ----------
肝 __ 相照
请填写补充的字：胆                                               # 关卡 2，填写了“胆”字
```

```
****** 此关顺利通过 *****

---------- 第 3 关 ----------
__ 世无双
请填写补充的字：举                              # 关卡 3，填写了“举”字

****** 此关顺利通过 *****

---------- 第 4 关 ----------
__ 心沥血
请填写补充的字：呕                              # 关卡 4，填写了“呕”字

****** 此关顺利通过 *****

---------- 第 5 关 ----------
声东 __ 西
请填写补充的字：击                              # 关卡 5，填写了“击”字

****** 此关顺利通过 *****

---------- 第 6 关 ----------
三 __ 五岳
请填写补充的字：山                              # 关卡 6，填写了“山”字

****** 此关顺利通过 *****

---------- 第 7 关 ----------
铺天盖 __
请填写补充的字：地                              # 关卡 7，填写了“地”字

****** 此关顺利通过 *****

---------- 第 8 关 ----------
__ 独有偶
请填写补充的字：无                              # 关卡 8，填写了“无”字

****** 此关顺利通过 *****

---------- 第 9 关 ----------
无独 __ 偶
请填写补充的字：无                              # 关卡 9，填写了“无”字
```

```
****** 未过关 ******，正确答案为：有

----------第 10 关----------
负荆请 __
请填写补充的字：罪                                    # 关卡 10，填写了“罪”字

****** 此关顺利通过 *****

最终过关得分为：90 分
```

其中，10 个关卡中，第 9 关没有填写对，剩下的都顺利通关，最终得分为 90 分。

代码解析

（1）n=1 表示初始关卡值。

（2）score=0 是得分的初始值。

（3）empty=random.randint(0,3) 代码通过 randint( ) 函数来随机产生需要填写的位置。

（4）if write==word[empty]: 是 if-else 语句中的 if 语句，条件为判断玩家填写的字是否正确。其中，write 为玩家填写的字，word[empty] 为计算机空格上正确的字。

第 16 章

计算与统计应用

生活中往往离不开计算与统计。下面让我们借助 Python 语言来实现对距离的计算和对零花钱的统计吧！

16.1 一元硬币的周长和面积：获取数学常量

扫一扫，看视频

2019 年 8 月 30 日起发行 2019 年版第五套人民币，其中，一元硬币材质为钢芯镀镍，色泽为镍白色。圆形，直径 2.225 厘米，半径 1.1125 厘米。

现在编写一个程序求一元硬币的周长和面积。实现该程序可以借助 math 模块调用数学常量圆周率，然后利用圆的周长和面积计算公式计算出硬币的周长和面积。其实现步骤如下：

（1）导入模块 math。

（2）为用户提供选择，可以选择后面输入的是半径还是直径。

（3）用户进行选择。

（4）计算机判断用户的选择，并要求用户输入对应的长度值，计算机计算硬币的周长和面积并输出结果。

根据实现步骤绘制流程图，如图 16.1 所示。

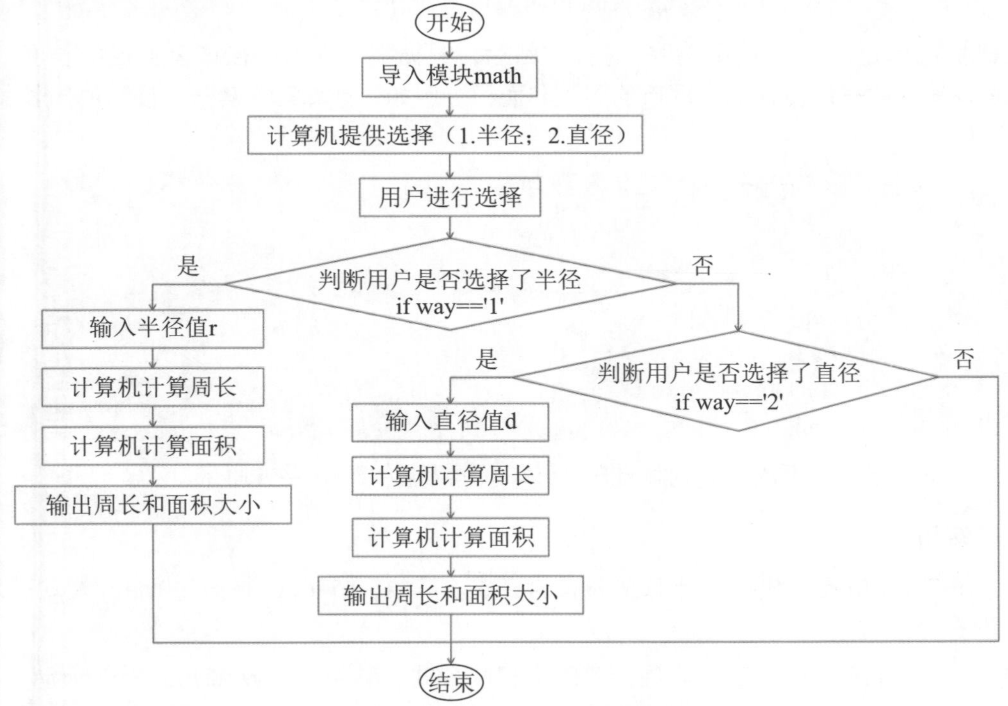

图 16.1 一元硬币的周长和面积流程图

根据流程图编写代码，计算一元硬币的周长和面积。代码如下：

```
import math                                                # 导入 math 模块
print('----------你所了解硬币的半径或直径----------\n'
      '1. 半径\n'
      '2. 直径')
print('--------------------------------------------')
way=input('请选择：')
if way=='1':
    r=float(input('请输入硬币的半径（单位：厘米）：'))
    c=2*math.pi*r                                          # 计算周长
    s=math.pi*pow(r,2)                                     # 计算面积
    print('硬币的周长约为：',round(c,2),'厘米')
    print('硬币的面积约为：',round(s,2),'平方厘米')
if way=='2':
    d=float(input('请输入硬币的直径（单位：厘米）：'))
    c=math.pi*d                                            # 计算周长
    r=d/2
    s=math.pi*pow(r,2)                                     # 计算面积
    print('硬币的周长约为：',round(c,2),'厘米')
    print('硬币的面积约为：',round(s,2),'平方厘米')
```

代码执行后，首先，由用户进行选择；然后，根据提示输入半径或者直径的长度；最后，计算机根据输入的长度值计算出硬币的周长和面积。例如，计算第五套一元硬币的周长和面积，执行过程如下：

```
----------你所了解硬币的半径或直径----------
1. 半径
2. 直径
--------------------------------------------
请选择：1
请输入硬币的半径（单位：厘米）：1.1125
硬币的周长约为：6.99 厘米
硬币的面积约为：3.89 平方厘米
```

输出信息表示，硬币的周长约为 6.99 厘米，面积约为 3.89 平方厘米。

代码解析

（1）c=2*math.pi*r 代码是计算圆周长的公式。其中，math.pi 是通过 math 模块获取的圆周率常量 π。

（2）s=math.pi*pow(r,2) 代码是计算圆面积的公式。其中，pow(r,2) 是通过 pow( ) 函数计算半径的平方。

（3）round(c,2) 代码通过 round( ) 函数对周长进行四舍五入。

（4）round(s,2) 代码通过 round( ) 函数对面积进行四舍五入。

16.2 时钟指针针头距离：计算平方根

扫一扫，看视频

时钟有 3 根指针，分别为时针、分针、秒针。它们都是以钟表的中心为圆心进行旋转，每个指针针头之间的距离也在不停地变化着。当时间为 1 点 40 分 25 秒时，所有指针针头对应的坐标如图 16.2 所示。

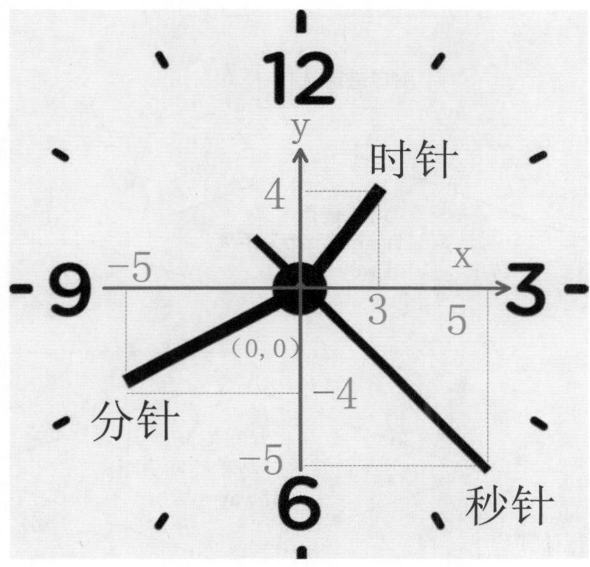

图 16.2 时钟指针

下面编写代码，计算图中该时刻时针、分针、秒针之间的距离各是多少。我们可以将针头之间的距离看作是直角三角形的斜边，然后根据勾股定理求出斜边的长度，也就是针头之间的距离。因此，可以借助 math 模块提供的 sqrt( ) 函数计算平方根的功能求距离。其实现步骤如下：

（1）导入模块 math。

（2）输出此时各个指针针头的所在位置，即坐标。

（3）给出计算哪两个针头的距离选择方案。

（4）用户选择方案。

（5）计算机根据用户的选择求出两针头之间的距离。

根据实现步骤绘制流程图，如图 16.3 所示。

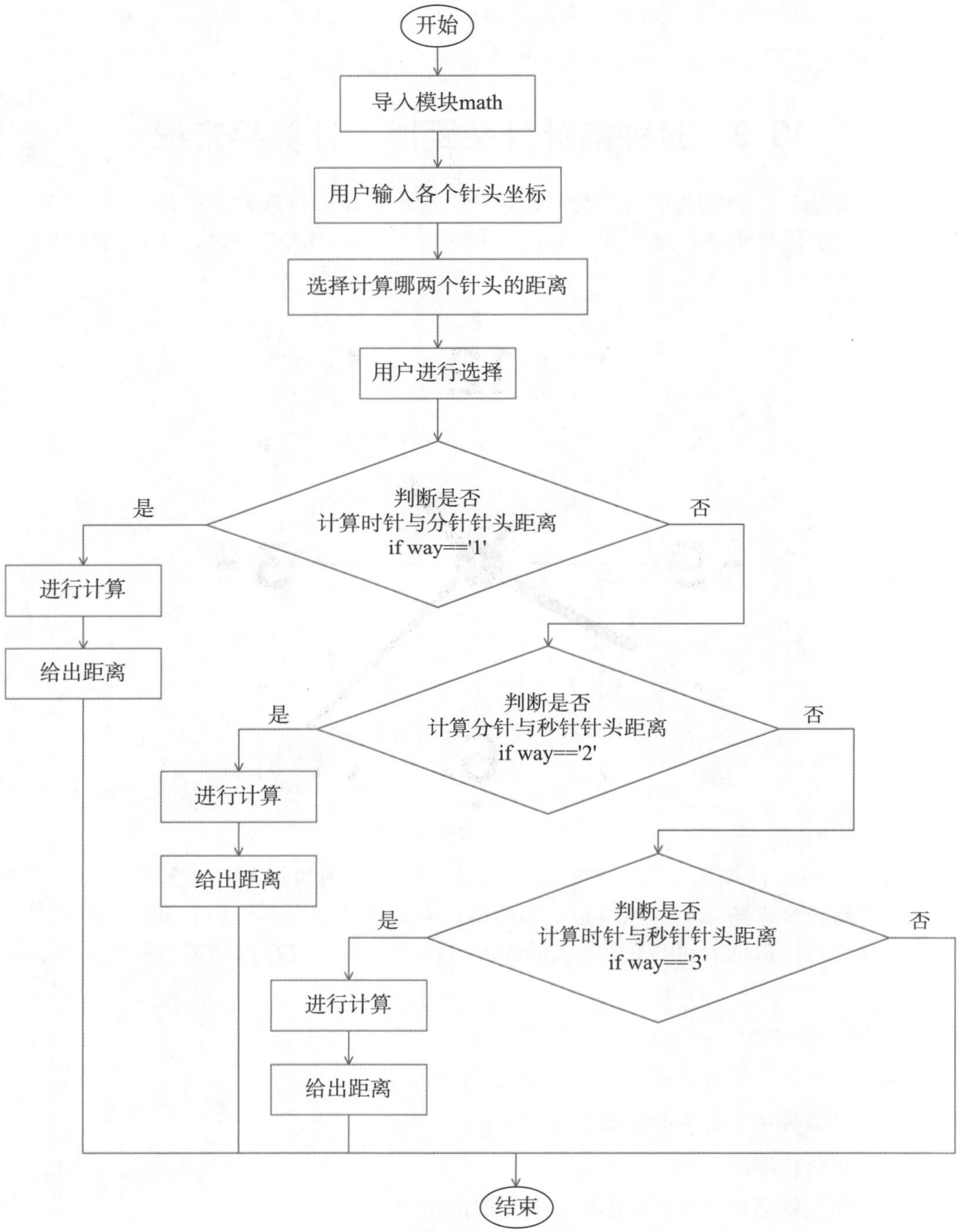

图 16.3　时钟指针针头距离流程图

根据流程图编写代码，求解时钟针头的距离。代码如下：

```
import math                                                   # 导入 math 模块
print('-------- 输入各指针针头坐标 --------')
x1=int(input('请输入时针针头横坐标：'))
y1=int(input('请输入时针针头纵坐标：'))
x2=int(input('请输入分针针头横坐标：'))
y2=int(input('请输入分针针头纵坐标：'))
x3=int(input('请输入秒针针头横坐标：'))
y3=int(input('请输入秒针针头纵坐标：'))
print('----- 计算哪两个针头距离 -----\n'
      '1. 时针与分针针头之间的距离 \n'
      '2. 分针与秒针针头之间的距离 \n'
      '3. 时针与秒针针头之间的距离 \n')
way=input('请选择：')
if way=='1':
    distance=math.sqrt(abs(x1-x2)**2+abs(y1-y2)**2)  # 计算时针与分针针头之间的距离
    print('时针针头与分针针头的距离为：',distance)
if way=='2':
    distance=math.sqrt(abs(x2-x3)**2+abs(y2-y3)**2)  # 计算分针与秒针针头之间的距离
    print('分针针头与秒针针头的距离为：',distance)
if way=='3':
    distance=math.sqrt(abs(x1-x3)**2+abs(y1-y3)**2)  # 计算时针与秒针针头之间的距离
    print('时针针头与秒针针头的距离为：',distance)
```

代码执行后，首先，需要用户依次输入每个指针针头的横坐标与纵坐标；然后，用户选择要计算哪两个针头之间的距离；最后，计算机进行计算并给出距离值。执行过程如下：

```
-------- 输入各指针针头坐标 --------
请输入时针针头横坐标：3
请输入时针针头纵坐标：4
请输入分针针头横坐标：-5
请输入分针针头纵坐标：-4
请输入秒针针头横坐标：5
请输入秒针针头纵坐标：-5
----- 计算哪两个针头距离 -----
1. 时针与分针针头之间的距离
2. 分针与秒针针头之间的距离
3. 时针与秒针针头之间的距离

请选择：3
时针针头与秒针针头的距离为：9.219544457292887
```

输出结果表示，此时时针针头与秒针针头的距离为：9.219544457292887。

代码解析

（1）在 distance=math.sqrt(abs(x1−x2)**2+abs(y1−y2)**2) 代码中，abs( ) 函数用来计算绝对值，从而防止出现负值；这里用来计算时针与分针针头之间的横向距离与纵向距离。sqrt( ) 函数用来计算平方根，这里表示计算时针与分针针头之间的距离。

（2）在 distance=math.sqrt(abs(x2−x3)**2+abs(y2−y3)**2) 代码中，abs(x2−x3) 用来计算分针与秒针针头之间的横向距离，abs(y2−y3) 用来计算分针与秒针针头之间的纵向距离。

（3）在 distance=math.sqrt(abs(x1−x3)**2+abs(y1−y3)**2) 代码中，abs(x1−x3) 用来计算时针与秒针针头之间的横向距离，abs(y1−y3) 用来计算时针与秒针针头之间的纵向距离。

扫一扫，看视频

16.3 零花钱管理程序：数据的保存

每年春节，我都会收到一些压岁钱。这些压岁钱平时都是由妈妈管理的。我平时需要用的时候，直接和妈妈要就可以了。但是，时间久了就忘记收到过谁的压岁钱？多少钱？自己用了多少钱？干什么用了？如果有一个软件，可以帮助我记录收到的每一笔零花钱和支出使用的每一笔零花钱，并且可以随时查看所有的收入和支出信息，并将这些记录进行保存，就再好不过了。

下面编写一个程序，实现对我的零花钱的管理功能。该程序可以通过数据的保存功能，将每一笔收入与支出保存在指定文件中。其实现步骤如下：

（1）作为零花钱管理程序需要具备应有的功能，也就是管理的主菜单要包含的功能：收入管理、支出管理、收入和支出详情、保存信息、退出管理程序。为了方便显示这些功能，将其定义在一个函数中，函数名为 menu。

（2）有了名称后，依次来实现对应的功能。收入管理功能通过函数 In( ) 实现。

（3）支出管理功能通过函数 Out ( ) 实现。

（4）收入和支出详情查询功能通过函数 seek( ) 实现。在查询时，可以查询所有的收入详情、所有的支出详情、总收入和总支出。

（5）保存信息功能通过函数 save( ) 实现。在保存时，可以对所有的收入和支出进行保存。

（6）退出管理程序功能通过函数 exit( ) 实现。

（7）将上述所有功能的函数放在 while 语句中，用来实现循环管理。用户选择一个功能，调用对应的函数。

根据实现步骤绘制流程图，如图 16.4 所示。

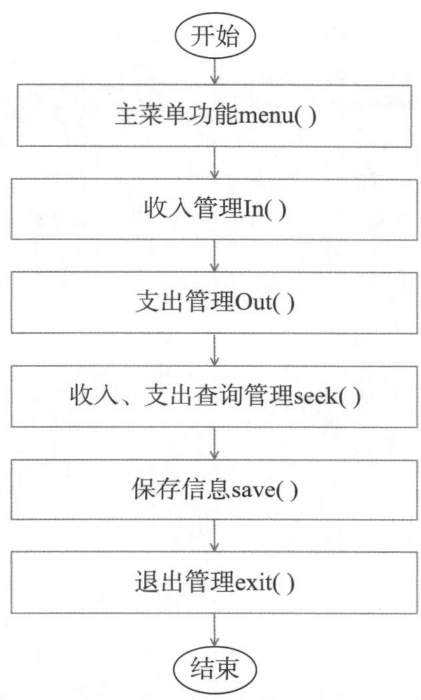

图 16.4 零花钱管理程序流程图

根据流程图依次编写每个步骤的代码。

（1）实现主菜单功能，编写代码如下：

```
def menu( ):
    print('\n--------零花钱管理程序--------\n'
          '1.收入管理\n'
          '2.支出管理\n'
          '3.收入、支出详情\n'
          '4.保存信息\n'
          '5.管理程序')
    print('----------------------------\n')
```

（2）实现收入管理功能，编写代码如下：

```
def In( ):
    In_Info={}                          #定义的空字典In_Info用来存放收入信息
    In_Name=input('请输入收入备注：')
    In_Sum=int(input('请输入金额：'))
    In_Info[In_Name]=In_Sum             #将收入信息存放在字典In_Info中
    Money[0].append(In_Info)
    print('******收入记录成功******\n')
```

（3）实现支出管理功能，编写代码如下：

```
def Out( ):
    Out_Info={}                          # 定义的空字典 Out_Info 用来存放支出信息
    Out_Name=input('请输入支出备注：')
    Out_Sum=int(input('请输入金额：'))
    Out_Info[Out_Name]=Out_Sum           # 将支出信息存放在字典 Out_Info 中
    Money[1].append(Out_Info)
    print('******支出记录成功******\n')
```

（4）实现收入和支出详情查询功能，编写代码如下：

```
def seek( ):
    print('--------查询--------\n'
          '1.收入详情\n'
          '2.支出详情\n'
          '3.总收入\n'
          '4.总支出\n')
    way2=input('请选择：')                          # 用户寻找查询方法
    if way2=='1':                                   # 如果选择了“收入详情”查询
        list1=Money[0]
        n1=len(list1)
        print('*****收入信息*****')
        for i in range(n1):
            dic1=list1[i]
            list11=dic1.items( )
            for x1,y1 in list11:
                print(x1,y1)
    if way2=='2':                                   # 如果选择了“支出详情”查询
        list2=Money[1]
        n2=len(list2)
        print('*****支出信息*****')
        for i in range(n2):
            dic2=list2[i]
            list22=dic2.items( )
            for x2,y2 in list22:
                print(x2,y2)
    if way2=='3':                                   # 如果选择了“总收入”查询
        list1=Money[0]
        n1=len(list1)
        num=0
        for i in range(n1):
            dic3=list1[i]
            list3=dic3.values( )
            for i in list3:
```

```
            num=num+i
        print('总收入为：',num,'元')
    if way2=='4':                                  #如果选择了“总支出”查询
        list2=Money[1]
        n2=len(list2)
        num=0
        for i in range(n2):
            dic4=list2[i]
            list4=dic4.values( )
            print(list4)
            for i in list4:
                num=num+i
        print('总支出为：',num,'元')
```

（5）实现保存信息功能，编写代码如下：

```
def save( ):
    print('--------保存--------\n'
          '1.对收入进行保存\n'
          '2.对支出进行保存\n')
    way3=input('请选择：')                              #用户选择保存方法
    if way3=='1':                                       #如果选择保存收入
        object1=open('File_In.txt','w')
        list1=Money[0]
        n1=len(list1)
        for i in range(n1):
            dic1=list1[i]
            list11=dic1.items( )
            for x1,y1 in list11:
                object1.write(str(x1))
                object1.write(' : ')
                object1.write(str(y1))
                object1.write(str('\n'))
    if way3=='2':                                       #如果选择保存支出
        object2=open('File_Out.txt','w')
        list2=Money[1]
        n2=len(list2)
        for i in range(n2):
            dic2=list2[i]
            list22=dic2.items( )
            for x2,y2 in list22:
                object2.write(str(x2))
                object2.write(' : ')
                object2.write(str(y2))
                object2.write(str('\n'))
```

（6）实现退出管理程序，编写代码如下：

```
def exit( ):
    print('****** 退出零花钱管理程序 ******')
```

上面的 6 个步骤为每个功能的实现定义了相应的函数。通过调用这些函数来实现相应的管理。零花钱管理程序的完成代码如下：

```
Money=[[],[],]
def menu( ):
    print('\n-------- 零花钱管理程序 --------\n'
          '1. 收入管理 \n'
          '2. 支出管理 \n'
          '3. 收入、支出详情 \n'
          '4. 保存信息 \n'
          '5. 管理程序 ')
    print('----------------------------\n')
def In( ):                                                  # 收入
    In_Info={}
    In_Name=input(' 请输入收入备注： ')
    In_Sum=int(input(' 请输入金额： '))
    In_Info[In_Name]=In_Sum
    Money[0].append(In_Info)
    print('****** 收入记录成功 ******\n')
def Out( ):                                           # 支出
    Out_Info={}
    Out_Name=input(' 请输入支出备注： ')
    Out_Sum=int(input(' 请输入金额： '))
    Out_Info[Out_Name]=Out_Sum
    Money[1].append(Out_Info)
    print('****** 支出记录成功 ******\n')
def seek( ):                                          # 收入和支出详情查询
    print('-------- 查询 --------\n'
          '1. 收入详情 \n'
          '2. 支出详情 \n'
          '3. 总收入 \n'
          '4. 总支出 \n')
    way2=input(' 请选择： ')
    if way2=='1':
        list1=Money[0]
        n1=len(list1)
        print('***** 收入信息 *****')
        for i in range(n1):
            dic1=list1[i]
            list11=dic1.items( )
```

```
            for x1,y1 in list11:
                print(x1,y1)
    if way2=='2':
        list2=Money[1]
        n2=len(list2)
        print('***** 支出信息 *****')
        for i in range(n2):
            dic2=list2[i]
            list22=dic2.items( )
            for x2,y2 in list22:
                print(x2,y2)
    if way2=='3':
        list1=Money[0]
        n1=len(list1)
        num=0
        for i in range(n1):
            dic3=list1[i]
            list3=dic3.values( )
            for i in list3:
                num=num+i
        print('总收入为：',num,'元')
    if way2=='4':
        list2=Money[1]
        n2=len(list2)
        num=0
        for i in range(n2):
            dic4=list2[i]
            list4=dic4.values( )
            for i in list4:
                num=num+i
        print('总支出为：',num,'元')
def save( ):                                                    # 保存
    print('--------保存--------\n'
          '1.对收入进行保存\n'
          '2.对支出进行保存\n')
    way3=input('请选择：')
    if way3=='1':
        object1=open('File_In.txt','w')
        list1=Money[0]
        n1=len(list1)
        for i in range(n1):
            dic1=list1[i]
            list11=dic1.items( )
            for x1,y1 in list11:
```

```
                    object1.write(str(x1))
                    object1.write(' : ')
                    object1.write(str(y1))
                    object1.write(str('\n'))
    if way3=='2':
        object2=open('File_Out.txt','w')
        list2=Money[1]
        n2=len(list2)
        for i in range(n2):
            dic2=list2[i]
            list22=dic2.items( )
            for x2,y2 in list22:
                object2.write(str(x2))
                object2.write(' : ')
                object2.write(str(y2))
                object2.write(str('\n'))
def exit( ):                                                    # 退出
    print('****** 退出零花钱管理程序 ******')
while True:
    menu( )
    way=input(' 请选择功能（1～5）: ')
    if way=='1':
        In( )
    if way=='2':
        Out( )
    if way=='3':
        seek( )
    if way=='4':
        save( )
    if way=='5':
        exit( )
        break
```

代码执行后，首先显示功能菜单，结果如下：

```
--------- 零花钱管理程序 ---------
1. 收入管理
2. 支出管理
3. 收入、支出详情
4. 保存信息
5. 管理程序
----------------------------

请选择功能（1～5）:
```

（1）如果对收入进行管理，输入编号1，填写收入的备注信息和收入金额。执行过程如下：

```
请选择功能（1～5）：1
请输入收入备注：姥姥给的零花钱                                    # 第 1 笔收入
请输入金额：50
****** 收入记录成功 ******

-------- 零花钱管理程序 --------
1. 收入管理
2. 支出管理
3. 收入、支出详情
4. 保存信息
5. 管理程序
------------------------------

请选择功能（1～5）：1
请输入收入备注：舅舅给的零花钱                                    # 第 2 笔收入
请输入金额：50
****** 收入记录成功 ******

-------- 零花钱管理程序 --------
1. 收入管理
2. 支出管理
3. 收入、支出详情
4. 保存信息
5. 管理程序
------------------------------

请选择功能（1～5）：1
请输入收入备注：妈妈给的零花钱                                    # 第 3 笔收入
请输入金额：100
****** 收入记录成功 ******

-------- 零花钱管理程序 --------
1. 收入管理
2. 支出管理
3. 收入、支出详情
4. 保存信息
5. 管理程序
------------------------------

请选择功能（1～5）：
```

输出信息记录了 3 笔零花钱收入。

（2）如果对支出进行管理，输入编号 2，填写支出的备注信息和支出金额。执行过程如下：

```
请选择功能（1～5）：2
请输入支出备注：买铅笔                                      # 第 1 笔支出
请输入金额：2
****** 支出记录成功 ******

-------- 零花钱管理程序 --------
1. 收入管理
2. 支出管理
3. 收入、支出详情
4. 保存信息
5. 管理程序
-----------------------------

请选择功能（1～5）：2
请输入支出备注：买零食                                      # 第 2 笔支出
请输入金额：10
****** 支出记录成功 ******

-------- 零花钱管理程序 --------
1. 收入管理
2. 支出管理
3. 收入、支出详情
4. 保存信息
5. 管理程序
-----------------------------

请选择功能（1～5）：
```

输出信息记录了 2 笔零花钱支出。

（3）如果查询收入与支出详情，输入编号 3。执行过程如下：

```
请选择功能（1～5）：3
-------- 查询 --------
1. 收入详情
2. 支出详情
3. 总收入
4. 总支出

请选择：
```

输出信息提供了 4 种查询方案。

（4）如果查询所有的收入详情，输入编号 1，显示记录下来的 3 笔收入信息。执行过程如下：

```
请选择：1
***** 收入信息 *****
姥姥给的零花钱    50
舅舅给的零花钱    50
妈妈给的零花钱    100
```

（5）如果查询所有的支出详情，输入编号 2，显示记录下来的 2 笔支出信息。执行过程如下：

```
请选择：2
***** 支出信息 *****
买铅笔 2
买零食 10
```

（6）如果查询总收入信息，输入编号 3，显示统计后的收入。执行过程如下：

```
请选择：3
总收入为：200 元
```

输出信息表示，总收入了 200 元。

（7）如果查询总支出信息，输入编号 4，显示统计后的支出。执行过程如下：

```
请选择：4
总支出为：12 元

--------- 零花钱管理程序 ---------
1. 收入管理
2. 支出管理
3. 收入、支出详情
4. 保存信息
5. 管理程序
----------------------------------

请选择功能（1～5）：
```

输出信息表示，总支出了 12 元。

（8）如果保存信息，输入编号 4。执行过程如下：

```
请选择功能（1～5）：4
--------- 保存 ---------
1. 对收入进行保存
2. 对支出进行保存

请选择：
```

输出信息提供了两种保存功能。保存收入，输入编号 1，结果如下：

```
请选择：1
收入保存成功，请在 File_In.txt 中查看
```

输出信息表示，所有的收入记录保存在 File_In.txt 文件中，打开该文件，结果如图 16.5 所示。

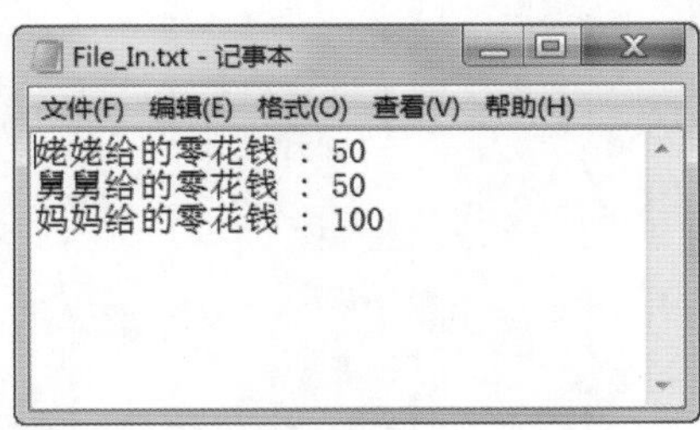

图 16.5 收入记录

（9）如果保存支出，输入编号 2。执行过程如下：

```
请选择：2
支出保存成功，请在 File_Out.txt 中查看
```

输出信息表示，所有的支出记录保存在 File_Out.txt 文件中，打开该文件，结果如图 16.6 所示。

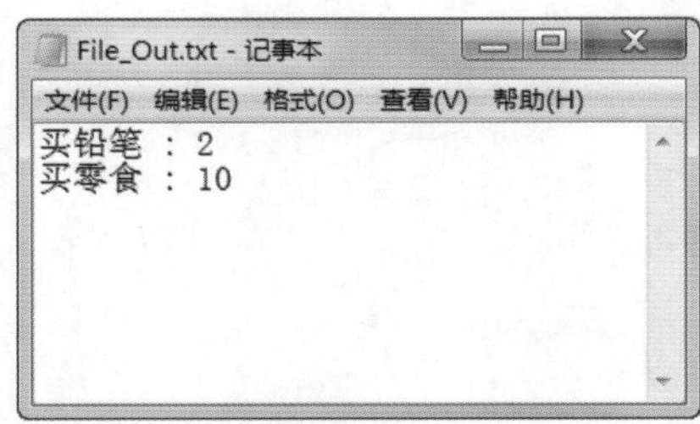

图 16.6 支出记录

当不再使用零花钱管理程序时，输入编号 5，退出程序，结果如下：

```
请选择功能（1～5）：5
****** 退出零花钱管理程序 ******
```

代码解析

（1）Money=[[],[],] 代码定义了一个空列表 Money。在该列表中，两个元素也为空列表。第 1 个空列表用来存放所有的收入信息；第 2 个空列表用来存放所有的支出信息。

（2）In_Info[In_Name]=In_Sum 代码将用户每次输入的收入备注信息和金额，保存在收入

列表 In_Info 中。

（3）Money[0].append(In_Info) 代码将所有的收入信息添加到列表 Money 的第 1 个列表中。

（4）Out_Info[Out_Name]=Out_Sum 代码将用户每次输入的支出备注信息和金额保存在支出列表 Out _Info 中。

（5）Money[1].append(Out_Info) 代码将所有的支出信息添加到列表 Money 的第 2 个列表中。

第 17 章

图形图像应用

生活中有很多形形色色的图形图像。Python 语言提供了相关模块，可以绘制或制作美丽多样的图形图像。让我们一起成为小小的绘图制作大师吧！

扫一扫，看视频

17.1 简易计算器：创建图形界面

计算器是进行数字运算的重要工具，可以实现各种加减乘除运算，一个简易的计算器如图 17.1 所示。

图 17.1 简易计算器

下面编写代码，实现一个图形用户界面的计算器，完成各种简易的运算功能。实现该程序需要借助 tkinter 模块来创建计算器图形界面，并设置如何放置按钮；还需要借助 re 模块，对用户输入的信息进行处理。其实现步骤如下：

（1）导入模块 tkinter 和 re。

（2）设置计算器的大体轮廓，也就是计算器的窗口界面，如窗口大小、标题等。这里使用 Control 表示界面。

（3）实现数学运算的常用操作。用户通过按钮在文本框中进行输入，通过按钮计算结果。因此，还需要定义计算器的按钮功能。当用户输入算式时，可能出现不规范操作，因此，还需要定义不规范操作的提醒功能。计算器要设定的按钮较多，如数字 0～9、运算符等。为了让代码结构更加清晰、易懂，采用自定义函数方式编写这部分代码。自定义函数为 Key( )，在该函数中，定义每个按钮的操作，并判断用户是否按下了该按钮。

（4）有了窗口、按钮功能、文本框以后，还需要将这些组件安置在窗口中。因此，需要设置如何放置计算器的按钮和文本框等组件，并设置它们的外观。

根据实现步骤绘制流程图，如图 17.2 所示。

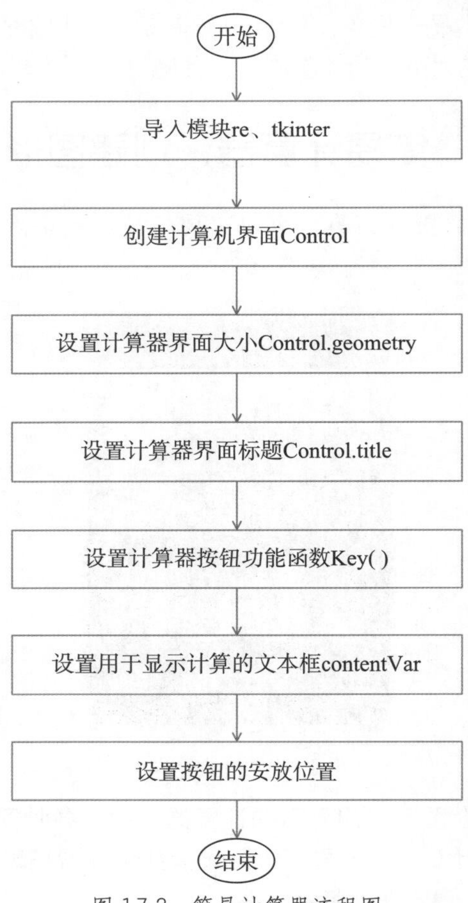

图 17.2　简易计算器流程图

根据流程图编写代码，实现简易计算器。代码如下：

```
import re
import tkinter
import tkinter.messagebox
# 设置计算器窗口
Control=tkinter.Tk( )                        # 创建计算器窗口
Control.geometry('300×270+400+100') # 设置窗口大小
Control.resizable(False,False)         # 设置窗口不可调整大小
Control.title(' 计算器 ')                     # 设置窗口标题
def Key(btn):
    Get_content=contentVar.get( )      # 获取输入的运算内容
    if Get_content.startswith('.'):
        Get_content='0'+ Get_content # 如果运算内容是以小数点开头的，在运算内容前面加 0
```

```
    if btn in '0123456789':
        Get_content+=btn              # 如果按下的是数字 0～9 的按钮，直接添加在内容后面
    elif btn=='.':
        lastPart=re.split(r'\+|-|\*|/', Get_content)[-1]
        if '.'in lastPart:            # 如果重复输入小数点，弹出提示信息框
            tkinter.messagebox.showerror('错误','小数点重复出现')
            return
        else:
            Get_content+=btn          # 如果没有重复出现小数点，直接添加在内容后面
    elif btn=='C':
        Get_content=''                # 如果按下的是 C 按钮，清空内容
    elif btn=='=':
        try:
            Get_content=str(eval(Get_content))
                                      # 如果按下等号（=）按钮，算式正确，计算结果
        except:
            tkinter.messagebox.showerror('错误','算式有误')
                                      # 算式不正确，弹出提示信息框
            return
    elif btn in operators:
        if Get_content.endswith(operators):
                                      # 如果连续输入运算符，弹出提示信息框
            tkinter.messagebox.showerror('错误','不允许存在连续运算符')
            return
        Get_content+=btn              # 没有连续输入运算符，将其添加在内容后面
    elif btn=='Sqrt':
        n= Get_content.split('.')
        if all(map(lambda x:x.isdigit( ),n)):
            Get_content=eval(Get_content)**0.5
                                      # 如果输入内容全为数字，进行开平方运算
        else:
            tkinter.messagebox.showerror('错误','无法开平方')
                                      # 如果输入内容不全为数字，弹出提示信息框
            return
    contentVar.set(Get_content)
contentVar=tkinter.StringVar(Control,'')                        # 创建内容可以自动刷新
contentEntry=tkinter.Entry(Control,textvariable=contentVar) # 创建单行文本框
contentEntry['state']='readonly'                             # 设置文本框为只读
contentEntry.place(x=10,y=10,width=280,height=20)            # 设置文本框大小
# 放置清除（C）按钮
btnClear=tkinter.Button(Control,text='C',bg='green',command=lambda:Key('C'))
btnClear.place(x=40,y=40,width=80,height=20)
```

```
#放置等号（=）按钮
btnCompute=tkinter.Button(Control,text='=',bg = 'yellow',command=lambda :
Key('='))
btnCompute.place(x=170,y=40,width=80,height=20)
#放置数字 0 到 9、小数点、Sqrt 按钮
digits=list('0123456789.')+['Sqrt']
index=0
for row in range(4):
    for col in range(3):
        d=digits[index]
        index+=1
        btnDigit=tkinter.Button(Control,text=d,command=lambda x=d:Key (x))
                                                    #设置数字、小数点、平方根按钮
        btnDigit.place(x=20+col*70,y=80+row*50,width=50,height=20)
                                                    #放置数字、小数点、平方根按钮
#放置运算符按钮（+、-、*、/、**、//）
operators=('+','-','*','/','**','//')
for index,operator in enumerate(operators):
    btnOperator=tkinter.Button(Control,text=operator,bg = 'pink', command=
    lambda x= operator:Key(x))
    btnOperator.place(x=230,y=80+index*30,width=50,height=20)
Control.mainloop( )
```

代码执行后，显示简易计算器界面，如图 17.3 所示。

图 17.3　简易计算器界面

此时，可以通过这个计算器实现简单的计算了。例如，计算 35×7=? 依次按下按钮 3、5、*、7，如图 17.4 所示。然后按下等号（=）按钮，在文本框中会显示计算的结果，如图 17.5 所示，35×7 的计算结果为 245。

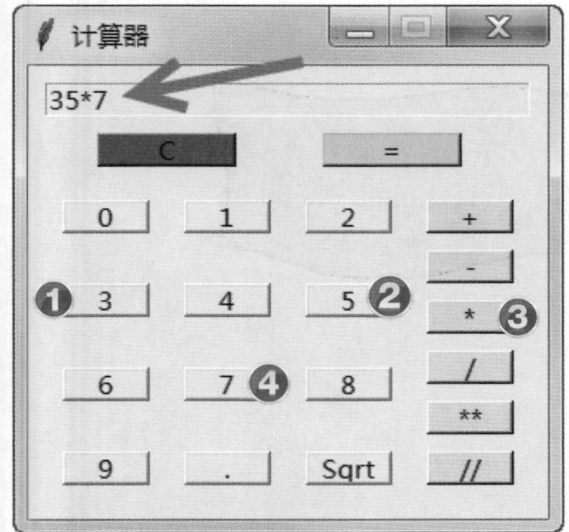

图 17.4 输入算式

图 17.5 计算并显示结果

代码解析

（1）代码 def Key(btn): 定义了函数 Key( )。该函数中包含了所有按钮的功能，并判断用户是否使用了这些按钮。其中，btn 为该函数的形参，代表用户按下的按钮。

（2）代码 Get_content=contentVar.get( ) 用来获取用户在文本框中输入的运算信息。

（3）代码 if Get_content.startswith('.'): 判断用户输入的内容是否以小数点开头的。

（4）代码 if btn in '0123456789': 判断用户是否按下了数字 0～9 的按钮。

（5）代码 lastPart=re.split(r'\+|-|*|/', Get_content)[-1] 通过正则表达式检查一个字符串是否与某种模式匹配。这里主要检查用户输入的运算信息最后一个字符是否是“小数点”。

（6）代码 elif btn=='C': 判断用户是否按下了数字 C 按钮。

（7）代码 elif btn=='=': 判断用户是否按下了等号（=）按钮。

（8）代码 elif btn=='Sqrt': 判断用户是否按下了 Sqrt 按钮。

（9）代码 contentVar.set(Get_content) 将计算的结果显示在文本框中。

17.2 啦啦队队长哆啦 A 梦：图形绘制

扫一扫，看视频

啦啦队是比赛进行中为运动员加油助威的人群。今天，学校里组织了足球比赛，此次出场的是 3 班和 5 班。哆啦 A 梦作为 3 班啦啦队的队长，举着旗帜，嘴里大喊着“3 班，加油”的口号，如图 17.6 所示。

图 17.6　哆啦 A 梦喊加油

下面通过 Python 代码编写程序，绘制图中的哆啦 A 梦为 3 班加油的画面。实现该程序可以通过 turtle 模块和 math 模块实现。其中，turtle 模块提供了绘图功能，它可以创建一个画布，在画布中进行绘制，如画圆、颜色填充等；math 模块提供了计算功能，在绘制弧线时使用，主要用来计算弧长、线段条数等。具体步骤如下：

（1）导入模块 turtle 和 math。

（2）创建画布为绘图使用，并对绘制时需要用到的画笔粗细、颜色进行设置。

（3）开始绘制，绘制头部和脸部轮廓。

（4）绘制鼻子部分。

（5）绘制眼睛部分。

（6）绘制胡须部分。

（7）绘制嘴巴和舌头部分。

（8）绘制身体左部分。

（9）绘制身体右部分。

（10）绘制身上修饰部分。

（11）绘制旗帜。

根据实现步骤绘制流程图，如图 17.7 所示。

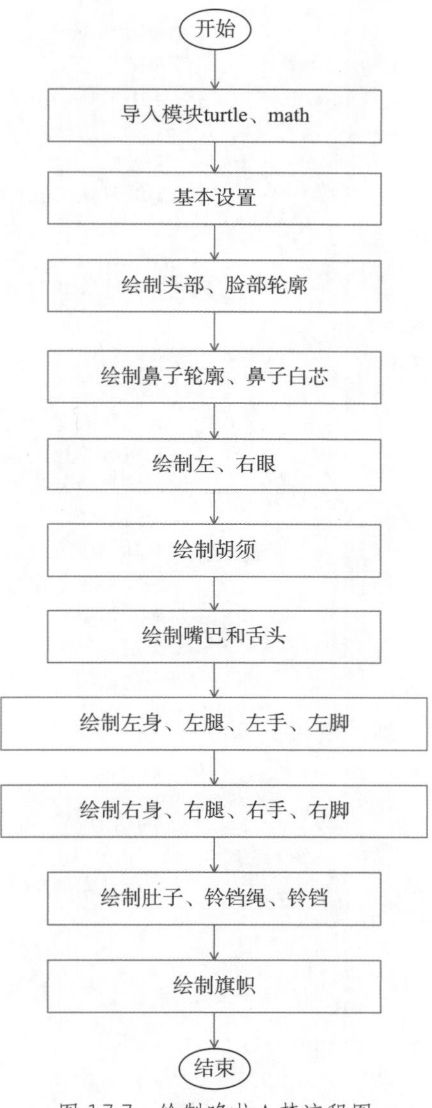

图 17.7 绘制哆啦 A 梦流程图

根据流程图实现绘制哆啦 A 梦，步骤如下。

（1）绘制头部、脸部轮廓、鼻子轮廓，代码如下：

```
import turtle as t
import math
t.setup(width=800, height=600)                # 主窗口宽和高为 800 × 600 像素
t.screensize(900, 600, bg='white')            # 画布宽度和高度为 900 × 600 像素，背景为白色
```

```
t.pensize(2)                                # 画笔粗细值为 1
t.speed(3)                                  # 画笔绘图时的移动速度
t.hideturtle( )                             # 不显示画笔的 turtle 形状
t.fillcolor('#57a3c7')                      # 需要为头部填充颜色
t.begin_fill( )                             # 开始填充
t.circle(120)                               # 绘制头部轮廓（绘制圆）
t.end_fill( )                               # 结束填充，为头部填充颜色
t.pensize(3)
t.fillcolor('white')                        # 需要为脸部填充颜色
t.begin_fill( )                             # 开始填充
t.circle(100)                               # 绘制脸部轮廓
t.end_fill( )                               # 结束填充，为脸部填充颜色
t.pu( )                                     # 抬起画笔
t.home( )                                   # 将画笔移动到初始位置及坐标（0,0）位置
t.goto(0, 134)                              # 将画笔从当前位置移动到坐标（0,134）位置
t.pd( )                                     # 落下画笔
t.pensize(4)                                # 画笔粗细
t.fillcolor("#EA0014")                      # 设置鼻子填充颜色
t.begin_fill( )                             # 开始填充
t.circle(18)                                # 绘制鼻子轮廓
t.end_fill( )                               # 结束填充
```

（2）绘制鼻子白芯和左眼轮廓，代码如下：

```
t.pu( )
t.goto(-2, 155)                             # 在该位置绘制鼻子白芯
t.pensize(2)
t.color('white', 'white')                   # 鼻子白芯颜色
t.pd( )
t.begin_fill( )
t.circle(4)                                 # 绘制鼻子白芯
t.end_fill( )
t.pu( )
t.goto(-30, 160)                            # 在该位置上绘制左眼轮廓
t.pensize(4)
t.pd( )
t.color('black', 'white')                   # 左眼轮廓颜色和填充颜色
t.begin_fill( )
a = 0.4
for i in range(120):                        # 进行绘制
    if 0 <= i < 30 or 60 <= i < 90:
        a = a + 0.08
        t.lt(3)                             # 向左转 3 度
```

```
            t.fd(a)                             # 向前走 a 的步长
        else:
            a = a - 0.08
            t.lt(3)
            t.fd(a)
t.end_fill( )
```

（3）绘制右眼轮廓，代码如下：

```
t.pu( )
t.goto(30, 160)                              # 在该位置上绘制右眼轮廓
t.pensize(4)
t.pd( )
t.color('black', 'white')                    # 右眼轮廓颜色和填充颜色
t.begin_fill( )
for i in range(120):
      if 0 <= i < 30 or 60 <= i < 90:
            a = a + 0.08
            t.lt(3)
            t.fd(a)
      else:
            a = a - 0.08
            t.lt(3)
            t.fd(a)
t.end_fill( )
```

（4）绘制左、右眼内部，代码如下：

```
# 左眼内部
t.pu( )
t.goto(-38, 190)                             # 在该位置准备绘制左眼内部
t.pensize(8)
t.pd( )
t.right(-30)                                 # 向右旋转 -30 度
t.forward(15)                                # 移动 15 个距离，绘制左眼内部
t.right(70)
t.forward(15)                                # 移动 15 个距离，绘制左眼内部
# 右眼内部
t.pu( )
t.goto(15, 185)                              # 在该位置准备绘制右眼内部
t.pensize(4)
t.pd( )
t.color('black', 'black')                    # 右眼内部轮廓和填充颜色
t.begin_fill( )
t.circle(13)
t.end_fill( )
```

（5）绘制右眼内部白芯，代码如下：

```
t.pu( )
t.goto(13, 190)
t.pensize(2)
t.pd( )
t.color('white', 'white')
t.begin_fill( )
t.circle(5)
t.end_fill( )
def Draw_Arc(t1, r, angle):                             # 绘制弧函数
    arc_length = 2 * math.pi * r * angle / 360          #angle 角度的扇形的弧长
    n = int(arc_length / 3) + 1                         # 线段条数
    step_length = arc_length / n                        # 每条线段的长度
    step_angle = angle / n                              # 每条线段的角度
    Arc_Line(t1, n, step_length, step_angle)
def Arc_Line(t1, n, length, angle):                     # 弧线函数
    for index in range(n):
        t1.fd(length)
        t1.lt(angle)
```

（6）绘制嘴巴轮廓，代码如下：

```
t.pu( )
t.goto(-60, 80)                                         # 在该位置准备绘制嘴巴轮廓
t.pd( )
step = 1
t.setheading(270)                                       # 设置朝向
t.fillcolor("#EA0014")                                  # 嘴巴填充颜色
t.begin_fill( )
Draw_Arc(t, 60, 190)                                    # 绘制嘴巴下面的轮廓弧
t.setheading(180)
t.forward(120)                                          # 绘制嘴巴上面弧线
t.end_fill( )
```

（7）绘制舌头，代码如下：

```
t.pu( )
t.goto(2, 60)                                           # 在该位置准备绘制舌头左部分轮廓
t.setheading(120)
t.fillcolor("#FF7F50")                                  # 舌头的填充颜色
t.pd( )
t.begin_fill( )
Draw_Arc(t, 25, 170)                                    # 绘制舌头左部分轮廓弧
```

```
t.pu( )
t.goto(45, 40)                                # 在该位置准备绘制舌头右部分轮廓
t.setheading(70)
t.pd( )
Draw_Arc(t, 25, 170)                          # 绘制舌头右部分轮廓弧
t.pu( )
t.pencolor("black")
t.goto(-44, 40)                               # 在该位置准备绘制舌头下部分轮廓
t.setheading(305)
t.pd( )
Draw_Arc(t, 53, 125)                          # 绘制舌头下部分轮廓弧
t.end_fill( )
```

（8）绘制左身、左腿，代码如下：

```
t.pensize(2)
t.pencolor("#57a3c7")
t.pu( )
t.goto(-70, 35)                               # 在该位置准备绘制左身、左腿
t.setheading(265)
t.fillcolor("#57a3c7")                        # 左身、左腿的填充颜色
t.begin_fill( )
t.pd( )
for y in range(50):                           # 通过循环绘制左部分左侧边缘线
     if y > 10:
          t.pencolor("black")
     if y < 35:
          t.left(0.3)
     else:
          t.right(0.3)
     t.forward(3)
t.setheading(0)
t.forward(60)                                 # 绘制左腿下部边缘线
t.setheading(70)
t.forward(25)                                 # 绘制左腿右斜边缘线
t.setheading(90)
t.forward(90)                                 # 绘制左腿右侧边缘线
t.setheading(160)
t.forward(78)                                 # 绘制左部分上部边缘线
t.end_fill( )
```

（9）绘制左胳膊，代码如下：

```
t.fillcolor("#57a3c7")
t.begin_fill( )
t.pu( )
t.goto(-72, 32)
t.setheading(200)
t.pd( )
for y1 in range(90):                    # 绘制左胳膊上侧边缘线
    t.forward(1)
    t.left(0.3)
t.setheading(300)
t.forward(35)                           # 绘制袖口边缘线
t.setheading(30)
t.forward(65)                           # 绘制左胳膊下侧边缘线
t.setheading(88)
for y2 in range(2):
    if y2 == 1:
        t.pencolor("#57a3c7")
    t.forward(20)
t.end_fill( )
```

（10）绘制左手、左脚，代码如下：

```
# 左手
t.pencolor("black")
t.pu( )
t.goto(-100, -25)
t.pd( )
t.fillcolor("#fff")                     # 左手的填充颜色
t.begin_fill( )
t.circle(25)                            # 绘制左手（画圆）
t.end_fill( )
# 左脚
t.pu( )
t.goto(-66, -100)
t.pd( )
t.fillcolor("#fff")
t.begin_fill( )
t.setheading(190)
for x in range(50):                     # 绘制左脚左侧边缘线
    t.forward(1)                        # 每次绘制时，移动 1 个距离
    t.left(3)
```

```
for x1 in range(70):                              # 绘制左脚下侧边缘线
     t.forward(1)
     t.left(0.8)
for x2 in range(22):                              # 绘制左脚右侧边缘线
     t.forward(1)
     t.left(5)
t.setheading(190)
for x3 in range(20):                              # 绘制左脚上侧的右边缘线
     t.forward(1)
     t.left(0.02)
for x4 in range(50):                              # 绘制左脚上侧的左边缘线
     t.forward(1)
     t.right(1)
t.end_fill( )
```

（11）绘制右身、右腿，代码如下：

```
t.pu( )
t.goto(70, 33)
t.setheading(275)
t.fillcolor("#57a3c7")
t.begin_fill( )
t.pd( )
for y in range(50):                               # 通过循环绘制右部分右侧边缘线
     if y < 35:
          t.right(0.3)
     else:
          t.left(0.3)
     t.forward(3)
t.setheading(180)
t.forward(60)                                     # 绘制右腿下部边缘线
t.setheading(110)
t.forward(25)                                     # 绘制右腿左侧边缘线
t.setheading(90)
t.forward(90)                                     # 绘制右腿左侧边缘线
t.setheading(20)
t.forward(76)                                     # 绘制右部分上部边缘线
t.end_fill( )
```

（12）绘制右胳膊，代码如下：

```
t.fillcolor("#57a3c7")
t.begin_fill( )
t.pu( )
```

```
t.goto(70, 28)
t.setheading(35)
t.pd( )
for y1 in range(30):                              # 绘制右胳膊上侧边缘线
     t.forward(1.5)
     t.left(0.3)
t.setheading(330)
t.forward(35)                                     # 绘制袖口边缘线
t.setheading(240)
for y2 in range(91):                              # 绘制右胳膊下侧边缘线
     t.forward(1)
     t.right(0.3)
t.end_fill( )
```

（13）绘制右手、右脚，代码如下：

```
# 右手
t.pu( )
t.goto(110, 70)
t.pd( )
t.fillcolor("#fff")
t.begin_fill( )
t.circle(25)                                      # 绘制右手
t.end_fill( )
# 右脚
t.pu( )
t.goto(66, -100)
t.pd( )
t.fillcolor("#fff")
t.begin_fill( )
t.setheading(350)
for x in range(50):                               # 绘制右脚右侧边缘线
     t.forward(1)
     t.right(3)
for x1 in range(70):                              # 绘制右脚下侧边缘线
     t.forward(1)
     t.right(0.8)
for x2 in range(22):                              # 绘制右脚左侧边缘线
     t.forward(1)
     t.right(5)
t.setheading(350)
for x3 in range(20):                              # 绘制右脚上侧的左边缘线
     t.forward(1)
```

```
    t.right(0.02)
for x4 in range(50):                          # 绘制右脚上侧的右边缘线
    t.forward(1)
    t.left(1)
t.end_fill( )
```

（14）绘制肚子和口袋，代码如下：

```
t.pu( )
t.setheading(0)
t.goto(0, -95)
t.pd( )
t.fillcolor("#fff")
t.begin_fill( )
t.circle(50)                                  # 绘制肚子
t.end_fill( )
t.pu( )
t.goto(-40, -45)
t.setheading(270)
t.pd( )
t.circle(40, 180)                             # 绘制口袋
t.setheading(180)
t.forward(80)
```

（15）绘制铃铛绳和铃铛，代码如下：

```
# 铃铛绳
t.fillcolor("#EA0014")
t.begin_fill( )
t.pu( )
t.goto(-82, 27)
t.setheading(327)
t.pd( )
for z in range(170):                          # 绘制铃铛绳下侧边缘线
    t.forward(1)
    if z < 80:
        t.left(0.3)
    else:
        t.left(0.6)
for z1 in range(12):                          # 绘制铃铛绳右侧边缘线
    t.forward(1)
    t.left(10)
t.setheading(220)
for z2 in range(162):                         # 绘制铃铛绳上侧边缘线
```

```
        t.forward(1)
        if z2 < 70:
            t.right(0.5)
        elif z2 < 100:
            t.right(0.8)
        else:
            t.right(0.2)
    for z3 in range(20):                          # 绘制铃铛绳左侧边缘线
        t.forward(1)
        t.left(9.5)
    t.end_fill( )
    # 铃铛
    t.pu( )
    t.goto(0, 10)
    t.setheading(0)
    t.pd( )
    t.fillcolor("#FFD700")                        # 设置铃铛颜色
    t.begin_fill( )
    t.circle(-19)                                 # 绘制铃铛
    t.end_fill( )
    t.pu( )
    t.goto(0, -17)
    t.pd( )
    t.fillcolor("#696969")                        # 铃铛内部的小圆点颜色
    t.begin_fill( )
    t.circle(5)                                   # 绘制小圆点
    t.end_fill( )
    t.pu( )
    t.goto(0, -17)
    t.setheading(-90)
    t.pd( )
    t.forward(9)                                  # 绘制小圆点与铃铛边缘的连接线
    t.pu( )
    t.goto(-18, -1)
    t.pd( )
    t.setheading(35)
    for p in range(38):                           # 绘制铃铛中的第 1 条波纹
        t.forward(1)
        t.right(2)
    t.pu( )
    t.goto(-19, -7)
    t.pd( )
```

```
t.setheading(40)
for p in range(40):                              # 绘制铃铛中的第 2 条波纹
    t.forward(1)
    t.right(2)
```

（16）绘制旗帜和口号，代码如下：

```
# 旗杆
t.pu( )
t.goto(130, 190)
t.pd( )
t.right(50)
t.fillcolor("#8B0000")                          # 设置旗杆颜色
t.begin_fill( )
t.forward(180)                                  # 绘制旗杆左侧边缘线
t.left(90)
t.forward(9)                                    # 绘制旗杆下侧边缘线
t.left(90)
t.forward(180)                                  # 绘制旗杆右侧边缘线
t.left(90)
t.forward(9)                                    # 绘制旗杆上侧边缘线
# 旗杆顶点
t.pu( )
t.goto(134, 195)
t.pd( )
t.dot(10,"#EA0014")                             # 绘制旗杆顶点
t.end_fill( )
t.pu( )
t.goto(140, 180)
t.pd( )
t.left(200)
t.fillcolor("#EA0014")                          # 设置填充旗帜颜色
t.begin_fill( )
for x in range(15):                             # 绘制旗帜上边第 1 条波纹
    t.right(2)
    t.forward(10)
for x in range(15):                             # 绘制旗帜上边第 2 条波纹
    t.left(2)
    t.forward(10)
t.right(105)
for x in range(10):                             # 绘制旗帜右侧第 1 条波纹
    t.right(2)
    t.forward(5)
```

```
    for x in range(16):                                    # 绘制旗帜右侧第 2 条波纹
        t.left(2)
        t.forward(5)
    t.right(105)
    for x in range(10):                                    # 绘制旗帜下边第 1 条波纹
        t.left(2)
        t.forward(5)
    for x in range(20):                                    # 绘制旗帜下边第 2 条波纹
        t.right(2)
        t.forward(7)
    for x in range(12):                                    # 绘制旗帜下边第 3 条波纹
        t.left(3)
        t.forward(9.2)
    t.end_fill( )
    t.pu( )
    t.goto(280, 110)
    t.pd( )
    t.pencolor("#FFD700")                                  # 设置文本信息颜色
    t.left(165)
    t.write("3 班 加 油 ",align="center",font=("Arial",25,"bold"))   # 设置文本信息
    t.hideturtle( )
    t.mainloop( )
```

代码执行后，成功绘制啦啦队队长哆啦 A 梦图像，如图 17.6 所示。

代码解析

（1）代码 for i in range(120): 是一个 for 语句，主要用来绘制不规则的圆，这里用来绘制眼睛的轮廓。因为，眼睛的轮廓是一个不规则的圆，不能一笔绘制成，只能通过若干个小段完成绘制。所以，通过 for 语句进行循环来实现每一小段的绘制。代码中用到的 for 语句都是为了完成此作用而使用的。

（2）在 Arc_Line(t1, n, step_length, step_angle) 代码中，t1 表示画笔对象；n 表示线段条数；step_length 表示每条线段长度；step_angle 表示每条线段的角度。

扫一扫，看视频

17.3　唐僧师徒录：获取按钮事件文本信息

我的同桌小明酷爱看《西游记》。有一天，他从网上下载了唐僧师徒图片，想把它们做成一个唐僧师徒录，这样可以随时展现他喜欢的师徒四人。实现这个功能需要借助 tkinter 模块完成，其实现步骤如下：

（1）准备三藏、悟空、悟能、悟净 4 张图片，图片大小要一致。

（2）导入模块 tkinter，创建主窗体，并进行相关设置。

（3）对主窗体进行布局。这里，在主窗体的上方布置 4 个按钮，分别用来显示三藏、悟空、悟能、悟净。主窗体的下方，用来显示对应的图片。

（4）分别使用唐僧师徒图片创建 PhotoImage 类的对象，为单击按钮显示对应图片做准备。

（5）绑定按钮事件，并获取每个按钮上的文本信息，显示出对应的图片。这里可以为显示图片专门定义一个函数 show( )。

根据实现步骤绘制流程图，如图 17.8 所示。

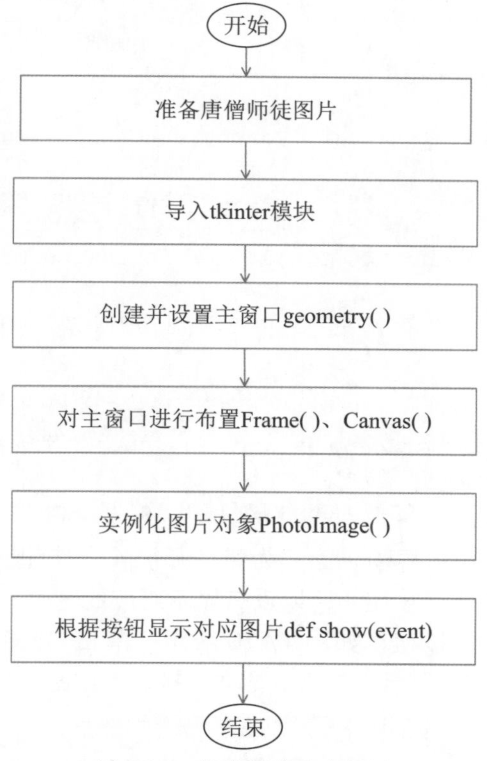

图 17.8　唐僧师徒录流程图

根据流程图编写代码，实现唐僧师徒录的制作。代码如下：

```
from tkinter import *
root=Tk( )                                         # 创建 Tk 主窗体
root.title('唐僧师徒')
root.geometry('600×500')                     # 设置主窗体大小
fm1=Frame(root)                              # 创建 Frame 对象 1
fm1.pack(side=TOP,padx=10,pady=10)
```

```
fm2=Frame(root)                                        # 创建 Frame 对象 2
fm2.pack( )
myCanvas=Canvas(fm2,width=390,height=290,bg='black')      # 创建画布
myCanvas.pack( )
myCanvas.create_text(200,150,text=' 唐僧师徒 ',font=(' 宋体 ',48),fill='red')
record=[' 三藏 ',' 悟空 ',' 悟能 ',' 悟净 ']
list =[]
img0=PhotoImage(file='dir/shi.gif')
img1=PhotoImage(file='dir/wu.gif')
img2=PhotoImage(file='dir/ba.gif')
img3=PhotoImage(file='dir/sha.gif')
def show(event):                                       # 函数（根据按钮显示对应显示图片）
    ID=event.widget['text']
    if ID==record[0]:
        myCanvas.create_image(0,0,anchor=NW,image=img0)
    elif ID==record[1]:
        myCanvas.create_image(0,0,anchor=NW,image=img1)
    elif ID==record[2]:
        myCanvas.create_image(0,0,anchor=NW,image=img2)
    elif ID==record[3]:
        myCanvas.create_image(0,0,anchor=NW,image=img3)
    elif ID==record[4]:
        myCanvas.create_image(0,0,anchor=NW,image=img4)
for i in range(4):
    list.append(Button(fm1,text=record[i],font=(' 楷体 ',35),width=5,height=1))
    list [i].pack(side=LEFT,anchor=NW)
    list [i].bind('<ButtonRelease-1>',show)
```

代码执行后，显示出主窗体界面，上方为唐僧师徒 4 个按钮，下方显示“唐僧师徒”，如图 17.9 所示。由于没有单击任何按钮，所以没有显示对应的图片。当单击按钮时，将显示对应的图片。例如，单击“三藏”按钮，如图 17.10 所示；单击“悟空”按钮，如图 17.11 所示；单击“悟能”按钮，如图 17.12 所示；单击“悟净”按钮，如图 17.13 所示。

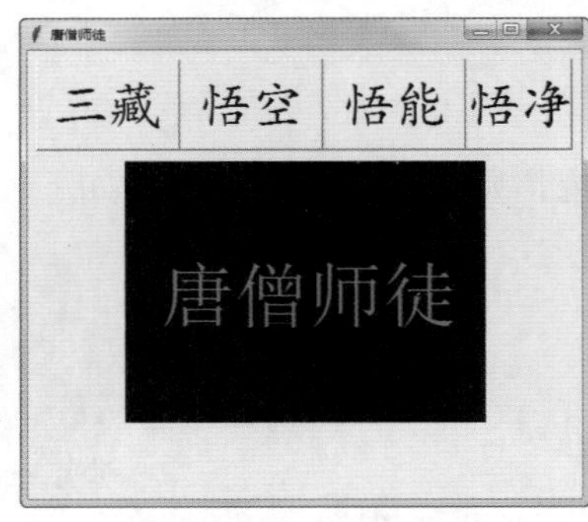

图 17.9　唐僧师徒录

图 17.10 唐僧

图 17.11 孙悟空

图 17.12 猪八戒

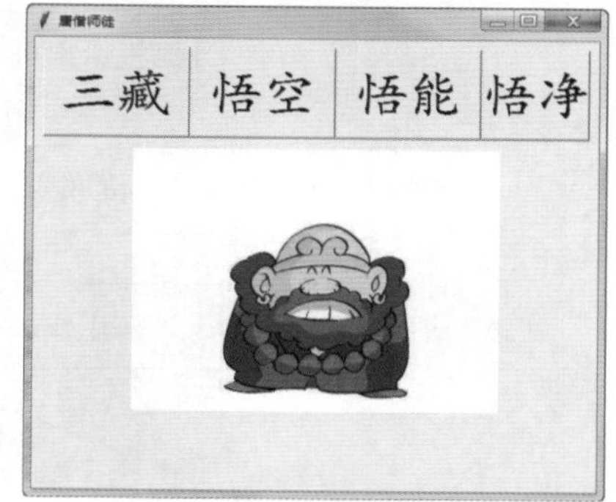

图 17.13 沙和尚

代码解析

（1）在 ID=event.widget['text'] 代码中，event.widget 用来获取触发事件的组件名；['text'] 是读取该组件的 text 的值。这里，用来获取触发事件的按钮文本信息，如三藏、悟空、悟能、悟净。

（2）myCanvas.create_text(200,150,text=' 唐僧师徒 ',font=(' 宋体 ',48),fill='red') 代码通过 create_text( ) 方法绘制文本信息。这里，绘制的是“唐僧师徒”，字体类型为“宋体”，颜色为红色。

（3）list.append(Button(fm1,text=record[i],font=(' 楷体 ',35),width=5,height=1)) 代码通过 Button 类，创建按钮对象，然后通过 append( ) 方法将按钮添加在列表 list 中。

17.4 变色龙变色：图片色彩转换

扫一扫，看视频

小明有一张变色龙的图片，可是图片中的变色龙不能变色。下面编写一个程序，让变色龙进行变色。完成该功能，需要通过 cv2 模块提供的图片色彩转换功能。其实现步骤如下：

（1）准备一张变色龙图片。

（2）导入 cv2 模块。

（3）给出可变色的选择项。

（4）用户进行选择，计算机根据用户的选择给出变色后的变色龙。

根据实现步骤绘制流程图，如图 17.14 所示。

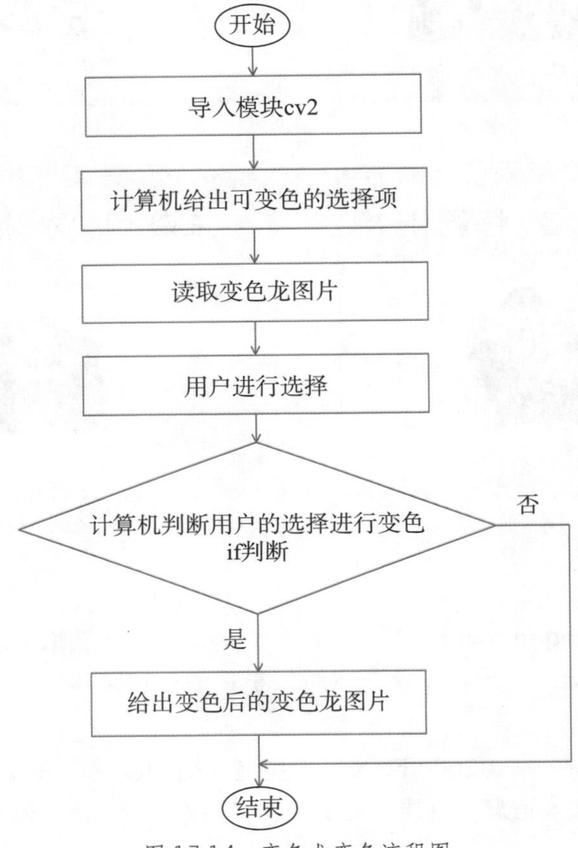

图 17.14　变色龙变色流程图

根据流程图编写变色龙变色对应的代码。

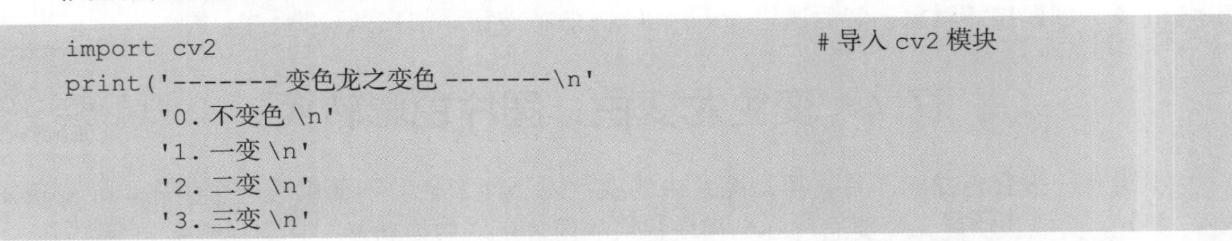

```
import cv2                                                  # 导入 cv2 模块
print('------- 变色龙之变色 -------\n'
      '0. 不变色 \n'
      '1. 一变 \n'
      '2. 二变 \n'
      '3. 三变 \n'
```

```
      '4. 四变 \n'
      '5. 五变 \n'
      '6. 六变 \n'
      '7. 七变 \n'
      '8. 八变 \n')
img = cv2.imread('long.jpg')                            # 读取原始的变色龙图片
abc=input(' 请选择：')
if abc=='0':
    cv2.imshow('img',img)                               # 显示原图
if abc=='1':
    RGB = cv2.cvtColor(img, cv2.COLOR_BGR2RGB)          # 按特定颜色进行变色
    cv2.imshow('one',RGB)                               # 显示变色后的图片
if abc=='2':
    GRAY = cv2.cvtColor(img, cv2.COLOR_BGR2GRAY)        # 按特定颜色进行变色
    cv2.imshow('two',GRAY)                              # 显示变色后的图片
if abc=='3':
    HSV = cv2.cvtColor(img, cv2.COLOR_BGR2HSV)          # 按特定颜色进行变色
    cv2.imshow('three',HSV)                             # 显示变色后的图片
if abc=='4':
    YcrCb = cv2.cvtColor(img, cv2.COLOR_BGR2YCrCb)      # 按特定颜色进行变色
    cv2.imshow('four',YcrCb)                            # 显示变色后的图片
if abc=='5':
    HLS = cv2.cvtColor(img, cv2.COLOR_BGR2HLS)          # 按特定颜色进行变色
    cv2.imshow('five',HLS)                              # 显示变色后的图片
if abc=='6':
    XYZ = cv2.cvtColor(img, cv2.COLOR_BGR2XYZ)          # 按特定颜色进行变色
    cv2.imshow('six',XYZ)                               # 显示变色后的图片
if abc=='7':
    LAB = cv2.cvtColor(img, cv2.COLOR_BGR2LAB)          # 按特定颜色进行变色
    cv2.imshow('seven',LAB)                             # 显示变色后的图片
if abc=='8':
    YUV = cv2.cvtColor(img, cv2.COLOR_BGR2YUV)          # 按特定颜色进行变色
    cv2.imshow('eight',YUV)                             # 显示变色后的图片
```

代码执行后，首先给出变色龙可变色的选择项，要求用户进行选择，结果如下：

```
------- 变色龙之变色 -------
0. 不变色
1. 一变
2. 二变
3. 三变
4. 四变
5. 五变
```

```
6. 六变
7. 七变
8. 八变

请选择:
```

输出信息提供了 9 个选项。输入 0，显示原图，如图 17.15 所示；输入 1，变色后的变色龙如图 17.16 所示；输入 2，变色后的变色龙如图 17.17 所示；输入 3，变色后的变色龙如图 17.18 所示；输入 4，变色后的变色龙如图 17.19 所示；输入 5，变色后的变色龙如图 17.20 所示；输入 6，变色后的变色龙如图 17.21 所示；输入 7，变色后的变色龙如图 17.22 所示；输入 8，变色后的变色龙如图 17.23 所示。

图 17.15　原图

图 17.16　一变

图 17.17　二变

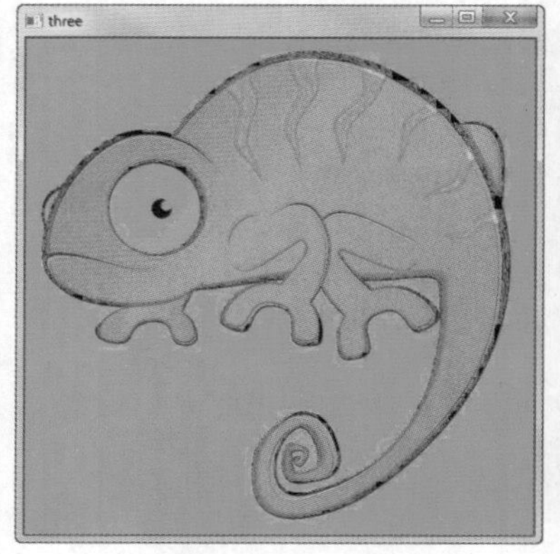

图 17.18　三变

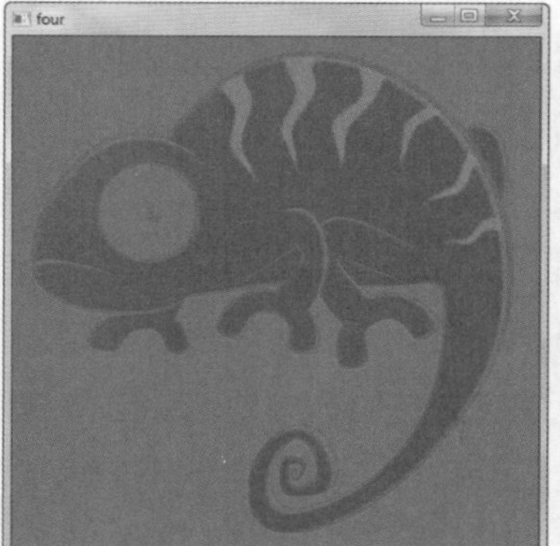

图 17.19　四变

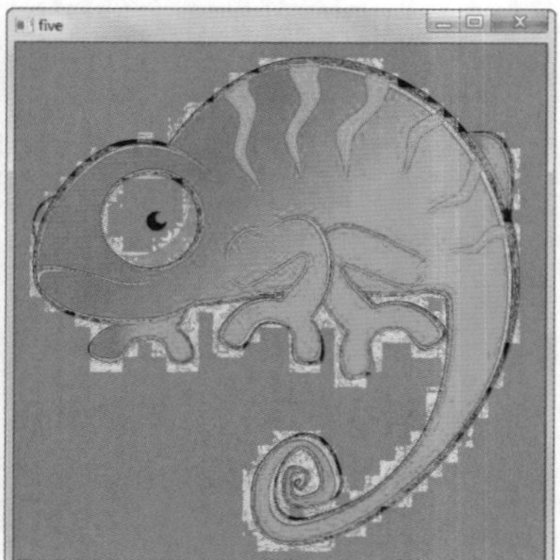

图 17.20　五变

图 17.21 六变

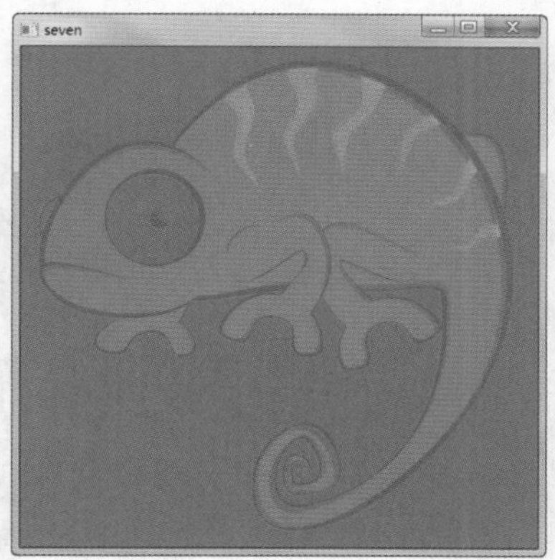

图 17.22 七变

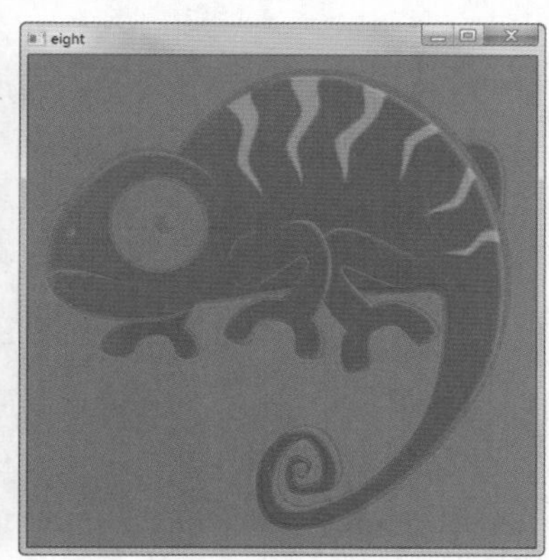

图 17.23 八变

代码解析

（1）img=cv2.imread('long.jpg') 代码通过 imread( ) 方法读取原始的变色龙图片。这里将读取到的图片赋值给了 img。

（2）cv2.imshow('img',img) 代码通过 imshow( ) 方法显示图片。这里用来显示 img 对应的图片，即原始图片。

（3）RGB=cv2.cvtColor(img, cv2.COLOR_BGR2RGB) 代码通过 cvtColor( ) 方法用来将图片的色彩转为指定色彩空间的颜色。这里对原始图片 img 进行颜色转换。

（4）cv2.imshow('one',RGB) 代码显示颜色转换后的变色龙图片。

第18章

游戏应用

很多游戏的开发都离不开编程语言，下面让我们使用 Python 语言开发属于自己的游戏，成为一名游戏达人吧！

18.1　弹球游戏：事件绑定

扫一扫，看视频

游戏开始后，小球从游戏界面的任意位置开始移动。玩家通过左右方向键移动下方的球拍，使用球拍去接住小球。注意不要让小球碰到游戏底部。当小球碰到界面的上边、左边、右边或碰到球拍就反弹，继续移动，直到球拍没有接住小球，碰到底部，游戏结束。

弹球游戏需要通过 tkinter 模块实现。该模块提供了事件绑定功能，可以将按键与功能进行绑定。这里主要通过绑定使用方向键控制球拍的左右移动。其实现步骤如下：

（1）需要一个图形化的控制界面。这里使用 tkinter 模块实现，需要导入该模块，并进行相关设置，如设置游戏界面大小、标题、背景颜色等。

（2）游戏的重要控制元素——球拍，需要定义一个球拍类，命名为 Racket。在球拍类中，设置球拍的长度、宽度、颜色，以及对球拍的移动控制操作。

（3）游戏的另外一个重要元素——小球，定义为小球类，命名为 Ball。在小球类中，设置球的大小、颜色，以及对小球的移动以及碰撞操作。

（4）创建球拍对象。

（5）创建小球对象。

（6）游戏运行后，通过调用相关函数，使小球运动起来，然后通过方向键控制球拍移动。将这些操作放在 while 语句中，使其游戏持续进行。当小球碰到底部时，游戏退出。

根据实现步骤绘制流程图，如图 18.1 所示。

图 18.1　弹球游戏流程图

根据流程图依次编写每个步骤的代码。

（1）创建游戏界面，代码如下：

```
from tkinter import *
import tkinter
window=tkinter.Tk( )                              # 创建游戏界面窗口
window.resizable(False,False)                     # 设置窗口不可调整大小
window.title('弹球游戏')                           # 窗口标题
window.wm_attributes('-topmost',1)                # 置顶窗口
screen=Canvas(window,width=600,height=650,bd=0,bg='pink')
                                                  # 设置游戏界面（画布）大小、背景颜色
screen.pack( )
window.update( )
```

（2）定义球拍类，代码如下：

```
class Racket:
    def __init__(self,screen,color):
        self.screen=screen                        # 设置球拍出现在哪个界面上
        self.id=screen.create_rectangle(0,0,100,10,fill=color)
                                                  # 设置球拍大小及颜色
        self.screen.move(self.id,220,550)         # 球拍移动到指定位置
        self.x=0                                  # 球拍 x 坐标
        self.Screen_Width=self.screen.winfo_width( )
                                                  # 获取屏幕宽度
        self.screen.bind_all('<KeyPress-Left>',self.Turn_Left)
                                                  # 将 Turn_Left 函数绑定在左方向键上
        self.screen.bind_all('<KeyPress-Right>',self.Turn_Right)
                                                  # 将 Turn_Right 函数绑定在右方向键上
    def control(self):                            # 控制球拍函数
        self.screen.move(self.id,self.x,0)
        dot=self.screen.coords(self.id)
        if dot[0]<=0:
            self.x=0
        elif dot[2]>=self.Screen_Width:
            self.x=0
    def Turn_Left(self,evt):                      # 左方向键操作函数
        self.x=-2
    def Turn_Right(self,evt):                     # 右方向键操作函数
        self.x=2
```

（3）定义小球类，代码如下：

```
class Ball:
    def __init__(self,screen,side,color):
        self.screen=screen
        self.side=side
        self.id=screen.create_oval(10,10,30,30,fill=color)
                                                        # 设置小球形状、颜色
        self.screen.move(self.id,100,350)               # 将小球移动到 (100,350) 位置
        list=[-3,-2,-1,1,2,3]
        random.shuffle(list)
        self.x=list[0]                                  # 小球初始横向 x 坐标为一个随机值
        self.y=-2
        self.Screen_Width=self.screen.winfo_width( )
        self.Screen_Height=self.screen.winfo_height( )
        self.Hit_Bottom=False                           # 小球碰到底部状态设置为 False
    def Hit_Racket(self,dot):                           # 处理小球碰到球拍函数
        Screen_Dot=self.screen.coords(self.side.id)
        if dot[2]>=Screen_Dot[0] and dot[0]<=Screen_Dot[2]:
            if dot[3]>=Screen_Dot[1] and dot[3] <=Screen_Dot[3]:
                return True
        return False
    def control(self):                                  # 控制小球函数（处理边缘碰撞）
        self.screen.move(self.id,self.x,self.y)
        dot=self.screen.coords(self.id)
        if dot[1]<=0:
            self.y=2
        if dot[3]>=self.Screen_Height:
            self.Hit_Bottom=True
            #print('你输了')
        if self.Hit_Racket(dot)==True:
            self.y=-2
        if dot[0]<=0:
            self.x=2
        if dot[2]>=self.Screen_Width:
            self.x=-2
```

（4）创建球拍和小球对象，在创建时，通过实参设置颜色。代码如下：

```
racket=Racket(screen,'blue')                            # 创建球拍对象，球拍颜色为蓝色
ball=Ball(screen,racket,'red')                          # 创建小球对象，小球颜色为红色
```

（5）运行游戏，代码如下：

```
while True:
    if ball.Hit_Bottom==False:
          ball.control( )
          racket.control( )
    else:
          break
    screen.update_idletasks( )
    screen.update( )
    time.sleep(0.01)
```

本实例完整代码如下：

```
from tkinter import *
import tkinter
import random
import time
window=tkinter.Tk( )
window.resizable(False,False)
window.title('弹球游戏')
window.wm_attributes('-topmost',1)
screen=Canvas(window,width=600,height=650,bd=0,bg='pink')
screen.pack( )
window.update( )
class Racket:
    def __init__(self,screen,color):
        self.screen=screen
        self.id=screen.create_rectangle(0,0,100,10,fill=color)
        self.screen.move(self.id,220,550)
        self.x=0
        self.Screen_Width=self.screen.winfo_width( )
        self.screen.bind_all('<KeyPress-Left>',self.Turn_Left)
        self.screen.bind_all('<KeyPress-Right>',self.Turn_Right)
    def control(self):
        self.screen.move(self.id,self.x,0)
        dot=self.screen.coords(self.id)
        if dot[0]<=0:
            self.x=0
        elif dot[2]>=self.Screen_Width:
            self.x=0
    def Turn_Left(self,evt):
        self.x=-2
    def Turn_Right(self,evt):
        self.x=2
```

```
class Ball:
    def __init__(self,screen,side,color):
        self.screen=screen
        self.side=side
        self.id=screen.create_oval(10,10,30,30,fill=color)
        self.screen.move(self.id,100,350)
        list=[-3,-2,-1,1,2,3]
        random.shuffle(list)
        self.x=list[0]
        self.y=-2
        self.Screen_Width=self.screen.winfo_width( )
        self.Screen_Height=self.screen.winfo_height( )
        self.Hit_Bottom=False
    def Hit_Racket(self,dot):
        Screen_Dot=self.screen.coords(self.side.id)
        if dot[2]>=Screen_Dot[0] and dot[0]<=Screen_Dot[2]:
            if dot[3]>=Screen_Dot[1] and dot[3] <=Screen_Dot[3]:
                return True
        return False
    def control(self):
        self.screen.move(self.id,self.x,self.y)
        dot=self.screen.coords(self.id)
        if dot[1]<=0:
            self.y=2
        if dot[3]>=self.Screen_Height:
            self.Hit_Bottom=True
            #print('你输了')
        if self.Hit_Racket(dot)==True:
            self.y=-2
        if dot[0]<=0:
            self.x=2
        if dot[2]>=self.Screen_Width:
            self.x=-2
racket=Racket(screen,'blue')
ball=Ball(screen,racket,'red')
while True:
    if ball.Hit_Bottom==False:
        ball.control( )
        racket.control( )
    else:
        break
    screen.update_idletasks( )
    screen.update( )
    time.sleep(0.01)
window.mainloop( )
```

代码执行后，弹球游戏开始，如图 18.2 所示。小球开始运动，用户通过左右方向键移动球拍，反击小球。

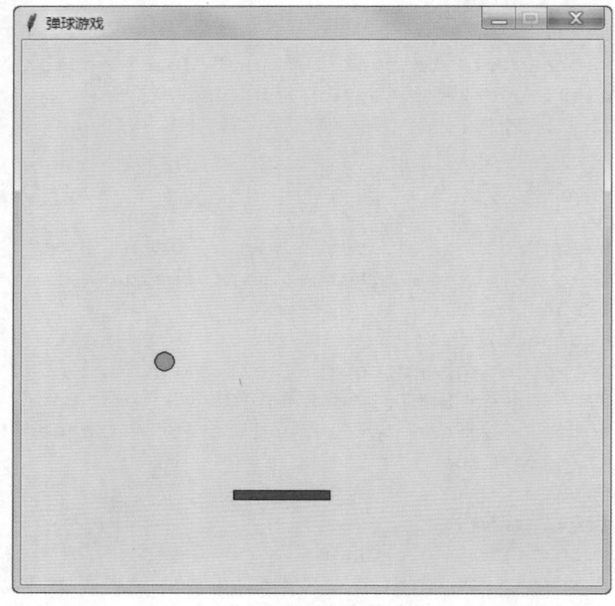

图 18.2　弹球游戏

代码解析

（1）代码 window=tkinter.Tk( ) 实例化了一个 Tk 对象，并赋值给了变量 window。这样，就有了一个窗口界面。通过 Tk 对象，可以对窗口进行相关设置。

（2）代码 screen=Canvas(window,width=600,height=650,bd=0,bg='pink') 通过 Canvas( ) 创建了一个画布 screen，可以将球拍和小球绘制在画布上。

（3）代码 screen.create_rectangle(0,0,100,10,fill=color) 用来绘制球拍。其中，参数 fill 的值 color 是一个形参，用来指定球拍的颜色，这里指定的颜色为 blue（蓝色）。

（4）代码 screen.create_oval(10,10,30,30,fill=color) 用来绘制小球。其中，参数 fill 的值 color 是一个形参，用来指定小球的颜色，这里指定的颜色为 red（红色）。

扫一扫，看视频

18.2　运动的彩色气泡：加载图片

在“运动的彩色气泡”游戏中，有一个彩色气泡不断地飘来飘去。当气泡碰到窗口边缘时，则改变方向，继续飘来飘去。要实现该游戏，需借助 Pygame 模块实现。事先下载一个自己喜欢的气泡图片，然后通过 Pygame 模块加载到游戏窗口中，使其在窗口中不断地飘动。其实现

步骤如下：

（1）准备一张彩色气泡图片。

（2）导入相关模块，如通过 Pygame 模块创建游戏窗口，并设置窗口大小、标题和背景颜色。

（3）在窗口中添加彩色气泡，即加载气泡图片。

（4）使彩色气泡在窗口中运动起来。通过 random 模块随机产生要运动的坐标距离值；由于气泡不能运动到窗口之外，还要通过碰撞检测功能限制气泡的运动，当气泡碰到窗口边缘时要进行反弹；气泡的运动速度也不能太快，通过添加“时钟”控制运行的速度。

根据实现步骤绘制流程图，如图 18.3 所示。

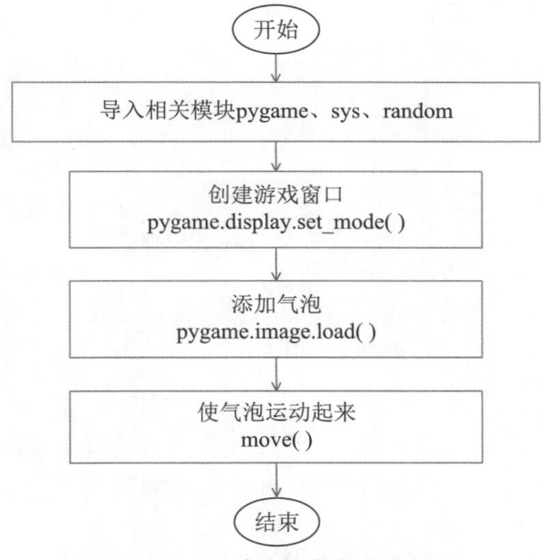

图 18.3 运动的彩色气泡流程图

根据流程图依次编写每个步骤的代码。

（1）创建游戏窗口，代码如下：

```
import pygame
pygame.init( )                                    # 初始化 pygame
size=width,height=800,600                         # 设置窗口的宽和高
screen=pygame.display.set_mode(size)              # 创建显示窗口
title='运动的气泡'                                 # 窗口标题
pygame.display.set_caption(title)                 # 显示设置的窗口标题
color=(255,255,255)                               # 设置的窗口背景颜色为白色
screen.fill(color)                                # 为窗口填充颜色
pygame.display.flip( )                            # 更新显示
```

（2）添加气泡，代码如下：

```
import pygame
pygame.init( )
size=width,height=800,600
pygame.display.set_caption(title)
color=(255,255,255)
screen.fill(color)
ball = pygame.image.load('bubble.png')                    # 加载气泡图片
ballrect = ball.get_rect( )                               # 获取矩形区域
screen.blit(ball,(0,0),ballrect)                          # 将气泡加载到窗口上
pygame.display.flip( )
```

（3）使气泡运动起来，代码如下：

```
import sys
from random import *
X=randint(10,15)
Y=randint(10,20)
clock=pygame.time.Clock( )                                # 创建时钟
while True:
    clock.tick(30)                                        # 图片每秒执行 30 帧
    for event in pygame.event.get( ):                     # 获取事件
        if event.type == pygame.QUIT:                     # 判断事件是否为关闭事件
           pygame.quit( )                                 # 为关闭事件，退出 pygame
           sys.exit( )
    ballrect=ballrect.move(X,Y)                           # 运动
    if ballrect.left < 0 or ballrect.right > 800:         # 对左右边缘的碰撞检测
         X=-X
    if ballrect.top < 0 or ballrect.bottom > 600:         # 对上下边缘的碰撞检测
         Y=-Y
```

本实例完整代码如下：

```
import pygame
import sys
from random import *
pygame.init( )
size=width,height=800,600
screen=pygame.display.set_mode(size)
title='运动的气泡'
pygame.display.set_caption(title)
color=(255,255,255)
screen.fill(color)
```

```
ball = pygame.image.load('bubble.png')
ballrect = ball.get_rect( )
X=randint(10,15)
Y=randint(10,20)
clock=pygame.time.Clock( )
while True:
    clock.tick(30)
    for event in pygame.event.get( ):
        if event.type == pygame.QUIT:
            pygame.quit( )
            sys.exit( )
    ballrect=ballrect.move(X,Y)
    if ballrect.left < 0 or ballrect.right > 800:
        X=-X
    if ballrect.top < 0 or ballrect.bottom > 600:
        Y=-Y
    screen.fill(color)
    screen.blit(ball,ballrect)
    pygame.display.flip( )
```

代码执行后，可以看到持续不断运动着的彩色气泡，如图 18.4 所示。

图 18.4　运动的彩色气泡

代码解析

（1）代码 screen=pygame.display.set_mode(size) 创建了窗口 Surface 对象 screen，该对象提供了 fill( ) 方法，可以将窗口背景颜色设置为指定的颜色。本例使用的 RGB 元组 (255,255,255) 表示白色。

（2）代码 ball = pygame.image.load('bubble.png') 返回一个图片 Surface 对象 ball，有了该对象，就可以通过 blit( ) 方法将气泡图片放在窗口 Surface 对象 screen 中。

（3）代码 X=randint(10,15) 通过 random 模块的 randint( ) 方法来随机生成图片要移动的 X 距离。

（4）代码 Y=randint(10,20) 通过 random 模块的 randint( ) 方法来随机生成图片要移动的 Y 距离。

（5）代码 clock=pygame.time.Clock( ) 通过 pygame 的 time 模块创建了一个“时钟”对象，然后通过该对象的 tick( ) 方法来更新时钟。

扫一扫，看视频

18.3　励志——相信自己：音频播放

连续 3 次考试没有考好的自己有些失落，平时学习挺用功的，每当考试就发挥失常，导致自己没有考进全班前 5 名。为了激励自己，我准备用一首歌曲《相信自己》来为自己加油。编写一个程序，每天回家通过程序来听这首歌曲，并且显示出 Believe Myself 字样。完成该程序可以借助 Pygame 模块的音频播放和绘制文本信息功能来实现。其实现步骤如下：

（1）准备《相信自己》歌曲文件，格式为 MP3。

（2）导入相关模块。

（3）创建窗口界面，并进行相关设置。

（4）在窗口中绘制 Believe Myself 字样。

（5）加载并播放歌曲《相信自己》。

根据实现步骤绘制流程图，如图 18.5 所示。

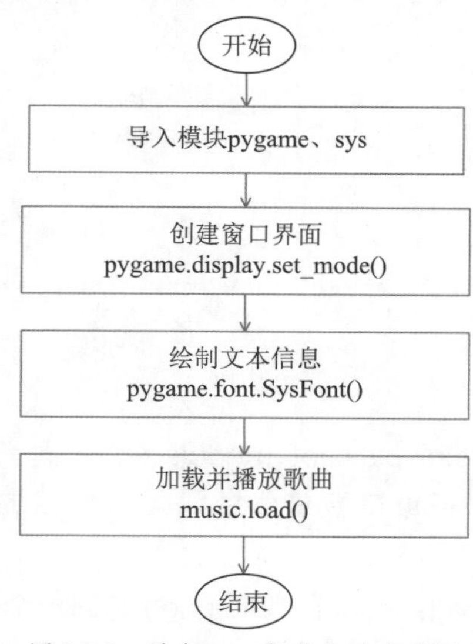

图 18.5　励志——相信自己流程图

根据流程图编写代码，实现对应的功能。代码如下：

```
import pygame
import sys
from pygame.locals import *
pygame.init( )
size=width,height=1000,400
screen=pygame.display.set_mode(size)
WHITE = (255, 255, 255)
screen.fill(WHITE)
BLUE=(0,0,255)
RED=(255,0,0)
Font_Obj=pygame.font.SysFont('1.TTF',160,bold=False,italic=True)
                                              # 设置文本信息 Believe Myself 的字体
Text_Obj = Font_Obj.render('Believe Myself',True,RED,BLUE)
                                              # 绘制 Believe Myself
screen.blit(Text_Obj,(120,150))
pygame.mixer.init( )
pygame.mixer.music.load('music.mp3')          # 加载歌曲《相信自己》
pygame.mixer.music.play(-1, 0.0)              # 播放歌曲《相信自己》
while True:
  for event in pygame.event.get( ):
    if event.type == QUIT:
      pygame.quit( )
      sys.exit( )
  pygame.display.flip( )
```

代码执行后，弹出窗口界面，如图 18.6 所示。在界面中显示对应的歌名 Believe Myself，字体为红色，背景为蓝色。同时，播放着歌曲《相信自己》。

图 18.6　显示的 Believe Myself 字体

代码解析

（1）代码 Font_Obj=pygame.font.SysFont('1.TTF',160,bold=False,italic=True) 通过 pygame.font.SysFont( ) 方法创建字体对象 Font_Obj，在创建时设置了显示的文本信息的字体类型、大小。

（2）代码 Text_Obj = Font_Obj.render('Believe Myself',True,RED,BLUE) 在有了字体对象 Font_Obj 以后，通过 render( ) 方法将其绘制在窗口 Surface 对象中。

（3）代码 pygame.mixer.music.load('music.mp3') 通过 pygame.mixer.music.load( ) 方法加载《相信自己》歌曲的 MP3 格式文件。

（4）代码 pygame.mixer.music.play(-1, 0.0) 通过 pygame.mixer.music.play( ) 方法来播放歌曲。